装备科技译著出版基金

材料信息学
方法、工具和应用

Materials Informatics
Methods, Tools, and Applications

[俄]奥历山大·伊萨耶夫（Olexandr Isayev）
亚历山大·特罗普沙（Alexander Tropsha）　编著
斯特凡诺·库塔罗洛（Stefano Curtarolo）

谈玲华　吕　静　吴　琼　董冠辰　译

国防工业出版社

·北京·

著作权合同登记号:01-2024-4836

Materials Informatics: Methods, Tools, and Applications (9783527341214 / 3527341218)
by Olexandr Isayev, Alexander Tropsha and Stefano Curtarolo
All Rights Reserved. Authorised translation from the English language edition published by John Wiley & Sons Limited. Responsibility for the accuracy of the translation rests solely with National Defense Industry Press and is not the responsibility of John Wiley & Sons Limited.
No part of this book may be reproduced in any form without the written permission of the original copyright holder, John Wiley & Sons Limited.

本书简体中文版由 John Wiley & Sons, Inc. 授权国防工业出版社独家出版。
版权所有,侵权必究。

图书在版编目（CIP）数据

材料信息学方法、工具和应用 /（俄罗斯）奥历山大·伊萨耶夫（Olexandr Isayev），（俄罗斯）亚历山大·特罗普沙（Alexander Tropsha），（俄罗斯）斯特凡诺·库塔罗洛（Stefano Curtarolo）编著；谈玲华等译. -- 北京：国防工业出版社，2024.12. -- ISBN 978-7-118-13249-6

Ⅰ．TB3

中国国家版本馆 CIP 数据核字第 2024DK0886 号

※

国防工业出版社出版发行
（北京市海淀区紫竹院南路 23 号　邮政编码 100048）
北京虎彩文化传播有限公司印刷
新华书店经售
＊
开本 710×1000　1/16　插页 6　印张 17½　字数 300 千字
2024 年 12 月第 1 版第 1 次印刷　印数 1—1500 册　定价 158.00 元

（本书如有印装错误，我社负责调换）

国防书店：(010)88540777　　书店传真：(010)88540776
发行业务：(010)88540717　　发行传真：(010)88540762

译者序

自地球诞生之初,生物就发展出了利用数据信息的能力。微生物通过感知环境中的化学物质决定移动方向,植物根据光照周期的变化调节生长和开花,鱼类利用环境信息如水温、水流等选择洄游路径,鸟类依靠地球磁场、太阳和星星的位置判断方位进行长距离迁徙。然而,倘若微生物遇到从未见过的化学物质,它会怎么选择?如果光照、时间和强度具有取向性,植物又会如何取舍?新生的鱼儿又如何独自判断哪里适合觅食?面对环境的变更,小鸟又如何应变?

对于许多问题,前人和先行者们已经知道如何求解。例如,欧几里得用辗转相除法揭示了如何计算两个整数的最大公约数;Hoare 提出的递归算法实现了将杂乱无章数据迅速排列。同时,我们也应知道实际问题是复杂的且多变的。因此,学习和预测是我们运用前人经验解决现在问题的桥梁之一。

计算机是一种便捷解决模式化问题的工具,其解决问题的方式均由人类设计和赋予。自主学习是人类相对于机器特有的能力,但由于个人的学习能力是有限的,人类也不可能 24 h 无间断地工作,因此用计算机进行学习是必然发展趋势。机器学习正是从已知实例中自动发现规律,建立对未知实例的预测模型,它可以根据积累的经验不断迭代学习,使其预测等能力更加迅速、精准。

本书是关于数据信息收集,以及运用到机器学习领域启蒙的教科书。该书涵盖了晶体学开放、无机晶体结构、Pauling File 等数据库的构建、运行逻辑及发展,以及如何将这些数据信息进一步应用于机器学习的相关知识。作者对来自化学、材料学、晶体学、统计学、神经网络、数据挖掘等不同领域提出的问题进行了统一论述。

本书的翻译出版,旨在为国内材料信息学领域的研究提供有益借鉴,推动材料信息学领域的发展。我们能够通过阅读本书了解如何应用现有材料数据库进行相关的研究工作,以及各类材料数据库的构建、发展与维护手段。希望本书能为读者提供有益的启示和帮助,为材料信息学领域的发展做出贡献。

本书共分 9 章,由南京理工大学谈玲华教授、吕静博士、董冠辰博士和南京工程学院吴琼教授主译。其中,第 1 章、第 4 章和第 9 章由谈玲华教授翻译,第 2 章、第 3 章和第 5 章由吕静博士和董冠辰博士翻译,第 6 章、第 7 章和第 8 章由吴琼教授翻译。全书由谈玲华教授统稿、定稿。在翻译过程中,我们最大限度地保留了原文的内容和风格，同时保证内容的完整性和专业知识的准确性。

　　本书翻译过程中得到罗士保、李娅欣、丁宏亮、王峰、张旭阳、管佳璐、陈献亮、陶一丹等同学的大力协助，译者对参与本书的人表示感谢。

　　本书涉及的学科内容较为广泛，尽管在翻译过程中力图正确与准确，但时间仓促，书中难免有不妥之处，敬请读者批评指正。

译者

2024 年春于南京理工大学

目　　录

第1章　晶体学开放数据库的发展历程 ························· 1
　1.1　引言 ··· 1
　1.2　开源科学数据库 ··· 3
　1.3　晶体学开放数据库的建立 ································· 6
　　　1.3.1　范围和内容 ······································· 7
　　　1.3.2　数据来源 ··· 7
　　　1.3.3　数据维护 ··· 8
　1.4　晶体学开放数据库的使用 ································· 14
　　　1.4.1　数据搜索与检索 ··································· 14
　　　1.4.2　数据交存 ··· 25
　1.5　晶体学开放数据库的应用 ································· 25
　　　1.5.1　材料鉴定 ··· 25
　　　1.5.2　矿业 ··· 26
　　　1.5.3　化学信息的提取 ··································· 27
　　　1.5.4　性能搜索 ··· 28
　　　1.5.5　晶体结构的几何统计分析 ··························· 29
　　　1.5.6　高通量计算 ······································· 29
　　　1.5.7　在大学教育及其他拓展活动中的应用 ················· 30
　1.6　展望 ··· 30
　　　1.6.1　历史结构 ··· 30
　　　1.6.2　晶体学开放数据库中的理论数据 ····················· 30
　　　1.6.3　结论 ··· 31
　致谢 ··· 31
　参考文献 ··· 31

第2章　无机晶体结构数据库 ································· 39
　2.1　引言 ··· 39
　2.2　无机晶体结构数据库的内容 ······························· 40
　2.3　接口 ··· 43

V

2.4 无机晶体结构数据库的应用 ································ 44
    2.4.1 铁电性能的预测 ································ 45
    2.4.2 结构类型概念的使用 ································ 45
    2.4.3 基于无机晶体结构数据库的机器学习训练案例 ········ 46
    2.4.4 高通量计算方法 ································ 47
2.5 展望 ································ 48
参考文献 ································ 49

第3章 Pauling File 无机材料数据库整体框架 ············ 52
3.1 引言 ································ 52
3.2 Pauling File 无机材料数据库中的晶体结构 ·············· 54
    3.2.1 数据选择 ································ 55
    3.2.2 晶体结构条目类别 ································ 55
    3.2.3 数据库字段 ································ 56
    3.2.4 结构原型 ································ 59
    3.2.5 标准化的晶体学数据 ································ 59
    3.2.6 原子坐标的分配 ································ 63
    3.2.7 原子环境类型 ································ 63
    3.2.8 晶胞参数图 ································ 68
3.3 Pauling File 无机材料数据库中的相图 ·················· 68
3.4 Pauling File 无机材料数据库中的物理性质 ·············· 71
    3.4.1 数据选择 ································ 71
    3.4.2 数据库字段 ································ 72
    3.4.3 Pauling File 无机材料数据库中的物理性质 ············ 73
3.5 数据质量 ································ 75
3.6 相表 ································ 76
    3.6.1 化学式和相名 ································ 78
    3.6.2 相的分类 ································ 78
3.7 巨型数据库 ································ 79
3.8 应用 ································ 84
    3.8.1 含有 Pauling File 数据库数据的产品 ················ 84
    3.8.2 基于 Pauling File 数据库的整体性概述 ·············· 86
    3.8.3 化学元素排序规则 ································ 87
3.9 经验教训 ································ 92
3.10 结论 ································ 96

参考文献 · 97

第4章 从拓扑描述符到专家系统 · 100

4.1 引言 · 100
4.2 开发知识数据库的拓扑工具 · 101
4.2.1 为什么重视拓扑结构 · 101
4.2.2 拓扑描述符与其他晶体结构描述符的比较 · 103
4.2.3 拓扑数据库与晶体学数据库的比较 · 104
4.2.4 晶体学数据中拓扑知识的提取 · 108
4.2.5 通用数据的存储 · 117
4.3 拓扑方法在晶体化学和材料学中的应用 · 126
4.3.1 网络拓扑结构的预测 · 126
4.3.2 性能的预测 · 127
4.4 结论 · 128
参考文献 · 128

第5章 以AiiDA材料信息学平台和Pauling File 无机材料数据库为参考的高通量计算研究 · 138

5.1 引言 · 138
5.1.1 三大重要进展 · 138
5.1.2 较少的无机材料实验研究 · 139
5.2 自然定义的局限 · 140
5.3 第一、第二和第三科学范式 · 141
5.4 第四科学范式和第五科学范式实现的先决条件 · 142
5.4.1 原型分类的引入 · 142
5.4.2 相表概念的引入 · 142
5.4.3 以单相无机材料实验数据为参考的无机材料数据库 · · · · · · · · · · · · · 142
5.5 第五科学范式的核心思想 · 143
5.6 "无机材料-控制因素相关性图"揭示的约束条件 · · · · · · · · · · · · · · · · · · · 145
5.6.1 化合物形成图 · 145
5.6.2 AB型无机材料的原子环境类型稳定性图 · 146
5.6.3 材料科学的12条原则对自然定义基石的支持 · · · · · · · · · · · · · · · · · · 147
5.7 量子模拟策略 · 148
5.8 基于AiiDA材料信息学平台的高通量计算工作流 · 151
5.8.1 AiiDA材料信息学平台 · 151
5.8.2 标准固体赝势库 · 152

- 5.8.3 工作流 …… 152
- 5.8.4 工作函数 …… 152
- 5.8.5 工作链 …… 153
- 5.8.6 工作流的应用 …… 154
- 5.9 结论 …… 154
- 致谢 …… 155
- 参考文献 …… 156

第6章 利用机器学习对材料量子特性建模 …… 158
- 6.1 引言 …… 158
- 6.2 内核岭回归 …… 158
- 6.3 模型评估 …… 160
  - 6.3.1 学习曲线 …… 160
  - 6.3.2 效率提升 …… 162
- 6.4 表示方法 …… 162
- 6.5 近期发展 …… 164
- 参考文献 …… 165

第7章 材料特性的自动化计算 …… 167
- 7.1 引言 …… 167
- 7.2 自动化计算材料设计框架 …… 167
  - 7.2.1 用于新材料发现的数据库的生成和使用 …… 169
  - 7.2.2 自动化数据生成的标准化协议 …… 171
- 7.3 材料性能的综合计算 …… 173
  - 7.3.1 自主对称性 …… 174
  - 7.3.2 弹性常数 …… 176
  - 7.3.3 准谐波 Debye-Grüneisen 模型 …… 177
  - 7.3.4 谐波声子 …… 179
  - 7.3.5 准谐声子 …… 181
  - 7.3.6 非谐声子 …… 182
- 7.4 在线数据库 …… 182
  - 7.4.1 计算材料数据门户网站 …… 182
  - 7.4.2 可编程访问的计算材料性能数据库 …… 183
- 7.5 应用 …… 186
  - 7.5.1 无序材料 …… 186
  - 7.5.2 超级合金 …… 188

   7.5.3 热电材料 ······ 189
   7.5.4 磁性材料 ······ 191
  7.6 结论 ······ 192
 致谢 ······ 192
 参考文献 ······ 192

第8章 认知化学－机器学习与化学结合加速发现新材料 ······ 207
  8.1 引言 ······ 207
  8.2 机器学习算法的分子描述 ······ 207
  8.3 利用机器学习建立快速、准确的模型 ······ 217
   8.3.1 平方指数核 ······ 221
   8.3.2 二次有理核 ······ 222
  8.4 化学库搜索 ······ 226
  8.5 结论 ······ 230
 参考文献 ······ 230

第9章 用于全局优化和分子动力学模拟的机器学习原子间势 ······ 234
  9.1 引言 ······ 234
  9.2 用于全局优化的机器学习势 ······ 238
   9.2.1 晶格求和法 ······ 238
   9.2.2 特征向量 ······ 242
   9.2.3 特征向量分析 ······ 243
   9.2.4 原子间势的机器学习实例 ······ 246
   9.2.5 讨论 ······ 253
  9.3 分子动力学的原子间势 ······ 254
   9.3.1 势函数的一般形式 ······ 254
   9.3.2 参数选择 ······ 255
   9.3.3 状态函数和相变 ······ 257
   9.3.4 两种(或更多)原子类型系统的原子间势 ······ 261
  9.4 构建机器学习势的统计方法 ······ 263
   9.4.1 二体势 ······ 263
   9.4.2 三体势 ······ 265
 致谢 ······ 266
 参考文献 ······ 266

第1章 晶体学开放数据库的发展历程

1.1 引言

科学研究立足于观测数据。公元前130年左右,喜帕恰斯(Hipparchus)观察到春分点岁差,这是古代数据驱动发现的例子之一[1]:他将室女座α星、狮子座α星及其他亮星的经度与早100年左右的先辈提莫恰里斯(Timocharis)和阿里斯基尔(Aristillus)的测量结果进行比较,从春分点随时间漂移的差异中得到春分点位置以一个回归年为周期的小幅移动这一结论。毫无疑问,这样的发现得益于提莫恰里斯学派的观测数据被细致精确地记录下来,并且被后人妥善保存。如今,科学家每年收集的数据量大约增长了10个数量级,天文学或粒子物理学等领域每年积累的数据量从几万亿字节[2]到几千万亿字节[3-4]。

在晶体学领域,人们很早就意识到长期保存数据的必要性。目前,国际晶体学联盟(IUCr)和晶体学界非常重视数据归档和数据再利用。IUCr在国际结晶学表中严格描述了晶体结构(本书所有的"结构"均代表"晶体结构")和实验记录所需的数学定义[5],创建了用于晶体学数据交流晶体学信息文件/框架(CIF)标准[6-7],并持续更新该标准以适应数据管理的新挑战[8]。1941年,研究者开始系统地收集大量的晶体衍射数据[9],随后将其归档到各种晶体学数据库中(表1.1),如晶体学开放数据库(COD)[21]、剑桥结构数据库(CSD)[24]、无机晶体结构数据库(ICSD)[25]、Pauling File 无机材料数据库[28]、蛋白质数据库(PDB)[30]、国际衍射数据中心(ICDD)的粉末衍射卡片(PDF)[9]和金属数据库(CRYSTMET)[26]。此外,还有一些专门针对特定晶体材料性能的数据库,这些数据库中的晶体材料结构通常也会被收录在上述的一个或多个数据库中。相关的专业数据库文献资料将在本章最后列出。

表1.1 可在线使用的材料性能和结构数据库

序号	数据库	记录数量估计	获取方式	当前网址	年份	参考文献
1	MPOD	300	公开	http://mpod.cimav.edu.mx	2010	[10]
2	RRUFF	47000	开放获取	http://rruff.info/	2015	[11]

续表

序号	数据库	记录数量估计	获取方式	当前网址	年份	参考文献
3	AMCSD	20000	开放获取	http://rruff.geo.arizona.edu/AMS/amcsd.php	2003	[12][13]
4	IZA沸石结构数据库	176①	开放获取	http://www.iza-structure.org/databases/	1996	[14]
5	（西班牙）毕尔巴鄂晶体数据库	—	—	http://www.cryst.ehu.es	1997	[15]
6	毕尔巴鄂非整数结构数据库（B-IncStrDB）	140	开放获取	http://webbdcrista1.ehu.es/incstrdb/	2010	[16]
7	毕尔巴鄂磁结构数据库（MAGNDATA）	428	开放获取	http://webbdcrista1.ehu.es/magndata/	2015	[17]
8	NDB	8600	开放获取	http://ndbserver.rutgers.edu/	1992	[18][19]
9	COD	400000	公开	http://www.crystallography.net/cod	2003	[20][21]
10	PCOD	1000000	公开	http://www.crystallography.net/pcod	2003	[22]
11	TCOD	2000	公开	http://www.crystallography.net/tcod	2013	[23]
12	CSD	800000	基于订阅	http://www.ccdc.cam.ac.uk/solutions/csd system/components/csd	1965	[24]
13	ICSD	200000	基于订阅	https://icsd.fizkarlsruhe.de/	1987	[25]
14	PDF	380000	基于订阅	http://www.icdd.com/products/pdf4.htm	1941	[9]
15	CRYSTMET	170000	基于订阅	http://www.TothCanada.com,② https://cds.dl.ac.uk/cgibin/news/disp?crystmet	1996	[26]
16	Linus Pauling File	290000	基于订阅，免费咨询③	http://paulingfile.com, http://crystdb.nims.go.jp/index_en.html	1995	[27][28]
17	PDB	124000	开放获取	http://www.rcsb.org/pdb	1971	[29][30]

续表

序号	数据库	记录数量估计	获取方式	当前网址	年份	参考文献
18	BMCD	43000	开放获取	http://xpdb.nist.gov:8060/BMCD4	1995	[31]

注：①经国际沸石协会结构委员会批准并分配了3个字母代码的独特沸石框架类型的数量。
②文献[26]中登载的 http://www.TothCanada.com 页面似乎已不再运行，但在 https://cds.dl.ac.uk/cgibin/news/disp?crystmet 上公布了订阅者的访问权限。
③http://crystdb.nims.go.jp/index_en.html 提供免费查询，但"未经 NIMS 书面许可，不得复制、再版或向第三方分发任何内容"。

2003年之前，在前面所提及的晶体结构数据库中，只有PDB提供了其包含的所有晶体数据的访问权限；而其他数据库都采用订阅模式，对于非订阅用户或普通网民，它们在网络上公开的数据非常有限，甚至完全不提供数据。此外，要想进行全面的数据检索，用户通常需要购买许可证，它有时对发布的数据衍生品也会施加限制[32-33]。互联网的兴起、计算技术的普及以及开放数据带来的益处，激励了晶体学界一些学者推动COD的建设，为化学晶体学提供晶体结构数据——正如PDB为大分子晶体学提供晶体结构资源一样。尽管其他数据库也许包含更多的晶体结构，并声称比COD具有更高的数据管理水平[34]，但这些数据库需要获取许可证才能进行系统的数据检索。目前，COD和PDB依然是两个最大的晶体学开放数据库，提供晶体学数据开放访问，它们以开放的方式尽可能共同覆盖了整个晶体结构领域。

本章将全面介绍COD的内容、数据收集和管理策略，并介绍COD访问和使用方法。最后，本章将给出COD在晶体学、化学、材料鉴定和教学等领域的具体应用。

1.2 开源科学数据库

多年的研究成果表明，开放获取的文献能够显著提升其引用次数[35-39]——生物信息领域的数据能观察到类似的趋势[40]。晶体学领域同样遵循这个趋势。从实用主义的角度，研究人员选择公开存储数据，确保数据可查找、可重用和可引用，对数据的使用者来说，去除付费壁垒和使用限制，能够便利地一键访问数据。这同时涉及伦理考量：大多数研究由公众资金支持，对于资助这些研究的纳税人来说，他们有合理的期望，即研究成果应该无限制地向他们开放，而不需要支付额外费用。因此，许多基金机构现在要求受资助的研究人员发表的出版物和数据都应实现双重开放获取（双重开源）。这些研究结果能供他们无限制使用而不需要额外付费。

由于晶体学领域面临的开放获取需求是一个复杂的综合问题,因此开源数据库的构建成了必然趋势。除了之前列出的通用的数据库外,下面介绍专题数据库。

COD 包含了数量持续增长的晶体结构数据。在撰写本章之时,它的晶体结构数量已经超过了 367000 种(图 1.1)。通过第一性原理计算和/或优化得到的晶体结构数据,通常在理论晶体学开放数据库(TCOD)中获取,它是等同 COD 的一个开源晶体数据库。TCOD 开放于 2013 年,之后缓慢地增长了 2000 条条目(图 1.2),原因是这些条目需要较长的计算时间,预期未来几年会有更大增长。

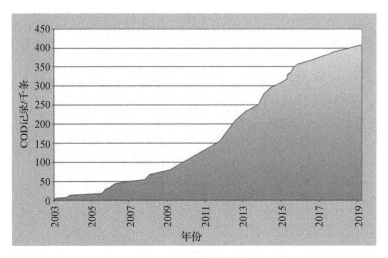

图 1.1　COD 数量增长

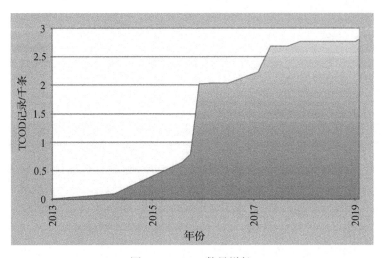

图 1.2　TCOD 数量增长

COD 建立于 2003 年 2 月,源自 Michael Berndt 发表在粉末衍射法结构测定(SDPD)电子论坛的文字中提出的一个倡议:

晶体学家们同舟共济,建立一个包含所有与晶体学数据相关的公共数据库怎样?不仅可以克服目前数据库"碎片化"的情况,还可以避免对数据垄断者的依赖。试想做这些需要什么?

(1)组成一个由具有数据库和软件设计经验的科学家小型团队,负责协调该项目。

(2)选择能提供数据条目项目的作者(科学团体)(注意:如果作者的实验结果没有被独家出售,他有权利将这些数据共享到公共数据库。这通常适用于那些已经发表在学术论文中的数据,以及那些虽然很有价值,但从未被公开发表过的数据)。

(3)拥有免费软件:①用于维护数据库;②用于数据评估和计算派生数据(如从晶体结构计算搜索相匹配的粉末谱型);③用于浏览和检索。

现在已经与几十年前 ICSD、CSD、PDF 等众所周知的数据库建立时的局面大不相同:有互联网、快速计算机和大量免费可用的软件。问题是,是否有足够多的愿意合作的科学家。

在 COD 诞生之初,有几个实验室为其作出了巨大贡献。Bob Downs 提供了收集的矿物学数据,包括全美矿物学家晶体结构数据库(AMCSD)[13]数据集(之前发表在 *American Mineralogist* 期刊上的所有晶体结构,均可从美国矿物学会的网站上免费获取)。Hareesh Rajan 编写了不可或缺的 MySQL/PHP 脚本。与此同时,Daniel Chateigner 也加入该团队,在 Michael Berndt 来信后 3 周内,在各种互联网媒体(新闻组、电子论坛和 What's New 网页)上以如下文字宣布了 COD 项目。

亲爱的晶体学家们,目前正在开发晶体学开放数据库项目:在晶体结构公布之前,即可提供晶体结构原子坐标,能更快速、公开获取最新的结构测定结果。本项目的发展和成功完全依赖您的贡献,无论是通过数据下载还是在软件改进方面提供帮助。请访问 COD 项目网页(www.crystallography.net)了解更多详情和晶体学数据库测试。感谢您提供的帮助,COD 是属于您的,是时候为晶体学家们负责的开放数据库做一些事情了,机不可失!

咨询委员会(希望扩大),目前有 Michael Berndt、Daniel Chateigner、Robert T. Downs、Lachlan M. D. Cranswick、Armel Le Bail、Luca Lutterotti、Hareesh Rajan。

这段文字引起争议。作出积极回应的研究人员加入了 COD 项目小组,COD 项目中的条目数量不断增加,到 2003 年 3 月底,已达到 5000 多条(3725 条晶体学信息文件(CIF)来自 AMCSD、450 条 CIF 来自法国缅因大学(Université du Maine)

氧化和氟化物实验室(LdOF)、850条CIF来自CRISMAT)。CIF2COD计算机程序(FORTRAN程序)是经Louis Farrugia许可在CIF2SX的基础上建立的。CIF2COD读取若干CIF(从n.cif到n+m.cif),进行质量测试,然后生成一个.txt文件,其中包含$m+1$行MySQL数据库(COD)的唯一表(数据)字段(包括a、b、c、α、β、γ、体积、元素数、空间组、化学式、参考和附加文本)。第一个可实现最低限度COD搜索的页面是用PHP语言编写的。2003年4月,上面提到的捐献继续被收录到COD中(1200条CIF来自IPMC)。经与IUCr联系,小组要求在IU-Cr网站上允许用户免费系统下载其提供的CIF,不过,这项申请必须等到2003年8月下一届IUCr执行委员会会议通过。4个月后,COD中的条目数达到12000条,这些主要来自个人、实验室和AMCSD捐赠的。

然后,噩耗传来,Michael Berndt于2003年6月30日因病去世,终年39岁;Lachlan Cranswick于2010年1月18日失踪,时年41岁,后来在深河(Deep River)附近的渥太华河(Ottawa River)中发现了他的尸体。尽管损失惨重,但COD团队仍继续执行了他们的计划,并致力数据库的建设。在COD团队成立5年后,2008年COD迎来了一个重要的里程碑——将第50000条条目归档。为了实现完整性,COD每年计划增加40000条以上的新条目,并将实体出版的旧数据进行数字化。2011年,COD达到了期待的增长速度(图1.1),并实现了晶体学数据的自动化收集程序。然而,至今仍有许多工作要做,COD欢迎所有晶体学家一起努力,以加快其完成速度。在过去10年里,COD咨询委员会人员经历了变迁、离职和补充,本章的共同作者名单中展示了COD发展至今的主要人员。

除了COD以外,其他专题数据库,如生物科学领域的科学数据库列表可在《核酸研究》中查找[41],晶体形貌数据库列于IUCr(http://www.iucr.org/resources/data)中。

1.3 晶体学开放数据库的建立

COD建立的目的是收集所有已发表的中小型晶胞的晶体结构,为了推进该项进程,COD采用了CIF框架。目前,COD使用的是CIF 1.1[7]版本的框架。框架文件用于以下场景:向COD输入数据、作为中间版本存档进行存储、向用户提供数据。COD建立的主要原则是开放存取——所有数据均可在互联网上随时获取。COD的数据记录由稳定的统一资源标识符(URI)识别,并可通过表现层状态转换(REST)接口访问。COD的主页(http://www.crystallography.net/)声明:"此网站上的所有数据都已由贡献者置于公共域中。"我们认为这对COD咨询委员会、数据维护者和贡献者都具有约束力。所有存入的数据,除非标明"出版前存入",即被存入者在一段时间内禁止公布,否则存入后可立即在互联网上通过自动生成的稳定标识符访问。这种组织形式使 COD 内储存的晶体结构数据能够立即和永久地连接到万维网组织中。

每个提交到 COD 存储库的数据项,首先要检查输入的 CIF 文件语法的正确性。由于并非所有提交的文件都能保证符合规范的 CIF 定义[42],因此 COD 采用带纠错的 CIF 解析器[43],确保所有存入 COD 的 CIF 文件都能被自动解析,并支持无须人为协助的 COD 数据处理。

1.3.1 范围和内容

COD 旨在收集所有经实验确定的小分子晶体结构,形成开放性资源。小分子类别包括所有金属、无机和有机化合物,不包括大分子(有机聚合物)。后者长期被一些知名的专用开放数据库收集,如 PDB[44] 和核酸数据库[18-19]。

作为一个实验数据库,COD 收集的是所有经过实验方法确定的晶体结构信息。然而,还有一些姊妹数据库,即 PCOD 和 TCOD,其目标分别是收集预测的和理论确定的结构信息(更全面的描述见 1.3.4 节)。

COD 收集的晶体结构可以只使用 X 射线数据和第一性原理(使用全矩阵最小二乘法)来完善,也可以使用约束(特别是当使用粉末衍射方法确定时)或最近提出的混合方法(使用 Rietveld 和 LeBail 方法的实验粉末数据与使用密度泛函理论(DFT)的第一性原理结合)来完善。

1.3.2 数据来源

COD 收集的大部分晶体结构(90%以上)来自经过同行评审的科学出版物,其余则是由作者以个人通信或预印出版物资料的形式存入。论文中发表的数据要经过检查,以确定是否符合 CIF 语法、CIF 字典定义及书目和其他来源信息的完整性。此外,还要检查个人通信和预印出版物资料是否符合 IUCr 数据标准。①COD 既允许晶体学家使用网站界面(http://www.crystallography.net/cod/deposit)进行手动存入,也允许使用各种网络检查引擎进行自动存入。COD 对公开发表的、可开放获取晶体学补充数据的期刊实现了自动网络搜索,COD 还从开放访问的出版物中自动提取数据。来自其他爬虫的数据,如 CrystalEye[45] 和其他开放数据库(如 AMCSD[13])的数据,也会定期通过自动或半手动程序纳入COD。这种收集策略可以用很少的资源广泛覆盖已公布的晶体结构。它既利用了互联网自动化的力量,又允许必要时在关键点进行人为干预。

---

① ftp://ftp.iucr.org/pub/dvntests and http://journals.iucr.org/services/cif/checking/autolist.html.

必须遗憾地指出,有些期刊仍然不公开提供其论文的支持数据。数据要么有付费门槛,要么只能在订阅的数据库中获得,并对其再利用有明确的限制。这使将目前已发表的所有晶体结构收集到开放数据库上的这种简单任务成为几乎不可能完成的,这不是技术上的原因,而纯粹是管理上的原因。这些障碍甚至与知识产权无关,因为已公布的数据和自然界的事实不受版权保护。因此,我们呼吁每个看到开放科学数据交换的好处,并从开放数据库中获益的人,与每个出版商接触,要求他们提供基本的出版数据,以便存入开放数据库,或者直接将他们的晶体学数据存入 COD。

1.3.3 数据维护

由于科学数据库是现代研究中不可缺少的资源,因此它们必须遵守所有正确设计实验的标准:可重复性和可追溯性。如果在同样的条件下重复同样的程序而产生不同的结果,那么获得的结果就没有什么价值。如果实验起源于单纯的计算,如模拟[46]或统计数据的汇编,情况也是如此。另外,无法追踪来源的结论是无法验证的,并且存在污染后续每项使用这些结论的实验的风险。因此,采用"写一次读多次"(WORM)原则,确保数据一旦写入就永远不会发生改变,成为科学数据库的必要条件。

收集和保存科学数据是一项重要的工作,维护数据也是一项同样重要的任务。需要修改数据的原因有很多:从简单的人为错误到对数据有了新的认识,甚至是引入了描述某些现象的新方法。通过发布增编和勘误表来更新科学文章的方法已经很成熟;但是,同样的机制并不一定适用补充材料。由于补充材料在出版前很少得到充分审查,反而时常会让情况更加恶化,因此更需要一个恰当的数据维护策略。更常见的办法是悄悄地用新的版本取代过时的版本,使老读者有一种非常意外的又似曾相识的感觉。

COD 维护者所处理的数据错误可分为三大类:语法错误、语义错误和与晶体结构有关的错误。其中每个类别都需要不同的检测和纠正策略,并在不同程度上影响数据的可用性(表1.2)。

表 1.2 错误类别由 COD 维护者例行处理

错误类别	检测方式	校正方式	对数据可用性影响
语法错误	解析器自动检测	主要是自动的	无法读取文件
语义错误	专业软件自动检测,偶尔需要人工分析	自动或手动的	存在无效数据
与晶体结构有关的错误	通过专业软件进行检测,并进行人工分析	主要是手动的	晶体结构不正确

在 COD 中,数据管理的第一步是检测和纠正语法错误。像语法错误这种不符合规范的错误影响较大,它使文件无法读取,限制了数据进一步维护的可能性。COD 中的晶体结构以 CIF 文件的形式存储,这种格式已被晶体学界采用。然而,即使 CIF 格式得到广泛使用,当时可用的解析器都不足以满足管理大规模数据集所产生的特殊需求。基于此,COD 的维护者开发了一个开源的纠错 CIF 解析器,它能够纠正一些突出的语法错误[43]。提交时的初始文件解析及整个数据库的例行检查保证了在任意特定时刻,COD 中的所有文件都能按照 CIF 格式规则被正确读取。

语法上的正确性确保了文件的可读性,但并不能保证文件中存储的数据的有效性——这是语义验证的任务。由于语义错误种类繁多,而且这些错误通常只影响文件中的一部分数据,因此,COD 对这类错误采取了非常灵活的政策。在初始存入过程中,语义错误会被识别、自动纠正并报告给存入者,如果无法自动纠正,这些错误会被记录在一个内部数据库中,以便进一步分析。一旦积累了大量类似的错误,就会开发出基于启发式的程序来自动修复相关的错误。由于期望事先完美地检测出所有可能的语义错误是不合理的,因此文件验证策略还应可以解决、处理在初始存入过程中遗漏的新型语义错误。在这种情况下,他们开发了基于启发式的程序来检测这些新的错误,并根据新的标准对整个数据库进行重新验证。新的纠错程序和新的错误检测程序最终都被整合到存入步骤中。上述工作流程使 COD 数据集整体语义的有效性越来越好。

COD 维护者为检测和纠正语法错误而开发的一套计算机程序统称 cod-tools。这些工具能够识别 IUCr(http://journals.iucr.org/services/cif/checking/autolist.html)审定标准中列出的大多数问题,如数据项名称或其枚举值的拼写错误,以及通过扫描 COD 发现的一些其他常见问题。这类错误的示例包括描述温度的数据项,其值的单位不是 K;或者用于描述晶体密度的数据项,其值的单位是 kg/m^3 而不是 g/cm^3。在处理单个文件时,这样的错误示例可能看起来并不重要,但这些错误确实使工作流程复杂化,并歪曲了整个数据库分析的结果。幸运的是,有些错误可以通过使用启发式方法(例如,在温度值后面加上单位代号)自动纠正;有些其他错误则需要人工处理。

有一种人工处理的错误是隐含的氢原子数量不正确。这个数字由"_atom_site_attached_hydrogens"数据项提供,它指定了附着在原子点上的氢原子数量,不包括明确给出坐标的氢原子。这样的错误即使是化学新手也很容易发现,但要自动检测就难多了。错误标记的氢原子会导致错误的原子电荷计算,声明和计算公式之间的不匹配,以及几何参数的偏态分布。

坐标、晶胞常数和对称性中的错误特别难定位和纠正。然而,对 COD 中的晶体结构进行例行扫描，可以发现"凸起"（可疑的小原子间距离）和空隙。对"凸起"的检查通常会发现建模错误、未标记的无序位点或多余的原子。在扫描 COD 时，已经发现并纠正了一些非 P1 晶型，这些结构的所有对称原子都被列出。而空隙是缺失原子或基团、错误的晶胞常数、错误的低对称性的标志。目前，正在开发基于几何参数的统计分布来检测存入结构中其他几何异常的新手段。这种检查使识别未完成的细化、缺失的原子，以及坐标和晶胞常数的笔误成为可能。

然而，并不是所有的结构都能成功修正。为了报告给用户，并在自动分析中识别这些条目，需要在 CIF 文件中手动添加警告或错误标志。目前，COD 中大约有 20 个这样的条目。

COD 中另一类不能正常使用的结构是被撤回的结构。根据 RetractionWatch 的报告，撤回率为 500~600 次/年（http://retractionwatch.com/help-us-heres-some-of-what-wereworking-on/）。在晶体学领域，错误的结论和学术欺诈不可避免，至少据 COD 维护者所知，由于没有一个公开的数据库能列出所有被撤稿的出版物，因此 COD 的回撤过程完全是手工操作的。每个来自被撤销的出版物的条目都被置为空白，并被排除在搜索范围之外，以免自动分析出现偏差。但是，由于所有晶体结构的历史记录都保存在 COD 中，因此必要时仍可以访问被撤消的晶体结构。

除撤回外，还有几类条目在 COD 中是不需要的，但往往是在存入后才被确定。其中之一是重复条目，为了避免重复条目使 COD 过于拥挤，从而使统计结果出现偏差，在试图查找重复条目时，会将已存入的结构与数据库中的其他结构进行比较。目前，如果两个结构来自同一个出版物，具有相同的晶格、晶胞常数等，在相同的温度和压力下测量，并且不是彼此的对映体或某些适当结构优化的次优版本（次优结构有时会被公布以支持空间群或参数优化的选择），则被认为是重复的。然而，我们必须注意到，目前并不是所有的重复条目都在 COD 中进行了标记。因此，COD 设计并采用了新的方法来定位重复的条目，且这些需要数据管理员的监督。由于重复的条目没有从 COD 中删除，因此重复的条目用一个特别的"旗子"来标明原来的条目。

2013 年，理论计算的结果被混入 COD，这导致 COD 只接受实验检测到的结构这项政策被重申，并开放了一个姊妹数据库——TCOD，以存放各种理论定义的结构。此后，有 400 多个理论结构被识别出来，并在 COD 中标记为"理论结构"。由于难以从 CIF 中给出的数据中识别理论结构，因此阻碍了对此类数据的自动检测。然而，像晶胞常数和坐标的高精度数值、缺失标准不确定度和实验细节等属性可以用来判断该项是否是理论数据结构。与任意其他不符合 COD 范围或标准的数据一样,理论数据结构也被标记,而不是被删除。

1. 版本控制

在使用科学数据时,研究人员势必会适当地引用并提及这些馆藏数据,以便核实从中得出的结论。在研究过程中必须确保数据的可得性,以利于科学家进行相关研究,并在以后也要确保数据的可得性,以利于同行审查和复现结论。然而,馆藏数据库会随着时间的推移而变化,像 COD 这样遵循即时发布政策的数据库随时都可能发生变化,而且变化频率之高,与查询计算数据的频率相当。为了确保用 COD 完成的计算是可重复的,且从计算中得出的推理是可重复的,数据库的任何往期状态都能被恢复是至关重要的。我们通过对 COD 数据使用版本控制来实现这种要求。

目前,Subversion 服务器[47-48]被用来对 CIF 文件的 COD 数据进行版本管理。Subversion 服务器是一个强大的、现成的开源软件系统,它可以跟踪文件树的变化,给文件树的每个状态分配一个不可更改的顺序修订号,并允许从存储库中恢复以往的任何修订。虽然 Subversion 服务器最初是作为软件开发的工具设计的,但它所提供的功能恰恰是中等规模的科学数据库所需要的,如 COD。CIF 格式的文本性质使其特别适合采用版本控制系统进行跟踪。

自从引入 Subversion 服务器,所有的 COD 历史数据都可以被检索到,并且可以恢复到数据库的任何状态。另外,Subversion 服务器还记录了文件树中文件的移动和重命名操作,从而提供了版本控制系统中每个 CIF 文件自插入版本库以来的完整数据出处。当知道一个晶体结构的 COD 标识符(ID)和该结构的修订号时,就可以检索到在给定的修订中描述该结构的唯一位串(数字对象)。

COD 的 MySQL 数据表是由 COD 的当前版本自动生成的。这些表目前没有版本,即 MySQL 表只包含 COD 最新修订版的数据(尽管 COD MySQL 数据库的夜间转储被插入 COD Subversion 仓库)。但这样的实现方式还是令人满意的,因为 COD 的主要数据是 CIF 文件,任何修订版的 MySQL 表原则上都可以从该特定修订版的 CIF 文件中重建。

随着数据库的增长,更多的查询是在 MySQL 数据库上执行的,而不是在 CIF 树上,这就产生了快速执行历史 SQL 查询的需求,而不需要为每个修订版重建 MySQL 表。科研数据联盟(RDA)的数据引用建议中明确推荐了这一项需求[49-50]。因此,COD 将实现在线查询 COD 数据库的每个修订版本(MySQL 表的历史状态将从 COD CIF 文件中恢复,并标有相应的时间戳和修订号),并以一种持久的、可重复的方式引用 COD 查询,使其能够在原始数据和较新的数据库修订版上重新运行每个历史查询。

2. 数据管理策略

由于 COD 记录的内容在数据管理过程中可能会发生变化，因此出现了一个问题，即 COD 管理政策遵循什么规则，研究者的依据是什么？目前的 COD 数据政策：COD 数据库的条目记录本质上是由数据提交者提出的声明，声明了该作者发表的是所描述的结构的某些发现。在此范围内，COD 数据管理团队会努力使每个 COD 条目都能准确表达发表作者的意图。为此，COD 条目中的数据可以在数据管理过程中得到补充；可以添加原始出版物的附加数据。如果作者在原始出版物中明确规定了一个正确的值，并且很明显作者想公布（修改）该值，那么 CIF 中的数据值可以被修正（通常，这种修正也有很好的意义，管理的结构显然能更好地描述物理现实）。如果作者的意图不是特别明确，或者必须修改原子坐标或原子符号等重要数据项，则首先要联系作者批准修改。无论何种情况，必须明确数据管理的守则是保持作者的原始发现，而不是对实验数据做出新解释。

数据管理绝不涉及从相同的数据中获得新的结构方案，也不涉及重新提炼、从化学常识中猜测数值或类似的研究步骤。以上研究步骤可能存在，但必须为新的结构方案分配一个新的 COD ID，在 COD 中把它作为一个新的发布处理。

数据管理过程以实现数据的统一性和声明的准确性为主要目标。所有的 COD 结构必须使用相同的约定来描述相似的情况。在大多数情况下，IUCr CIF 标准为统一描述提供了详细的模板，我们对记录的数据进行管理，以遵守这些标准。例如，原子坐标必须以沿晶轴的单元向量的分数坐标的形式提供，或者以正交坐标系中的笛卡儿坐标的形式提供（在这种情况下，必须给出与所用笛卡儿坐标系和晶轴相关的正交化矩阵）。再如，晶体材料的熔点必须以开氏温度给出。如果一种原始出版物中包含了这些以不同方式记录的数据项（不同的坐标系、不同的单位），COD 数据管理员会将它们转换为规定格式，在特定的 COD 数据项中留下原始值以供参考。但有时某些情况并没有标准的表达方式，例如，有时作者并不确定晶体单元格中占据某个位点的原子的化学性质是什么，他们用不同的代码（如 I1、M2 等）来标记这些位点。COD 引入了统一的记号，X 表示某位点完全未知的原子，M 表示未知的金属。在这种情况下，原作者的代号可能会被改变；然而，管理后的版本（原子点 X）比原来的 I 代号更能表达作者表述的信息为"未知原子"，因为后者在 COD 中可能与碘混淆。

3. 季度发布

COD 遵循的是持续发布政策；COD 数据库内的每次提交都会立即在网络上和公开的 Subversion 服务器仓库中显示。每次这样的提交都会引入一个新的 COD 修订版。COD 的大部分内容是每天更新的，每天都会产生几个修订版。因此，COD 用户跟踪确定他们在计算和数据搜索中使用的是哪个版本是很重要的。由于这样的跟踪可能会带来额外的负担，因此应广大用户的要求，每季度发布一次 COD 数据快照。每年 4 次导出最新的 COD 修订版，包括 CIF 文件和 MySQL 表转储，并以几种最流行的数据格式打包。最新版本的修订版和时间戳可在 http://www.crystallography.net/cod/archives/LAST_RELEASE.txt 中获得。每次最新发布的版本都可以在 COD 档案区下载，因为当前发布 3 个文件，其内容都是一样的，所以只需任意一个文件就可以获得当前发布的信息。

——http://www.crystallography.net/cod/archives/cod-cifs-mysql.tgz

——http://www.crystallography.net/cod/archives/cod-cifs-mysql.txz

——http://www.crystallography.net/cod/archives/cod-cifs-mysql.zip

历史发布：可以在下面格式的 URI 地址中的每年的"data"目录中找到 http://www.crystallography.net/cod/archives/<year>/data/ 的 URI。例如，2015 年的 4 个版本都在 http://www.crystallography.net/cod/archives/2015/data/ 中。

虽然使用 COD 的发布版本看起来很简单，而且不需要使用版本控制软件和修订跟踪，但必须注意，这些版本很快就会过时。而且，下载一个新版本会重复下载以前的所有数据，浪费带宽和时间。因此，经常使用 COD 的用户应该考虑采用增量方式更新自己的 COD 集合，如采用 Subversion(SVN)或 Rsync 服务器。

4. 姊妹数据库

除实验结构外，对类似 COD 数据库的需求也日益增长，这促成了两个姊妹数据库的建立：预测晶体学开放数据库(PCOD)用于存放预测结构，理论晶体结构数据库(TCOD)用于存放理论构建的结构。

PCOD(http://www.crystallography.net/pcod/)于 2003 年 12 月启动，目的是收集计算预测的结构。预计这些条目的数量很容易超过实验确定的条目。2004 年 1 月，PCOD 提供了 200 条条目。2007 年 2 月，PCOD 利用几何约束无机结构预测软件(GRINSP)进行晶体结构预测，使条目数量增加到 6 万多条[22]。2008 年，随着 COD 归档第 5 万条条目，PCOD 也度过了一个重要的里程碑，其结构条目极限攀升到了 10 万条。一年后，PCOD 达到了 100 万条条目，其中大部分是由 Zeolite Framework Solution①(ZEFSA Ⅱ)工具生成的[51]。作为 COD 的一个分支，PCOD 继承了它的大部分功能，如稳定的唯一数据标识符、数据版本化及用于搜索的 Web 和 MySQL 接口。PCOD 中还需要实现自动存入服务。

TCOD(http://www.crystallography.net/tcod/)于 2013 年 5 月启动，解决了

---

① 一种用于从粉末衍射数据中直接解决沸石框架结构的软件工具。——译者注

理论计算晶体结构开放库的需求。随着计算化学的方法获得空前的发展和计算机能力的提高,研究人员可以进行大量的原子模拟,利用 DFT、post-HF、QM/MM 等方法产生理论物质结构并计算其性能。截至 2013 年底,TCOD 提供了约 200 条条目。为了保证存入数据的质量,TCOD 启动了 CIF 格式的本体开发。此外,在 TCOD 中开发并安装了一个类似 COD 的流水线,根据一套社区规定的收敛性、计算质量和可复现性标准来检查每个存入的结构数据。截至本书撰写时,TCOD 包含了 2000 多条条目。

1.4 晶体学开放数据库的使用

1.4.1 数据搜索与检索

开放存取的网络资源为前所未有的应用铺平了道路,这些应用将许多不同组织托管的数据相互连接和再利用,而不需要对它们进行协调。这种合作的关键要素是数据访问的接口。人用和机器用的 Web 接口常用的架构规范是 REST,根据 REST 规范构建 RESTful 接口[52],它使用通用的 HTTP 请求到稳定的 URL 进行数据检索。

1. 数据识别

COD 中的每条条目都由一个 CIF 数据块组成,不但可列出感兴趣的晶体原子位置,还可提供一个可选的衍射数据块(Fobs 软件、粉末衍射图)。如果一个实验产生了多个 CIF 数据块(N 个数据块),那它们将被分割到 N 个 COD 条目中。

为了提供永久的描述符,在存入化学物品编号时,COD 为每个存入的条目分配了独特的标识符,范围为 1000000~9999999 的整数。COD 标识符是永久性的——无论是被撤回的条目还是重复的条目,在它们被存入后即使发现问题,也会被标记记录下来,而不是直接被移除。

COD 标识符可直接转化为稳定的 URI,方法是在前缀上加上 http://www.crystallography.net/cod/,后缀加上文件类型(.html 代表条目的一般审查,.cif 代表带有原子位置的 CIF,.hkl 代表衍射数据文件)。例如,2002916 条目的文件可以通过 http://www.crystallography.net/cod/2002916.html、http://www.crystallography.net/cod/2002916.cif 和 http://www.crystallography.net/cod/2002916.hkl 访问。

2. 网络搜索界面

用户可以使用简单的 Web 表格在 Web 上搜索数据,这些表格使用 COD MySQL 数据表作为快速搜索索引(图 1.3)。

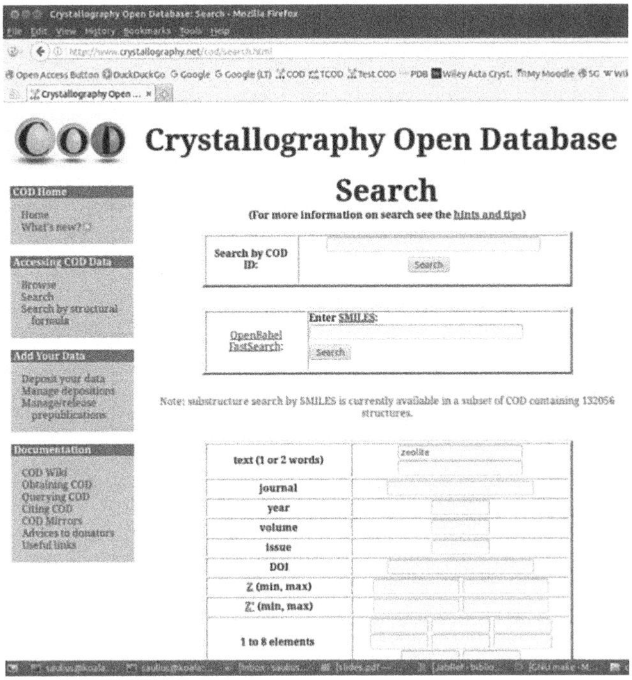

第1章 晶体学开放数据库的发展历程

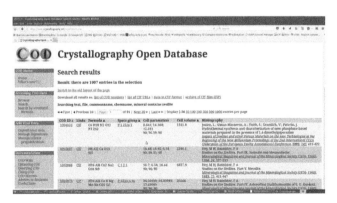

图 1.3 COD 搜索网页界面

COD 服务器将找到的结果以分页 HTML 表格的形式返回（图 1.4）。从这个页面上，可以将结果作为档案批量下载。COD 目前支持下载数据的 ZIP 存档文件。结果表可以以逗号分隔值（CSV）文件的形式下载，所选结构的列表可以以文本文件的形式获得，每行一个 COD 号或一个 COD URI。

图 1.4 截至 2016 年 11 月 5 日的 COD 搜索结果页面（其查询结果如图 1.3 所示）

3. RESTful 接口

同样的搜索界面也可以使用 COD RESTful API 程序进行编程访问。进行搜索的基本 URL 网址是 http://www.crystallography.net/cod/result，而搜索条件必须定义为 HTTP GET 参数或 POST 参数。图 1.5 给出了一个使用"curl"命令行工具进行查询的示例。

```
sh% curl -sSL 'http://www.crystallography.net/cod/result?text=ibuprofen&year=2014&format=urls'
http://www.crystallography.net/cod/4510385.cif
http://www.crystallography.net/cod/4510386.cif
http://www.crystallography.net/cod/4510387.cif
http://www.crystallography.net/cod/4510388.cif
```

图 1.5　COD 程序化搜索界面示例

下面的列表中给出了支持的搜索词列表。

文本：文本搜索；例如，text = caffeine。

id：按 COD 标识符搜索；例如，id = 3000000。

el1、el2、el8：搜索成分中的元素；例如，el1 = Ba & el2 = O4。

nel1、nel2、nel8：排除含有给定元素的条目；例如，nel1 = Os。

v_{min}、v_{max}：晶胞的最小体积和最大体积，单位为 $Å^3$；例如，v_{min} = 10 & v_{max} = 20。

minZ、maxZ：最小 Z 值和最大 Z 值。

minZprime、maxZprime：Z' 的最小值和最大值。

空间组：按空间组搜索。

期刊、年、卷、期、doi：在书目中按术语检索。

默认情况下，结构体请求的结果是以 CIF 格式返回的，但也可以请求其他的输出格式。

4. 输出格式

搜索参数组合的结果是逻辑连接(OR 操作)。也可以使用 HTTP GET 参数或 POST 参数 format 来控制输出格式，其值为以下之一：html、csv、zip 和 json。此外，lst 值可以用来获取 COD 标识符的列表，urls 可以获取 COD URL 的列表，count 可以获取与搜索查询匹配的条目数。目前"结果"查询的默认格式为 html，返回一个分页的 HTML 表格。由于没有搜索条件的搜索结果的请求会选择所有的 COD 条目，因此这个 URI 也可以用来按 COD ID 浏览 COD 数据库。其他浏览页面（目前是按期刊或按出版日期浏览，完整的列表可在 http://www.crystallography.net/cod/browse.html 中搜索）实际上也是使用"结果"请求实现的。

5. COD 记录的访问

如数据识别相关内容所述，COD 中的每条条目都用独特的七位数编号来标识。COD 提供了以下 URL，以供查阅与条目有关的数据。

坐标：http://www.crystallography.net/cod/XXXXXXX.cif。

衍射数据：http://www.crystallography.net/cod/XXXXXXX.hkl。

RDF 中的元数据：http://www.crystallography.net/cod/XXXXXXX.rdf。

在这里，XXXXXX 占位符应该用一个 COD 标识符代替。图 1.6 中显示了一个使用这些标识符从 Unix 风格的命令行进行查询的例子。

另外，还可以使用 RESTful 接口以 CIF 的形式向数据库存储。目前，需要事先在 COD 注册一个存管账户。RESTful 存管界面的 URL 是 http://www.crystallography.net/cod/cgi-bin/cif-deposit.pl。所有参数连同 CIF 必须通过 HTTP POST 提供。

用户名：存储人的用户名。

密码：存储密码。

user_email：存储人的电子邮件地址。

CIF：待交存 CIF 的内容。

hkl：待沉积衍射数据文件的内容（可选）。

deposition_type：沉积类型，可以是发表、预发表或个人。

```
sh% curl -sSL http://www.crystallography.net/cod/2001546.cif | head -n 30
#------------------------------------------------------------------------------
#$Date: 2016-02-19 16:29:56 +0200 (Fri, 19 Feb 2016) $
#$Revision: 176759 $
#$URL: svn://www.crystallography.net/cod/cif/2/00/15/2001546.cif $
#------------------------------------------------------------------------------
#
# This file is available in the Crystallography Open Database (COD),
# http://www.crystallography.net/. The original data for this entry
# were provided by IUCr Journals, http://journals.iucr.org/.
#
# The file may be used within the scientific community so long as
# proper attribution is given to the journal article from which the
# data were obtained.
#
data_2001546
loop_
_publ_author_name
'Freer, A. A.'
'Bunyan, J. M.'
'Shankland, N.'
'Sheen, D. B.'
_publ_section_title
;
Structure of <i>S</i>-(+)-ibuprofen
;
_journal_issue                   7
_journal_name_full               'Acta Crystallographica Section C'
_journal_page_first              1378
_journal_page_last               1380
_journal_paper_doi               10.1107/S0108270193000629
```

图 1.6　使用稳定的 COD URI 标识符检索特定的 COD 结构

6. MySQL 接口

基于网络的界面是现成的，可以使用标准的软件，如网络浏览器或 URL 下载器来访问，并且不需要任何复杂的编程。由于我们目前还不能公开完整的数据查询语言（如 SQL），这些软件的功能自然受到限制。为了缓解这种限制，COD

公开了一个只读版本的 COD MySQL 数据库用于查询。当以"cod_reader"用户身份访问时,该数据库会授予该用户 SELECT 权限,而不需要询问密码,以实现 SQL 查询语言的完整使用。一个特殊的"sql.crystallography.net"主机是专门用于这种查询的。图 1.7 是一个使用 Linux "mysql"命令行客户端进行此类查询的例子。

"data"视图的结构可以使用标准 SQL 命令进行查询(图 1.8)。目前,每个"data"列的语义的人可读和机器可验证的描述以 XML 文件形式提供(http://www.crystallography.net/cod/xml/documents/database-description/databasedescription.xml)。

```
sh% mysql -u cod_reader -h sql.crystallography.net cod -e \
'select file as codid, formula, year, a, b, c, vol from data \
where vol between 100.0 and 100.1 and formula != "?" \
order by year'

| codid   | formula           | year | a      | b      | c       | vol     |
| 1011228 | - Mn O3 -         | 1920 | 5.84   | 5.84   | 5.84    | 100     |
| 1528581 | - F6 Li2 Zr -     | 1960 | 4.98   | 4.98   | 4.66    | 100.086 |
| 9009168 | - Cl Ho O -       | 1963 | 3.893  | 3.893  | 6.602   | 100.056 |
| 1538762 | - Pu Zr -         | 1964 | 4.642  | 4.642  | 4.642   | 100.027 |
| 1537490 | - Cl N Ti -       | 1964 | 3.937  | 3.258  | 7.803   | 100.087 |
| 1532423 | - Li0.29 Si0.88 Zr1.83 - | 2002 | 3.701 | 3.669 | 7.581 | 100.013 |
| 1510152 | - Au Ga O2 -      | 2002 | 3.0427 | 3.0427 | 12.4836 | 100.09  |
```

图 1.7 COD MySQL 数据库查询

```
sh% mysql -u cod_reader -h sql.crystallography.net cod -e 'describe data "R%"'

| Field    | Type           | Null | Key | Default | Extra |
| radiation | varchar(32)    | YES  |     | NULL    |       |
| radType  | varchar(80)    | YES  |     | NULL    |       |
| radSymbol | varchar(20)    | YES  |     | NULL    |       |
| Rall     | float unsigned | YES  |     | NULL    |       |
| Robs     | float unsigned | YES  |     | NULL    |       |
| Rref     | float unsigned | YES  |     | NULL    |       |
| RFsqd    | float unsigned | YES  |     | NULL    |       |
| RI       | float unsigned | YES  |     | NULL    |       |
```

图 1.8 COD"data"视图的列定义查找

当使用 SQL 查询数据时,用户可以访问原始 SQL 表,通过筛选和过滤数据以获得所需结果。特别是 COD"data"表可能包含一些被标记为收回的结构(在 SQL "where"语句中"status = 'retracted' "(状态 = "收回")或错误的结构。这些结构很可能是不被需要的,除非我们研究的是结构科学的社会性,而不是结构本身。此外,COD"data"表中还包含了少量的标记重复,以及一些通过理论方法计算出来的结构,因此它并不代表实验结果(这类结构在 TCOD 中被系统地收集)。在进行晶体结构研究时,这些记录很可能被排除在检索之外,这些可以通过图 1.9 中提供的 SQL 查询来实现。这种查询方法建议应用于 COD 及其姊妹数据库中的大多数材料结构检索。通过 REST 接口进行的查询已经进行了类似的过滤,如图 1.9 两个例子中的结果数所示。

```
sh% mysql -u cod_reader -h sql.crystallography.net cod -e \
    'select count(*) from data \
    where \
        (status is null or (status != "retracted" and status != "errors")) \
        and duplicateof is NULL \
        and (method is NULL or method != "theoretical")' -NB
365477
sh% curl -sSL 'http://www.crystallography.net/cod/result?format=count'
365477
```

图 1.9　COD MySQL 查询中筛选出结构

目前,COD MySQL 表不包含原子坐标数据。从 SQL 查询中获取坐标的常见策略是获取 COD ID 的列表,然后将其转换为 COD CIF URI 或可以检索的本地文件名。图 1.10 和图 1.11 是这两种策略例子(假设本地 COD CIF 树被查出在目录~/struct/cod/cif 中)。从本地文件系统的副本中获取坐标当然要快得多,但需要准备和维护最新的 COD 副本。在 COD 本地副本的安装中,我们将介绍如何建立这样一个 COD 副本。

```
sh% mysql -u cod_reader -h sql.crystallography.net cod -e \
    'select file from data \
    where \
        (status is null or (status != "retracted" and status != "errors")) \
        and duplicateof is NULL \
        and (method is NULL or method != "theoretical") \
        and formula = "- Si -" \
        and year > 2000' -NB \
| awk '{print "http://www.crystallography.net/cod/"$1".cif"}' \
| xargs -i sh -c 'curl -sSL {}; sleep 1' \
> Si.cif
```

图 1.10　使用 COD URI 进行 MySQL 查询后的 COD CIF 数据检索

```
sh% mysql -u cod_reader -h sql.crystallography.net cod -e \
    'select file from data \
    where \
        (status is null or (status != "retracted" and status != "errors")) \
        and duplicateof is NULL \
        and (method is NULL or method != "theoretical") \
        and formula = "- Si -" \
        and year > 2000' -NB \
| awk '{print "'${HOME}'/struct/cod/cif/" \
        substr($0,1,1)"/"substr($0,2,2)"/"substr($0,4,2)"/" \
        $1".cif"}' \
| xargs cat \
> Si.cif
```

图 1.11　使用本地安装的 COD 副本为 SQL 查询准备位置

图 1.10 所要求的结构是 2000 年以后解决的硅的实验结构。"-NB"选项提供了一个普通的选项卡分隔的值列表(TSV),它适用于 Unix 管道处理。请注意每次下载后都插入"sleep1"命令,它会延迟查询并保存公共 COD 服务器免于过载。

7. COD 网络搜索的其他实现

COD 在网络上是公开的,所有数据都是免费下载的,任何人都可以为 COD 建立一个替代性的网络搜索引擎,实际上,已经有这样的网站。最早的应是 http://nanocrystallography.research.pdx.edu/网页,它使用 COD 的一个子集作为指导。一个 COD 数据库的访问链接是由 STFC 化学数据库服务在 Sci-Tech Daresbury(https://cds.dl.ac.uk/)上的网页(https://cds.dl.ac.uk/cgi-bin/news/disp?COD)提供的。另一个面向化学家的搜索工具是 Herman Bergwerf 开发的 MolView 在线分子浏览器①(http://molview.org/)和 Thomas Sander 开发的 DataWarrior 独立 Java 程序②(http://www.openmolecules.org/),这是两个成熟的开源项目。网络上还有其他类似的搜索工具。

此外,化学信息的线上数据摘要检索工具,如 PubChem[53]和 ChemSpider[54]现在提供了一些 COD 中结构的链接,预计这种链接的数量在未来还会增加。这样,各种类型的信息资源就可以在网络上无缝集成,提供对对象描述的多个方面的即时访问。

在实现替代 COD 接口时,我们鼓励实现者使用 COD 的最新版本,既可以使用本章中描述的某一种方法定期更新他们的本地副本,也可以查询在线 COD 服务器。如果特意选择了 COD 数据的某个子集,则应加以说明,以免资源的使用者困惑。满足了这种排除条件后,额外的独立服务将为科学数据的最终用户提供更多的可能性,从而使他们能够充分发掘开放数据库的潜力,而这在封闭的数据档案中是完全不可能发生的。

8. COD 本地副本的安装

由于 COD 是一个开放访问的数据库,因此每个用户都被鼓励安装 COD 数据库的本地副本。

获得 COD 完整副本的一种方法是使用 Subversion 服务器客户端,并查看 COD 文件的工作副本。COD 的 Subversion 服务器仓库是不受限可读的,可以使用 Subversion 协议访问 svn://www.crystallography.net/cod/,CIF 集合只能作为子树存在于 svn://www.crystallography.net/cod/cif 中。图 1.12 提供了一个在 Linux 操作系统上查看 COD 工作副本的命令;对于其他平台,可以使用其他 SVN 服务器客户端[例如,Windows 的 TortoiseSVN(www.tortoisesvn.net/)]。

```
sh% svn checkout svn://www.crystallography.net/cod
sh% cd cod; svn update
```

图 1.12 使用命令行"Subversion"客户端获取(签出)COD 数据的工作副本

---

① 一款化学分子式编辑、查看、绘制工具,包含了化合物、蛋白质、光谱数据库等。——译者注
② 一款开源的适用于化学信息学领域的数据可视化和分析软件。——译者注

目前可以用来从 COD Subversion 服务器仓库中获取数据的另一个客户端是 GIT,它拥有 GIT SVN 插件(在大多数流行的 Linux 发行版的软件仓库中很容易获得)。图 1.13 中提供了相应的克隆命令。

```
sh% git svn clone svn://www.crystallography.net/cod
sh% cd cod; git svn fetch; git svn rebase
```

图 1.13　用 GIT 和 GIT SVN 克隆 COD 数据目录

与其他方法不同,通过 Subversion 服务器获取 COD 数据的优点是更容易检索最近的变化。一旦被复制,一个本地副本(在 Subversion 服务器中被称为"工作副本")就可以被更新,例如,定期更新,只获取变化:修改、添加和删除。除此之外,"svn log"(或"git log",如果使用 GIT 客户端)命令提供了数据添加和更改的完整历史记录,包括所有元数据(日期、提交者、更改的文件)和人类可读的日志信息。因此,维护 Subversion 服务器工作副本可以说是拥有 COD 数据最新本地镜像的最佳方法。

如果不需要 COD 修改的完整历史记录,也不想使用 Subversion 服务器客户端,则可以使用 rsync 工具[55]对本地 COD 副本进行增量更新。COD 文件集合以 rsync 模块 hkl、cif 或 cod-cif(用于 COD 数据)、pcod-cif(用于 PCOD 数据)和 tcod-cif(用于 TCOD 数据)的形式呈现给 rsync 工具用户。图 1.14 中提供了同步本地树与 COD 数据库的命令。

```
sh% rsync -av --delete rsync://www.crystallography.net/cif/ cod-cif/
sh% rsync -av --delete rsync://www.crystallography.net/hkl/ cod-hkl/
sh% rsync -av --delete rsync://www.crystallography.net/cod-cif/ cod-cif/
sh% rsync -av --delete rsync://www.crystallography.net/pcod-cif/ pcod-cif/
```

图 1.14　使用 rsync 程序下载和更新 COD 文件集

rsync 命令确保本地 COD 文件树与 COD 服务器上的文件树存储信息的一致性,包括更新被删除的文件(选项"-delete")。如果有需要,用户可以使用额外的选项,如"-backup"和"-backup-dir"保存被删除文件的副本。

rsync 工具提供了一种精简而快速的方式来同步两个目录。但是,使用这种方法时,COD 文件的变化历史记录是不可查询的。此外,虽然 SVN 服务器更新是原子操作即使同时有新的部分提交,也仍然会按完整的最新版本提交,但 rsync 协议并未对 SVN 服务器版本库进行约束,无法确保传输一个完整的版本。如果在使用 rsync 工具过程中发生了 COD 的更新,那么一些被传输的文件可能会来自较新的版本,而其他文件来自较旧的版本。为了防止这种情况发生,建议连续运行两个或更多的 rsync 命令,这样最后一个命令就不会获取任何新的更新。

要安装 COD MySQL 数据库,必须获得 COD MySQL 表的转储,并将它们的源代码导入到 MySQL 服务器的 MySQL 数据库中。转储可以从 Subversion 服务器仓库中查出(命令如图 1.15 所示),也可以从 COD 季度版本中下载并提取(命令如图 1.16 所示)。但需要注意的是,第一种方法是最有效的,因为后者需要下载整个季度版本的档案(2016 年为 3~4GB,其大小取决于压缩率)。

```
sh% svn checkout svn://www.crystallography.net/cod/mysql mysql
sh% cd mysql; svn update
```

图 1.15　从 Subversion 代码库中查看 COD MySQL 数据转储

```
sh% wget http://www.crystallography.net/archives/cod-cifs-mysql.zip
sh% unzip cod-cifs-mysql.zip mysql/\*; cd mysql
```

图 1.16　从每季度发布的 ZIP 压缩包中提取 COD MySQL 转储

下载的表模式(*.sql)和标签分隔的值列表(*.txt)必须加载到一个空的 MySQL 数据库中。MySQL 转储中包含的脚本"cod-load-mysqldump.sh"可以创建 COD "data"表,前提是用户有根访问权限进入本地机器上的空数据库"cod"。同样的脚本可以用来更新已经存在的 MySQL 数据库。但是,使用该脚本时要注意,因为它在加载数据之前会将"data"表清空,所以在后续更新之间对该表的所有本地更改都会丢失。

9. 基于文件系统的查询

当所有的 COD 文件都在本地磁盘上时,另一种 COD 查询就成为可能,即直接使用标准的 Unix 系统文件处理工具对 COD CIF 进行查询。虽然这种查询通常比数据库查询速度慢(尽管在快磁盘和大内存缓存的情况下,可以加快很多速度),但它们更灵活,不需要建立本地 SQL 数据库或在线连接到现有数据库。

作为 ASCII 编码的文本文件,CIF 可以使用 Unix 系统的 grep 工具和其他工具进行搜索。图 1.17 中的查询将找到所有包含"diamond"行的 CIF,无论大小写。第一条命令将打印出所有含有该词的行,第二条命令将列出所有含有该词的文件的名称(注意,在这种情况下,"diamond"可以是一种矿物的名称,也可以是一个程序的名称,或者其他东西)。

```
sh% grep —exclude '*.svn-base' -H -iR —color diamond cod/cif/
sh% grep —exclude '*.svn-base' -H -iR -l diamond cod/cif/
```

图 1.17　使用"grep"搜索 COD CIF(该命令的选项由在 Ubuntu 12.04 或
更高版本操作系统上使用的 GNU "grep"工具支持)

另一种查询和处理 COD 文件的有力方法是使用 Unix 系统的 find 和 xargs 工具或使用 make 工具来组织计算。这些方法的使用超出了本章的范围,但应该注意的是,这些方法都允许在 COD CIF 的任何子集上运行程序,无论用何种编程语言编写。

由于当使用自编程序进行 CIF 处理时,必须考虑 CIF 是一种结构化的、由形式化语法描述的自由文本格式[42],因此需要一个合适的解析器来正确地提取数据(使用简单的工具如"awk"命令或 Perl 的"split( )"函数是不够的)。幸运的是,有许多正确进行 CIF 解析的解析库存在:COD 采用了一个来自"cod-tools"包[43]的纠错解析器,它与 C 语言、Perl 语言和 Python 语言绑定;除此之外,还有很多其他解析器[56-58]。

```
sh % find cod/cif -name .svn -prune -o -name '*.cif' -print \
    | xargs cifvalues \
        --tags _chemical_melting_point,_chemical_formula_weight,_cell_volume \
    > volumes.dat
```

图 1.18　使用"cod-tools"包中的"find""xargs"和"cifvalues"从 CIF 中提取所需数据

然而,为了快速组成不同的处理工具,人们可以使用简单的命令行实用程序提取值。"cod-tools"包[43]包含了实用程序"cifvalue"(值赋值),它完全是用 C 语言编写的,允许快速提取所要求的 CIF 值,并以空格分隔的值的形式打印出来,然后在大多数电子表格程序和许多其他工具中用"awk""perl"和"R"命令轻松处理。图 1.18 中的一个例子显示了如何使用"cifvalue",结合上述"find"(查找)程序和"xargs"(发现)程序,从 COD 收集中提取分子量、单位细胞体积和熔点数据。

10. COD CIF 文件的编程使用

正确使用任何资源都基于资源提供者和资源消费者之间的相互理解。COD 是一个完全开放的数据库,对数据的使用没有任何法律限制。但是,人们应该了解某些 COD 政策,以确保更好利用 COD 并保证预期结果的有效性。COD 承诺保留稳定的结构标识符,记录 COD 维护者引入的任何变化,并提供识别有别于常规使用结构的方法。反之,COD 的使用者也应该利用这些前提,在检查结果时保持批判性思维。数据既不完美,也不完整,但自愿合作是根植于开放性项目背后的驱动力。因此,报告任何观察到的错误和向 COD 提供新结构是我们鼓励的。总之,无论人们是打算使用 COD 查看单个结构、使用复杂的程序处理整个数据集,还是想更多地参与到项目中,了解 COD 的基本惯例都是被欢迎的。

由于对有机化合物和矿物等结构类别的定义经常处于争论之中,因此 COD 中并没有对结构进行程式化的分类。不过,用户可以通过选择待查物质的化学成分或对称性选择结构来缩小搜索范围,并根据自己的需要筛去不需要的结果。

描述天然矿物的 CIF 可以通过检查是否存在"_chemical_name_mineral" CIF 数据项来检测。由于该数据项是存入者添加的,因此,COD 不能保证数据库中的所有矿物结构都有被标记为 CIF。

正如在 1.3.3 节中所描述的那样,有问题条目的 CIF 用特殊的数据项标记,以便被用户和程序识别。其中,主要的数据项是"cod_error_flag",它表示有警告[枚举值为"warings"(警告)]和错误[枚举值为"errors"(错误)]的条目。此外,带有"retracted"值的数据项指示的是由作者撤回的结构。

在撰写本章时,COD 数据库中约有 1100 条条目没有被标记(不包括缩减的结构)。这些条目中的大多数是根据已发表但无法获取的晶体结构参考资料而创建的,例如来自 CIF 建立前的出版物或付费出版物。创建这类条目的做法并不常见,而且其数量也不多,这些条目都可以根据以下原则过滤掉:这类条目的_atom_site_CIF 中有一个模拟原子位点,其所有参数(标签和坐标)都等于"未知",用一个问号("?",ASCII 字符十进制 63)表示。

自动识别 CIF 中原子的化学类型是一项比手动识别更复杂的任务。尽管核心的 CIF 描述了一种指定观测原子的化学种类的方法,但它经常被忽略或误用。推荐的做法是使用专门为此指定的"_atom_site_type_symbol"数据项。另外,化学类型符号也可以在"_atom_site_label"数据项的值前加上;例如,按照这种命名方案,"C11"、"Au"和"Pb*"标签将用于相应地指定碳、金和铅(Pb)原子。实际工作中更倾向于采用后一种方法,然而,它引入了很多模糊性。首先,不清楚用户是否有意将标签用于此目的的,还是只是忘了包含"_atom_site_type_symbol"数据项。除此之外,当试图从标签中提取化学符号时,也会产生一些歧义。通常情况下,取原子标签中的前一两个字母作为其化学符号就足够了("/^([A-Za-z]{1,2})/"的正则表达式形式);然而,当标签按照一些额外的任意规则构造时,这种方法就失效了。例如,"HO"和"HOH"经常用来分别表示氢氧化物和水分子,就会被识别为钬(Ho);其他经常用于水分子的标签("Wat"、"W"和"Ow")则更进一步证明了这种简单化方法的缺陷。COD 的维护者采取了一种做法,即如果以前是空的,则手动将化学类型放到"_atom_site_type_symbol"数据项的值中,从而消除歧义。但是,这不是自动完成的,往往需要人工反复检查。

目前广泛使用的方法是将同位原子分割成单独的"_atom_site_loop"条目,这种方法往往会导致对两种或两种以上不同化学类型混合物位点的误解。例如,在 COD 条目 9000000 中的 grunerite 结构包含了 4 个铁镁位点,只能通过比较它们的坐标来确定。我们采用了一种做法,即使用 CIF 的"atom_site_disorder..."数据项来标记这些位置上的原子为可选,以便向下游应用程序呈现语义相连的"atom_site..."条目。然而,我们没有转换所有的 COD CIF,而是即时采用了这种做法,正如"cod-tools"包中的命令行工具"cif_mark_disorder"所实现的那样[43]。

在晶体学中,低分辨率的实验几乎不能提取结构中氢原子位置的信息。从约束到几何预测,氢原子位置处理的方法有很多种。当然,有时氢原子完全被排除在晶体结构之外,特别是当在研究中不关注氢原子的位置时。不过,为了避免误解,发现这种情况时进行注释是很重要的。对于已知数量的氢原子,附着在固定位点上,CIF 标准定义了数据项"_atom_site_attached_hydrogens"。但是,对于已知数量的氢原子,其附着位点未知的氢原子,并没有推荐的记法。我们决定将它们 "attached"到一个未知坐标的"fake"原子上[都等于特殊的 CIF 值"unknown",用一个问号("?",ASCII 字符 63 十进制)表示]。

1.4.2 数据交存

2010 年我们开发了一个自动交存数据的界面,使科学界能够直接参与扩大 COD 数据收集的工作。插入新数据的整个过程[20]已实现自动化,并嵌入一套网页(可在 http://www.crystallography.net/cod/deposit 中找到),以指导所有感兴趣的研究人员以 CIF 格式存入数据。考虑人们对原始研究数据保存的关注,COD 接受衍射数据文件(CIF 格式)及原子坐标,这与 IUCr 的出版标准一致(http://www.iucr.org/home/leading-article/2011/2011-06-02#letter)。

COD 接受三种类型的交存数据:

(1)在交存之前发表的数据,有完整的书目记录。凡在 COD 网站注册的人都可以提交,并将其立即投入公共领域。

(2)即将发表而未发表出版成果的作者可在出版前提供结构。与已发表的材料相反,这种结构在正式发表或保留期结束之前不会被公开,如晶格常数、对称性、化学式摘要、物质名称和作者名单等细节会在公开后保留永久 COD 标识符。因此,坐标和衍射数据在 COD 中是保密的,我们认为这种保存方式保证了提交工作的原创性,这种结构的出版物有资格作为原创研究。存入者可以延长保留期,最长可达 18 个月,超出时间后,我们会通过电子邮件与他们联系,并要求他们说明出版情况,将记录作为个人通信公开(如果没有出版),或者将其从 COD 中撤回。

(3)结构也可通过个人交存数据提交给 COD。这种结构被认为是由作者个人公开发表的,并立即进入公共领域。

在使用自动交存数据界面之前,所有数据都是由其维护者收集、校正和存入 COD 中的。自 2010 年以来,所有交存数据都被引导到新的界面,节省了许多工作时间。

1.5 晶体学开放数据库的应用

1.5.1 材料鉴定

对 COD 更为明显的应用是当晶体学家确定了一个新的相位晶胞参数后,这些晶胞参数和相应的晶胞体积可以在 COD 中进行简单的搜索,以免在晶体结构已经公布的情况下浪费时间。这种搜索结果是否具有真实性,要等COD完成相应校正工作后才能知晓。

长期以来,晶体结构数据库都被用来识别多晶材料中的相位。为特定用户应用而设计的数据库子集(如无机物、有机物、金属等)已经被开发出来并单独销售。只包含衍射峰位置的数据库也可以从结构数据库中构建。在这两种情况下(晶体结构或峰表),常见的商业软件搜索匹配只将数据库中的峰位和待鉴定样品的峰位进行比较。因此,只有存储在实际数据库中的结构才能被识别,例如搜索有机物,会忽略其他相(无机物、金属、有机物等),除非用户有能力购买所有数据库和相应的软件。

使用COD可以解决传统数据库的缺点。由于COD记录了所有结构,而不考虑它们是无机物或其他类别的"classification",因此,搜索匹配的结果可以扩展到更多的材料(显然,如果有必要,可以引入元素、键或其他选择,甚至相类)。不管是什么材料,都可以从头开始进行相位鉴定。此外,COD的开放特性允许其使任何使用相关软件的用户受益。最近开发了类似的应用程序,称为Full-Pattern Search-Match(FPSM),它允许通过互联网自动获取基于COD的识别、量化和微观结构表征[90]。

COD及其姊妹数据库,对每个人甚至企业都开放免费下载使用。这一做法在学术、工业和技术界创造出惊人的价值,迅速被构造X射线衍射仪的公司关注。Crystal Impact是2000年第一个在其搜索匹配软件中加入COD的公司,随后Panalytical(Highscore+软件)、Bruker(Eva)和Rigaku(PDXL)迅速跟进。最近,3D Systems公司的一位员工将其用于晶体学模型的3D打印,Kagaku Benran将COD纳入了他的 *Crystallography Handbook* 中。

1.5.2 矿业

事实证明,COD在矿物识别方面的实用性对采矿业有很好的实际应用。在2016年开始的SOLSA①(声波钻探加上自动矿物学和化学在线实时项目)②中,COD为鉴定矿物提供基本数据,以确定钻芯的特征。COD还计划作为后续数据传播的载体,存储钻芯的晶体学研究结果。COD的所有特性在这里都是至关重要的:开放存取制度允许其有效地分发和快速地访问数据;成熟的CIF框架为描述测量结果提供了一个良好的基础,RESTful接口使其易集成。COD代码库也被用于启动拉曼开放数据库(ROD),将其与COD中的晶体结构关联,以便正确存储拉曼光谱测量结果[59]。预计SOLSA项目的其他成果将在完成后向社会

---

① http://www.solsa-mining.eu/.

② https://ec.europa.eu/easme/en/printpdf/7079.

公开。

1.5.3 化学信息的提取

由于 COD 的许多潜在用户是化学家,因此他们对结晶化合物的化学特征会比对单纯的晶体学事实更感兴趣。对于有机化学家和金属-有机化学家来说,化合物的化学特征大多是由原子之间如何直接结合或不结合来定义的,这就是化学连接或分子结构。因此,化学家对原子的特殊关联(官能团、配位环境)更感兴趣,而不是原始晶胞参数或空间群。

但上传到 COD 的 CIF 中分子结构通常不是一目了然的,需要通过原子坐标和/或键列表(如果存在)推导。因此,这种分子结构应该写成适合化学定义化合物和搜索的格式。在许多可用的可能性中,我们选择了 SMILES 格式[这种格式有两种规范,一种是由日光化学信息系统(daylight chemical information systems[60],(http://www.daylight.com/dayhtml/doc/theory/theory.smiles.html)阐述的原始规范,另一种是后来建立的公开规范(http://opensmiles.org),两者基本相同]。这种格式用一条 ASCII 字符链表示一个化学品种,其优点是只存储分子结构,不存储其他内容,非常紧凑,既可供人进行读写,又可供机器进行读写,方便自动或手动编辑。经过一定的实践,只需阅读 SMILES,就可以直接"看到"分子结构(在简单的情况下)或至少是分子结构的重要特征(在较复杂的情况下),而且有几种信息学工具能够描绘特定 SMILES 的分子结构(例如,indigo-depict:http://lifescience.opensource.epam.com/indigo/)。

SMILES 格式也有重要的缺点:它在设计时考虑了价键理论(因为"化学连接性"这个概念本身在某种程度上就意味着价键理论),因此,它在表示不适合用这种理论解释的物种时会出现问题,如非定位键(芳香环除外)或多中心键(茂金属、硼烷等)。另一个缺点是,它只能表示离散的物种,而不能表示聚合的物种,因为聚合的物种只能表示一个片段。

然而,从相应的 CIF 中推导出 SMILES 链的化学连接性远非易事。我们使用的是 Open Babel 工具箱[61](http://openbabel.org),原则上,它有能力进行从 CIF 到 SMILES 的转换,但在很多情况下,其结果并不理想。首先,OpenBabel 按输入文件中的原子读取,不进行任何对称性生成,也不考虑占位因子,因此不能正确处理放在晶体对称元素上的化学物质,也不考虑可能的无序性。为了规避这些问题,COD 的维护者已经开发出算法和相应的软件[62]。

即使我们有一组原子代表化合物,但对于选择特定化学物质的,仍然有严峻的问题要面对:如何为特定的化学物质选择最佳表示方式。因为在许多情况下,Open Babel 并不会产生一个化学家所期望的 SMILES 示意图。毕竟,这只是僵硬地转换。大部分的问题来自 Open Babel 是从有机化学家的角度出发,在价键理论的领域里设计的,试图强迫每个原子都有通常的价态。由于一个原子可以形成的键的数量也是有限的,因此经常需要用作者在_geom_bond_distance_循环中提供键来补充 Open Babel 发现的键。

由于上述原因,所得到的、粗糙的 SMILES 描述符通常能准确地表示有机化合物(由于没有方括号而很容易识别),可以不做进一步的处理而被接受,但不能准确表示金属-有机化合物,人们经常发现缺失的键、虚假的或缺乏的 H 原子、错误的键表示等。拥有这类问题的化合物族名单相当多。目前,对这类 SMILES 描述符的整理主要是通过人工干预借助一些辅助脚本来识别,并在某些情况下自动解决与一些较常发现的化合物族相关的问题。值得注意的是,即使是专有的或未发布的软件,以及商业数据库使用的未公开的算法,也无法减免这项任务中的人为干预[63]。由于这些原因,目前被认为可以接受的、带有 SMILES 描述符的条目数量仅占原产地标记条目总数的 1/3 左右。该程序需要改进,以加快转换速度,减少人为干预的需要。

为 COD 条目建立化学身份,对将 COD 与其他化学数据库进行交叉链接是非常有用的。现在 SMILES 描述符已经被用来转换 COD 与开放化学数据库 ChemSpider(http://www.chemspider.com)[54]约 35000 个链接,预计同样可以用于其他重要的开放数据库,如 PubChem。

内置的 SMILES 也被用于执行子结构搜索,数据库的用户试图找到所有包含给定分子片段的化合物。这肯定是有机或金属-有机化学家感兴趣的主要搜索方式,因为这种分子片段是定义化合物家族的主要方式。COD 网站实现了这样的搜索,允许用户以 SMILES 格式介绍片段,然后使用 Open Babel 快速搜索工具来获取点击率。为了方便不熟悉 SMILES 格式的用户,也可以在 COD 网站中使用 JavaScript[64](http://www.molinspiration.com/jme/)语言编写的图形界面建立查询。整个 SMILES 集合也可以下载为一个单独的文件(http://www.crystallography.net/cod/smi/allcod.smi),这样用户就可以用自己选择的软件在本地进行搜索。在没有快速搜索索引参与的情况下使用 Open Babel 包,程序比上述快速搜索要慢得多(需要几分钟,这使得它很难在网络界面上实现),但它能产生更准确的结果,而且查询可以用 SMARTS 语言编写(https://github.com/timvdm/OpenSMARTS;http://www.daylight.com/dayhtml/doc/theory/theory.smarts.html),这就可以实现比 SMILES 更通用、更复杂的搜索。

1.5.4 性能搜索

现代计算化学方法可以大幅减少材料科学等领域研究人员的工作。计算机模拟研究可以比较准确地预测材料的各种性能,而不需要进行耗费时间和成本的合成和实验。例如,对晶体含量和密度足够了解则可寻找可能的储氢材料,Breternitz 和 Gregory 在利用 COD 的研究中就证明了这一点[65]。有研究人员已经着手筛选具有周期性分层化合物的晶体结构,以便在 COD 和 ICSD 中发现新型石墨烯类化合物[66]。

1.5.5 晶体结构的几何统计分析

为了简化和鼓励基于 COD 的类似研究,我们正在开发一个 COD 结构的几何学数据库,主要目标是收集键长、价位和二面角尺寸,并以提供统计模型形式的描述。为了实现这个目标,我们设计了一个新的化学环境描述符,即" name"(名称),允许对类似化合物的几何参数进行分组[67-68]。因为会产生大量的类,而观测值的数量很少,所以我们选择了一个"模糊"的描述符,来平衡分组的严谨程度。然而,有时,来自不同化学环境的几何参数会落在同一个类中,从而产生多模态或偏斜分布。为了适应这种不规则性,我们选择了高斯分布和考奇分布的混合模型。因此,我们开发了全自动软件,能够从晶体结构描述中提取上述几何参数,而不需要人工监督。通过该软件,我们已经从 COD 中提取了 30 多万个小分子条目的几何参数。为了方便浏览收集到的几何数据集和描述模型,我们推出了一个网络界面。目前,通过前面提到的原子描述符可以实现对结构的浏览。

几何学数据库可能的用途之一是检测常见的几何学特征。另一个可能的用途是半自动搜索晶体结构中的人为设计结构和异常结构。此外,从我们的数据库中推导出的统计分布可以用来构建结构中的力场,细化对晶体结构的约束条件。目前,使用 REFMAC5 细化程序这种特殊的方法,可用来编制大分子结构细化的约束字典[69-70]。

1.5.6 高通量计算

可重复性问题一定程度上阻碍了高通量计算机模拟结果的应用。这个问题的一个关键是保存从输入到结果所有步骤的出处[71]。为了帮助原子尺度的模拟,Pizzi 等在开放 Provenance 模型[73-74]的基础上开发了 AiiDA 框架[72]。AiiDA 可以自动执行计算,自动将输入、导出结果存储在一个定制的数据库中,同时跟踪数据出处,帮助共享结果。

为了方便 AiiDA 的数据导入和导出,它与 COD 和 TCOD 进行了接口。目前允许将实验数据从 COD 无缝导入 AiiDA,进行进一步的原子模拟,同时保留所有元数据,以明确识别输入和导出结果,并与所有元数据捆绑在一起,确保 TCOD 的可重复性。

1.5.7 在大学教育及其他拓展活动中的应用

2004年,波特兰州立大学出于教学目的建立了晶体学开放数据库。这些活动的重点一直是具有教育意义的晶体结构交互式可视化。美国明尼苏达州圣奥拉夫学院的Bob Hanson及其团队将著名的基于Java的Jmol插件(现在已经被更安全的JavaScript版本JSmol取代)植入Web浏览器中,一直被应用于此目的[75]。

近年来,我们用3D打印的晶体学模型来加强教育活动[76-77]。这些活动的关键是Werner Kaminsky[78]的一个Windows可执行程序,它可以将*.cif文件直接转换为*.stl或*.wrl文件,这是3D打印过程所需要的。当然,还有Werner Kaminsky的Windows可执行程序,可以为晶体形态模型[78]和各向异性晶体物理特性的纵向表示曲面[78]创建3D打印文件。

虽然CIF字典中包含了将晶体形态直接编码在*.cif文件中的规定,这样就可以读入Werner的程序[79],但材料属性开放数据库[10]的开发者需要自己编写修改后的CIF扩展字典。3D打印文件也可以在材料属性开放数据库的网站上直接创建[80]。部分3D打印文件和CIF编码的晶体形态可以在波特兰州立大学的教育项目中下载。

1.6 展望

1.6.1 历史结构

截至2016年8月,COD中的大部分结构是在"CIF时代"(20世纪90年代以后)出版的,旧结构的贡献仅占8%(27000条)。然而,我们估计已出版的CIF未收录的历史结构数量比这要大得多,要将它们数字化并存入CIF,还需要做很多努力。为此,我们手动制作了少量这样的条目,但是这种任务的劳动密集性质阻碍了转换的速度。后续可通过利用众包来检测扫描出版物中的坐标表、光学字符识别,以及几何评估作为错误检测的手段,加快历史结构收集的速度。

1.6.2 晶体学开放数据库中的理论数据

在过去25年里,CIF格式已经成为报告和归档实验晶体结构方案结果的标准。晶体学期刊和结构数据库都采用并使用了这种格式。目前正在开发新的CIF字典,以定义大分子晶体学[6]、粉末衍射[81]和电子密度研究[82]等领域的本体。在目前正在迅速扩展的理论材料科学领域,还需要做很多努力来巩固知识,并还是有一些不连贯的尝试，如欧洲理论光谱设施（ETSF）[83-84]和NoMaD[85]。为了解决这个问题，我们推出了TCOD，其采用了使用CIF格式、方法专用字典（如DFT的cif_dft字典）和定义自动检查的数据验证标准的做法。此外，TCOD还强调结果的出处和可重复性，为相关元数据设计了专门的字典——cif_tcod[86]。TCOD与COD中的大量实验结构集合[21]在一起，为实验数据和理论数据的交叉验证开辟了道路。

1.6.3 结论

COD晶体学数据库16年的发展表明，在一个明确界定的科学探索领域，即晶体学领域，建立一个完全开放存取的高质量数据库是可能的。在其开发至今，COD大部分时间都是在线的，除了遇到非常少数的短暂技术故障。随着时间的推移，它的容量不断增加，被引用的次数也越来越多。尽管COD还没有涵盖所有已发布的结构，但它仍被大量应用，当开放性是一个基本要求时，它是无法替代的。我们看到了开放数据在新的互联世界中的巨大潜力，很多科学成果不仅有显而易见的用途，而且有很多意想不到的用途，它造福每个人，未来将继续发展，请支持COD[87-89]。

致　谢

感谢立陶宛研究委员会（项目立项号：MIP-124/2010和MIP-025/2013）、欧洲共同体（SOLSA，2016—2020，项目立项号：689868）和诺曼底地区委员会（COMBIX项目，2013—2014，Chair of Excellence of LL）给予的经费支持。感谢Peter Murray-Rust博士提供CrystalEye相关信息。

参考文献

[1] Authors of Wikipedia (2016). Hipparchus. https://en.wikipedia.org/wiki/Hipparchus (accessed 16 October 2016).

[2] Annis, J., Bakken, J., Holmgren, D., et al. (1999). The Sloan Digital Sky Survey data acquisition system, and early results. Real Time Conference, 1999. Santa Fe 1999. 11th IEEE NPSS 14-18 June 1999. IEEE. DOI: https://doi.org/10.1109/RTCON.1999.842551

[3] Hewett J. (2006). LHC factoids. http://blogs.discovermagazine.com/cosmicvariance/2006/09/27/lhc-factoids/ (accessed 16 October 2016).

[4] PPARC (2006). 'Maiden Flight' for LHC computing grid breaks gigabyte-per-second barrier. http://phys.org/news/2006-02-maiden-flightlhc-grid-gigabyte-per-second.html

(accessed 16 October 2016).

[5] Hahn, T. (ed.) (2006). International Tables for Crystallography. Vol. A: Space-group Symmetry. Dordrecht, The Netherlands: Published for the International Union of Crystallography by Springer https://doi.org/10.1107/97809553602060000100.

[6] Fitzgerald, P. M. D., Westbrook, J. D., Bourne, P. E. et al. (2006). Macromolecular dictionary (mmCIF). In: International Tables for Crystallography (ed. S. R. Hall and B. McMahon). International Union of Crystallography https://doi.org/10.1107/97809553602060000745.

[7] Hall, S. R., Allen, F. H., and Brown, I. D. (1991). The crystallographic information file (CIF): a new standard archive file for crystallography. Acta Crystallogr. Sect. A 47: 655-685. https://doi.org/10.1107/S010876739101067X.

[8] Bernstein, H. J., Bollinger, J. C., Brown, I. D. et al. (2016). Specification of the Crystallographic Information File format, version 2.0. J. Appl. Crystallogr. 49(1): 277-284. https://doi.org/10.1107/s1600576715021871.

[9] Faber, J. and Fawcett, T. (2002). The Powder Diffraction File: present and future. Acta Crystallogr. Sect. B 58 (3 Part 1): 325-332. https://doi.org/10.1107/S0108768102003312.

[10] Pepponi, G., Gražulis, S., and Chateigner, D. (2012). MPOD: A Material Property Open Database linked to structural information. Nucl. Instrum. Methods Phys. Res., Sect. B 284: 10-14. https://doi.org/10.1016/j.nimb.2011.08.070.

[11] Lafuente, B., Downs, R. T., Yang, H., and Stone, N. (2015). The power of databases: the RRUFF project. In: Highlights in Mineralogical Crystallography (ed. T. Armbruster and R. M. Danisi), 1-29. W. De Gruyter.

[12] Downs, R. T. and Hall-Wallace, M. (2003). The American Mineralogist crystal structure database. Am. Mineral. 88: 247-250.

[13] Rajan, H., Uchida, H., Bryan, D. et al. (2006). Building the American Mineralogist crystal structure database: a recipe for construction of a small Internet database. In: Geoinformatics: Data to Knowledge (ed. A. Sinha). Geological Society of America https://doi.org/10.1130/2006.2397(06).

[14] Baerlocher, C., McCusker, L., and Olson, D. (2007). Atlas of Zeolite Framework Types, 6th revised edition. Amsterdam – London – New York – Oxford – Paris – Shannon – Tokyo: Elsevier.

[15] Aroyo, M. I., Perez-Mato, J. M., Orobengoa, D. et al. (2011). Crystallography online: Bilbao Crystallographic Server. Bulg. Chem. Commun. 43 (2): 183-197.

[16] Aroyo, M. I., Perez-Mato, J. M., Capillas, C. et al. (2006). Bilbao Crystallographic Server: I. Databases and crystallographic computing programs. Z. Kristallogr. – Cryst. Mater. 221 (1): 15-27. https://doi.org/10.1524/zkri.2006.221.1.15.

[17] Perez-Mato, J., Gallego, S., Tasci, E. et al. (2015). Symmetry-based computational

tools for magnetic crystallography. Ann. Rev. Mater. Res. 45 (1): 217-248. https://doi.org/10.1146/annurev-matsci-070214-021008.

[18] Berman, H. M., Olson, W. K., Beveridge, D. L. et al. (1992). The nucleic acid database: a comprehensive relational database of three-dimensional structures of nucleic acids. Biophys. J. 63: 751-759. https://doi.org/10.1016/S0006-3495(92)81649-1.

[19] Coimbatore Narayanan, B., Westbrook, J., Ghosh, S. et al. (2014). The nucleic acid database: new features and capabilities. Nucleic Acids Res. 42: D114-D122. https://doi.org/10.1093/nar/gkt980.

[20] Gražulis, S., Chateigner, D., Downs, R. T. et al. (2009). Crystallography Open Database - an open-access collection of crystal structures. J. Appl. Crystallogr. 42: 726-729. https://doi.org/10.1107/S0021889809016690.

[21] Gražulis, S., Daškevic, A., Merkys, A. et al. (2012). Crystallography Open ˇDatabase (COD): an open-access collection of crystal structures and platform for world-wide collaboration. Nucleic Acids Res. 40: D420-D427. https://doi.org/10.1093/nar/gkr900.

[22] Le Bail, A. (2005). Inorganic structure prediction with it GRINSP. J. Appl. Crystallogr. 38: 389-395. https://doi.org/10.1107/S0021889805002384.

[23] Chateigner, D., Grazulis, S., Pérez, O., et al. (2015). COD, PCOD, TCOD, MPOD… open structure and property databases. http://www.ecole.ensicaen.fr/~chateign/danielc/abstracts/Chateigner_abstract_JNCO2013.pdf (accessed 19 April 2019).

[24] Groom, C. R., Bruno, I. J., Lightfoot, M. P., and Ward, S. C. (2016). The Cambridge Structural Database. Acta Crystallogr. Sect. B 72 (2): 171-179. https://doi.org/10.1107/S2052520616003954.

[25] Belsky, A., Hellenbrandt, M., Karen, V. L., and Luksch, P. (2002). New developments in the Inorganic Crystal Structure Database (ICSD): accessibility in support of materials research and design. Acta Crystallogr. Sect. B 58: 364-369. https://doi.org/10.1107/S0108768102006948.

[26] White, P. S., Rodgers, J. R., and Le Page, Y. (2002). CRYSTMET: a database of the structures and powder patterns of metals and intermetallics. Acta Crystallogr. Sect. B 58: 343-348. https://doi.org/10.1107/S0108768102002902.

[27] Villars, P., Onodera, N., and Iwata, S. (1998). The Linus Pauling file (LPF) and its application to materials design. J. Alloys Compd. 279: 1-7. https://doi.org/10.1016/S0925-8388(98)00605-7.

[28] Villars, P., Berndt, M., Brandenburg, K. et al. (2004). The Pauling File, Binaries Edition. J. Alloys Compd. 367 (1-2): 293-297. https://doi.org/10.1016/j.jallcom.2003.08.058.

[29] Protein Data Bank (1971). Protein Data Bank. Nat. New Biol. 233: 22-23. https://doi.org/10.1038/newbio233223b0.

[30] Berman, H., Kleywegt, G., Nakamura, H., and Markley, J. (2012). The Protein Data

Bank at 40: reflecting on the past to prepare for the future. Structure 20: 391-396. https://doi.org/10.1016/j.str.2012.01.010.

[31] Gilliland, G. L., Tung, M., and Ladner, J. E. (2002). The Biological Macromolecule Crystallization Database: crystallization procedures and strategies. Acta Crystallogr. Sect. D 58 (6 Part 1): 916-920. https://doi.org/10.1107/S0907444902006686.

[32] Baldi, P. (2011). Data-driven high-throughput prediction of the 3-D structure of small molecules: review and progress. A response to the letter by the Cambridge Crystallographic Data Centre. J. Chem. Inf. Model. 51: 3029. https://doi.org/10.1021/ci200460z.

[33] Sadowski, P. and Baldi, P. (2013). Small-molecule 3D structure prediction using open crystallography data. J. Chem. Inf. Model. 53: 3127 – 3130. https://doi.org/10.1021/ci4005282.

[34] Bruno, I. and Groom, C. (2014). A crystallographic perspective on sharing data and knowledge. J. Comput. Aided Mol. Des. 28 (10): 1015-1022. https://doi.org/10.1007/s10822-014-9780-9.

[35] Eger, T., Scheufen, M. and Meierrieks D. (2013). The determinants of Open Access Publishing: survey evidence from Germany. http://ssrn.com/abstract=2232675 (accessed 19 April 2019).

[36] Eysenbach, G. (2006). Citation advantage of open access articles. PLoS Biol. 4(5): e157. https://doi.org/10.1371/journal.pbio.0040157.

[37] Harnad, S. and Brody, T. (2004). Comparing the impact of Open Access (OA) vs. Non-OA articles in the same journals. D-Lib Magaz. 10 (6): https://doi.org/10.1045/june2004-harnad.

[38] Harnad, S., Brody, T., Vallières, F. et al. (2008). The access/impact problem and the green and gold roads to open access: an update. Serials Rev. 34 (1): 36-40. https://doi.org/10.1080/00987913.2008.10765150.

[39] Zucker, L. G., Darby, M. R., Furner, J., et al. (2006). Minerva unbound: knowledge stocks, knowledge flows and new knowledge production. NBER Working Paper Series. http://www.nber.org/papers/w12669 (accessed 19 April 2019).

[40] Piwowar, H. A. and Vision, T. J. (2013). Data reuse and the open data citation advantage. PeerJ 1: e175. https://doi.org/10.7717/peerj.175.

[41] Galperin, M. Y. and Cochrane, G. R. (2010). The 2011 Nucleic Acids Research Database Issue and the online Molecular Biology Database Collection. Nucleic Acids Res. 39 (Database): D1-D6. https://doi.org/10.1093/nar/gkq1243.

[42] IUCr (2016). CIF version 1.1 working specification. http://www.iucr.org/resources/cif/spec/version1.1 (accessed 06 November 2016, 14:55 EET).

[43] Merkys, A., Vaitkus, A., Butkus, J. et al. (2016). COD::CIF::Parser: an error-correcting CIF parser for the Perl language. J. Appl. Crystallogr. 49(1): 292-301. https://doi.org/10.1107/S1600576715022396.

[44] Berman, H. M., Westbrook, J., Feng, Z. et al. (2000). The Protein Data Bank. Nucleic Acids Res. 28: 235-242. https://doi.org/10.1093/nar/28.1.235.

[45] Day, N., Downing, J., Adams, S. et al. (2012). CrystalEye: automated aggregation, semantification and dissemination of the world's open crystallographic data. J. Appl. Crystallogr. 45: 316-323. https://doi.org/10.1107/S0021889812006462.

[46] Dalle O. (2012). On reproducibility and traceability of simulations. Proceedings of the Winter Simulation Conference. Winter Simulation Conference, 9-12 December 2012. IEEE.

[47] Collins-Sussman, B., Fitzpatrick, B. W., and Pilato, C. M. (2004). Version Control with Subversion: Next Generation Open Source Version Control. O'Reilly Media.

[48] Collins–Sussman B., Fitzpatrick B. W. and Pilato C. M. (2011). Version control with subversion. http://svnbook.red-bean.com/ (accessed 19 April 2019).

[49] Rauber, A., Asmi, A., van Uytvanck, D., and Pröll, S. (2015). Data Citation of Evolving Data: Recommendations of the Working Group on Data Citation (WGDC). RDA https://rdalliance.org/system/files/documents/RDA-DCRecommendations_151020.pdf (accessed 19 April 2019).

[50] Rauber, A., Asmi, A., van Uytvanck, D. and Pröll, S. (2016). Identification of reproducible subsets for data citation, sharing and re-use. https://www.ieeetcdl.org/Bulletin/v12n1/papers/IEEE-TCDL-DC-2016_paper_1.pdf (accessed 19 April 2019).

[51] Falcioni, M. and Deem, M. W. (1999). A biased Monte Carlo scheme for zeolite structure solution. J. Chem. Phys. 110 (3): 1754-1766. https://doi.org/10.1063/1.477812.

[52] Fielding, R. T. (2000). Architectural styles and the design of network-based software architectures. University of California, Irvine. https://www.ics.uci.edu/~fielding/pubs/dissertation/top.htm (accessed 19 April 2019).

[53] Bolton, E. E., Wang, Y., Thiessen, P. A., and Bryant, S. H. (2008). Chapter 12 PubChem: integrated platform of small molecules and biological activities. In: Annual Reports in Computational Chemistry (ed. R. A. Wheeler and D. C. Spellmeyer). Oxford, UK: Elsevier https://doi.org/10.1016/S1574-1400(08)00012-1.

[54] Pence, H. E. and Williams, A. (2010). ChemSpider: an online chemical information resource. Chem. Educ. Today 87: 1123-1124. https://doi.org/10.1021/ed100697w.

[55] Davison W. (2015). Rsync. http://samba.anu.edu.au/rsync/ (accessed 06 November 2016, 13:42 EET).

[56] Gildea, R. J., Bourhis, L. J., Dolomanov, O. V. et al. (2011). iotbx.cif: a comprehensive CIF toolbox. J. Appl. Crystallogr. 44: 1259-1263. https://doi.org/10.1107/S0021889811041161.

[57] Hester, J. R. (2006). A validating CIF parser: PyCIFRW. J. Appl. Crystallogr. 39: 621-625. https://doi.org/10.1107/S0021889806015627.

[58] Todorov, G. and Bernstein, H. J. (2008). it VCIF2: extended CIF validation software. J. Appl. Crystallogr. 41: 808-810. https://doi.org/10.1107/S002188980801385X.

[59] El Mendili, Y., Vaitkus, A., Merkys, A. et al. (2019). Raman Open Database: first interconnected Raman-XRD open-access resource for material identification. J. Appl. Crystallogr. 52: 618-625. https://doi.org/10.1107/S1600576719004229.

[60] Funatsu, K., Miyabayashi, N., and Sasaki, S. (1988). Further development of structure generation in the automated structure elucidation system CHEMICS. J. Chem. Inf. Model. 28 (1): 18-28. https://doi.org/10.1021/ci00057a003.

[61] O'Boyle, N. M., Banck, M., James, C. A. et al. (2011). Open Babel: an open chemical toolbox. J. Cheminf. 3: 3. https://doi.org/10.1186/1758-2946-3-33.

[62] Gražulis, S., Merkys, A., Vaitkus, A., and Okulic-Kazarinas, M. (2015). Computing stoichiometric molecular composition from crystal structures. J. Appl. Crystallogr. 48: 85-91. https://doi.org/10.1107/S1600576714025904.

[63] Bruno, I. J., Shields, G. P., and Taylor, R. (2011). Deducing chemical structure from crystallographically determined atomic coordinates. Acta Crystallogr. Sect. B Struct. Sci. 67 (4): 333-349. https://doi.org/10.1107/s0108768111024608.

[64] Bienfait, B. and Ertl, P. (2013). JSME: a free molecule editor in JavaScript. J. Cheminf. 5: 2-4. https://doi.org/10.1186/1758-2946-5-24.

[65] Breternitz, J. and Gregory, D. (2015). The search for hydrogen stores on a large scale: a straightforward and automated open database analysis as a first sweep for candidate materials. Crystals 5: 617-633. https://doi.org/10.3390/cryst5040617.

[66] Mounet, N., Gibertini, M., Schwaller, P., et al. (2016). High-throughput prediction of two-dimensional materials. https://doi.org/10.1038/s41565-017-0035-5.

[67] Long, F., Nicholls, R. A., Emsley, P., et al. (2016). ACEDRG: a stereo-chemical description generator for ligands. https://doi.org/10.1107/s2059798317000067.

[68] Long, F., Nicholls, R. A., Emsley, P., et al. (2016). Validation and extraction of stereo-chemical information from small molecular databases. https://doi.org/10.1107/s2059798317000079.

[69] Long, F., Gražulis, S., Merkys, A., and Murshudov, G. N. (2014). A new generation of CCP4 monomer library based on Crystallography Open Database. Acta Crystallogr. Sect. A 70: C338.

[70] Vagin, A. A., Steiner, R. A., Lebedev, A. A. et al. (2004). it REFMAC5 dictionary: organization of prior chemical knowledge and guidelines for its use. Acta Crystallogr. Sect. D 60 (12): 2184-2195. https://doi.org/10.1107/S0907444904023510.

[71] Mesirov, J. P. (2010). Computer science. Accessible reproducible research. Science (New York, NY) 327: 415-416. https://doi.org/10.1126/science.1179653.

[72] Pizzi, G., Cepellotti, A., Sabatini, R. et al. (2016). AiiDA: automated interactive infrastructure and database for computational science. Comput. Mater. Sci. 111: 218-230. https://doi.org/10.1016/j.commatsci.2015.09.13.

[73] Moreau, L., Freire, J., Futrelle, J. et al. (2008). The open provenance model: an over-

view. In: Provenance and Annotation of Data and Processes (ed. J. Freire, D. Koop and L. Moreau). Berlin, Heidelberg: Springer https://doi.org/10.1007/978-3-540-89965-5_31.

[74] Moreau, L., Freire, J., Futrelle, J. et al. (2007). The Open Provenance Model. niversity of Southampton http://eprints.soton.ac.uk/264979/ (accessed 19 pril 2019).

[75] Moeck, P., Certík, O., Upreti, G. et al. (2005). Crystal structure visualizations 'in three dimensions with database support. MRS Proc. 909E: 3.5.1–3.5.6. ttps://doi.org/10.1557/PROC-0909-PP03-05.

[76] Moeck, P., Stone-Sundberg, J., Snyder, T.J., and Kaminsky, W. (2014). Enlivening a 300 level general education class on nanoscience and nanotechnology with 3D printed crystallographic models. J. Mater. Educ. 36: 77–96.

[77] Stone-Sundberg, J., Kaminsky, W., Snyder, T., and Moeck, P. (2015). 3D printed models of small and large molecules, structures and morphologies of rystals, as well as of their anisotropic physical properties. Cryst. Res. Technol. 1–11. https://doi.org/10.1002/crat.201400469.

[78] Kaminsky, W., Snyder, T., Stone-Sundberg, J., and Moeck, P. (2015). 3D printing of representation surfaces from tensor data of KH2PO4 and low-quartz utilizing the WinTensor software. Z. Kristallogr. 230: 651–656. https://doi.org/10.1515/zkri-2014-1826.

[79] Kaminsky, W. (2007). From CIF to virtual morphology: new aspects of redicting crystal shapes as part of the WinXMorph program. J. Appl. Crystallogr. 40: 382–385. https://doi.org/10.1107/S0021889807003986.

[80] Fuentes-Cobas, L., Chateigner, D., Pepponi, G. et al. (2014). Implementing graphic outputs for the Material Properties Open Database (MPOD). Acta Cryst. 70: C1039. https://doi.org/10.1107/S2053273314089608.

[81] Toby, B.H., Von Dreele, R.B., and Larson, A.C. (2003). CIF applications. XIV. Reporting of Rietveld results using pdCIF: GSAS2CIF. J. Appl. Crystallogr. 36: 1290–1294.

[82] Mallinson, P.R. and Brown, I.D. (2006). Classification and use of electron density data. In: International Tables for Crystallography, vol. G (ed. S.R. Hall and B. McMahon). International Union of Crystallography. https://doi.org/10.1107/9780955 3602060000107.

[83] Caliste, D., Pouillon, Y., Verstraete, M. et al. (2008). Sharing electronic structure and crystallographic data with ETSFIO. Comput. Phys. Commun. 179: 748–758. https://doi.org/10.1016/j.cpc.2008.05.007.

[84] Gonze X., Almbladh C.-O., Cucca A., et al. (2008). Specification of file formats for ETSF Specification version 3.3. Second revision for this version (SpecFF ETSF3.3). European Theoretical Spectroscopy Facility. http://www.etsf.eu/system/files/SpecFFETSF_v3.3.pdf (accessed 19 April 2019).

［85］Mohamed F. R. (2016). Nomad meta info. https://gitlab.rzg.mpg.de/nomad-lab/nomad-meta-info/wikis/home (accessed 18 February 2016).

［86］Gražulis S. (2016). TCOD mailing list. http://lists.crystallography.net/cgi-bin/mailman/listinfo/tcod (accessed 13 April 2016).

［87］Gražulis, S., Sarjeant, A. A., Moeck, P. et al. (2015). Crystallographic education in the 21st century. J. Appl. Crystallogr. 48 (6): 1964-1975. https://doi.org/10.1107/S1600576715016830.

［88］Kaminsky, W., Snyder, T., Stone-Sundberg, J., and Moeck, P. (2014). One-click preparation of 3D print files (∗.stl, ∗.wrl) from ∗.cif (crystallographic information framework) data using Cif2VRML. Powder Diffr. 29: S42-S47. https://doi.org/10.1017/S0885715614001092.

［89］Moeck, P., Kaminsky, W., Fuentes-Cobas, L. et al. (2016). 3D printed models of materials tensor representations and the crystal morphology of alpha quartz. Symmetry: Cult. Sci. 27: 319-330.

［90］Lutterotti, L., Pillière, H., Fontugne, C., Boullay, P., and Chateigner, D. (2019). Full-profile search-match by the Rietveld method. J. Appl. Crystallogr. 52: 587-598. https://doi.org/10.1107/S160057671900342X.

第 2 章　无机晶体结构数据库

2.1　引言

无机晶体结构数据库(ICSD)[1]是一个综合的数值数据库,包含确定的无机化合物和金属化合物的晶体结构。可靠的高质量晶体结构数据在优化新材料开发、促进各领域创新方面发挥着重要作用。特别是在材料科学领域,晶体学数据可以用来解释和预测材料性能。

在材料研究中,传统的方法是先合成新的化合物,再检测其性能,这种方法既耗时又昂贵。如今,反求法在计算机辅助材料设计中的应用越来越广泛。这得益于现代材料科学相关领域取得的进展[2]。尤其是计算能力的提高与数字技术的新发展相结合,使 10 年前很难实现的计算成为可能。

目前常用的预测晶体结构的方法是计算材料设计中的一项重要技术[3]。根据用于预测未知晶体结构的特定方法,已知晶体结构的信息可以用于不同阶段,包括从优化方法的数据挖掘参数到通过比较理论与实验结果来验证计算结构。事实型数据库,特别是晶体结构数据库,提供了这个步骤所需的信息。

大多数晶体结构数据库不仅包含显而易见的晶胞、原子坐标或键长和角度等衍生信息,而且包含很多更有价值的信息。例如,ICSD[4]中显示的结构类型可用于通过比较某些基本特征(如空间群或 ANX 公式)来寻找类似的结构。

数据库要想在材料研究中发挥作用,必须涵盖几个基本方面[5]。第一个方面是数据的可比性。对于晶体学数据,这部分继承了晶体学本身的原理,并通过将标准化工具应用于已发表的晶体结构而进一步得到加强。即使是晶体学信息的交换,也定义了一个普遍接受的格式:晶体学信息文件 CIF[6]。第二个方面是所提供信息的完整性,仅基于一小部分子集的统计解释很可能会产生不可靠的结果。第三个方面是对数据库最具决定性的因素:数据的质量。因此,仔细检查和评估新信息是数据库的根本。

2.2 节将重点对 ICSD 中存储的最重要的数据进行更详细的解释。此外,还将举例说明如何在不同的研究领域使用 ICSD 数据。

2.2 无机晶体结构数据库的内容

ICSD 由卡尔斯鲁厄-莱布尼茨(FIZ- Karlsruhe- Leibniz)信息基础设施研究所制作,包含了可追溯到 1913 年的无机晶体结构记录,目前包含的结构信息如下。

(1)同时不含有 C—C 键和 C—H 键的化合物(除非"有机"部分只是一小部分)。

(2)其原子坐标已经完全确定,或从相应的结构类型中推导出来的结构。

多年来,ICSD 收录的范围逐渐变化,甚至目前不仅限于无机晶体结构。只要无机晶体结构部分内容完整,在 ICSD 和剑桥结构数据库(CSD)中都可以找到含有少量有机晶体的结构。一般来说,ICSD 包括元素、金属、合金、矿物和其他典型无机化合物(图 2.1)。

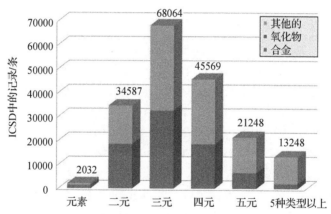

图 2.1 按化合物组成分类的 ICSD 含量概览
(注:彩色图片见附录。)

ICSD 中的每条记录都对应文献报道过或以私人通信方式发送的结构测定。对于常见的化合物,可能会有几条仅有细微差别的记录。ICSD 中最古老的结构是 1913 年 W. L. Bragg 发表的氯化钠[7]。目前体积最大的结构,甚至可以与较小的蛋白质结构匹敌,是 Al12827.56Cu1244.05Ta9063,体积超过 360000 Å^3[8]。矿物约翰森异性石(Johnsenite)的一个结构中含有 22 种不同的元素,是 ICSD 中最复杂的结构[9]。

除了对已发表的结构的完整描述外,数据库还包含了威科夫(Wyckoff)序列、皮尔逊(Pearson)符号、ANX 公式、矿物名称和组别、结构类型等更多的信息,这些信息对数据挖掘很有帮助。2005 年,ICSD 引入了结构类型分配的概念,并在近几年内进行了扩展。超过 80% 的记录被分配到目前 9141 种结构类型中。

ICSD 中的一个新结构类型只在至少有两个化合物可以被分配到该结构类型时才会被收录。如果这种结构是属于同点(isopointal)或同构(isoconfigurational)类型的,那么可以将其归为同一种体构类型。这些相当难处理的性质被分解为一些易检验的性质,如 ANX 公式、Pearson 符号、Wyckoff 序列、c/a 比等。对该过程的完整描述超出了本书的范围,可以在 Allmann 和 Hinek[4] 的文章中找到。

特别重要的是,当在数据库输入新结构时,将生成备注或注释。这些备注或注释可以解释或至少强调结构中可能存在的不一致之处,或描述输入过程中为解决观察到的问题而采取的措施。

在集成到 ICSD 中的交互式 JavaScript 框架 JSMol[10] 后,用户可以很轻松地选择各种三维晶体结构的可视化选项(线框、球棒、空间填充等)(图 2.2)。可以直接从 ICSD 界面中选择常用的功能,且内部的 JSMol 菜单提供了更多选项。

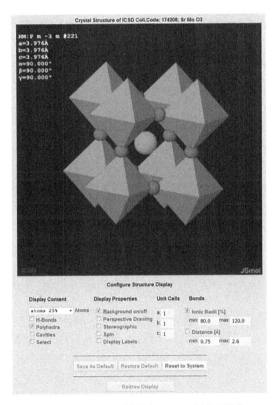

图 2.2　在 ICSD 中使用 JSMol 进行可视化
(注:彩色图片见附录。)

每种结构的粉末图样可以根据一系列用户定义的设置进行计算。该功能不能用于自动定性或定量分析,但其比较结构和识别相似结构的潜力使其成为一个有用的补充工具。特别是以相同的设置,从全局视角同时查看多达 6 个化合物的粉末图谱或晶体结构时,有助于用户了解看似不相关的结构类型的结构相似性(图 2.3)。

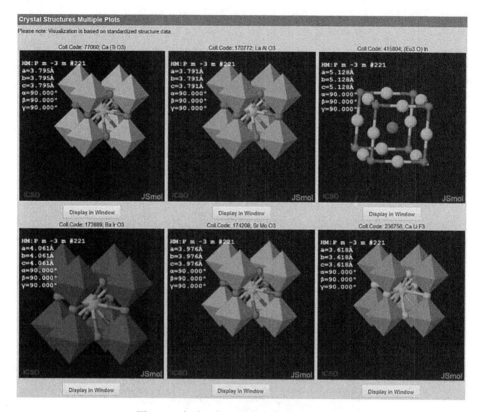

图 2.3　有助于揭示结构相似性的概要图
(注:彩色图片见附录。)

在过去 10 年中,ICSD 的记录数量大约增加了 1 倍(图 2.4)。截至 2016 年 4 月,ICSD 收录的记录超过了 18 万条。除了目前每年增加 6000 多条新记录外,FIZ-Karlsruhe-Leibniz 信息基础设施研究所还在不断努力填补旧数据的空白,创新诸如将结构分类为结构类型、计算标准化数据或补充作者摘要等,提供新的检索选项。

ICSD 记录提供了已发表的全部结构信息、参考书目信息以及作者提供的其他信息。

(1)已发表的全部结构信息。

-化学式;

-矿物名称和产地;

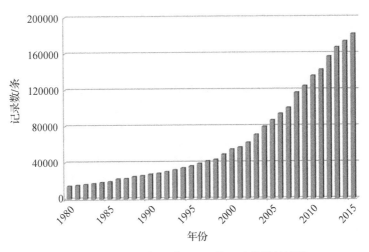

图 2.4　自 1980 年以来 ICSD 的记录数增长情况

-晶胞参数和体积；
-空间群和对称性；
-氧化态和占位的原子坐标；
-热参数；
-可靠性指数；
-密度；
-测量方法和实验条件。
(2) 参考书目信息。
-作者；
-出版的期刊、卷、期、页码和年份；
-文件标题。
(3) 其他信息。
-化学名称；
-结构类型；
-ANX/AB 公式；
-Pearson 符号；
-Wyckoff 序列；
-备注。

2.3　接口

ICSD 有供本地计算机安装的独立版本(ICSD Desktop)、供小型用户组使用的本地内联网版本及由 FIZ-Karlsruhe-Leibniz 信息设施研究所托管的网络版本（ICSD Web）。

目前，ICSD Desktop 和 ICSD Web 共享同一个接口（图 2.5）。该接口为所有版本的新特性的开发和兼容提供了许多协同作用，还计划提供一个基于该框架的内联网版本的接口。对用户来说，其优势在于他可以轻松地从一个接口切换到其他接口，而不必学习如何使用这个特定的接口。

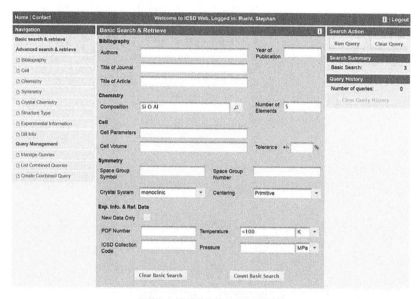

图 2.5　ICSD 桌面/Web 界面的基本搜索屏幕

即使没有专门的 ICSD 应用程序，ICSD 网络版也可在具有全功能接口的移动设备上使用。

2.4　无机晶体结构数据库的应用

晶体学数据通常应用于一系列广泛领域，包括从基础材料科学教育到先进研究中对未知结构的预测。ICSD 数据的应用可以是简单的，如将测量中的晶胞参数与数据库中已知晶体结构进行比较，也可以像预测未知结构一样复杂。

虽然现在对新化合物的预测已经成为常规，但使用像 ICSD 这种收录真实数据的数据库仍然为改进预测结果提供了更多的选择。Schön[11] 在使用 ICSD 时，提出了一些相关应用。

下面将重点介绍在材料科学中使用 ICSD 数据的几个精选公开应用实例。

2.4.1 铁电性能的预测

利用晶体学数据预测材料性能的一个案例是亚伯拉罕(Abrahams)[12]在1988年开始的对相关点群铁电性的系统研究。它的基本思路是找到的晶体结构必须满足晶体学条件,才能表现出某些特性。在这种前提下,Abrahams研究提出电铁性这一概念。对铁电性的描述是自发极化,这种极化可以被某些符合条件的电场逆转,显示出磁滞效应,类似铁磁性,对铁电性的命名基于自发磁化和磁滞现象。

Abrahams发现,极性晶体具有潜在铁电性的主要结构前提是,在单位晶胞中,沿着极化方向从相应位置(在该位置,自发极化结果为零)有一个大约1Å(1Å=0.1nm)的原子位移。此外,从这样的位置出发的最大原子位移必须明显大于大约0.1Å或该原子的热位移的均方根振幅。并且,每个原子达到对应零时,自发极化的位置要克服的热力学障碍必须小于足够反转极化方向的直流场强,但这个场强不应超过材料的介电强度当量[13]。

Abrahams在几篇文章中预测了从前未知,但来自ICSD的数百种结构的潜在铁电性。

2.4.2 结构类型概念的使用

Kaduk[14]在论文中强调了一些实际例子,说明如何利用ICSD等数据库中存储的信息解决识别未知材料的难题。例如,对从烷基化装置的泵密封中回收的黑焦油进行研究可以大致解决硫酸是否会泄漏到铝制的泵中的疑问。粉末衍射图案显示,黑色焦油含有化合物 $Al_4H_2(SO_4)_7(H_2O)_{24}$[15]、$FeSO_4(H_2O)$ 和 $Al_2(SO_4)_3(H_2O)_{17}$。但由于当时还不知道第一种化合物的晶体结构,因此无法进行Rietveld结构精修。这时,结构类型的概念被用来寻找与未知化合物结构非常相似的潜在结构。结构类型本身尚未录入ICSD,但结构类型的描述符(尤其是ANX公式)已经可用。ICSD中的ANX公式根据以下简化规则生成:

−不考虑H^+。氢化物阴离子要正常计数;

−必须确定所有其他原子的所有位点的坐标;

−由同一种原子类型所占的所有位点合并,除非氧化数不同;

−对于每种原子类型,将重数乘以位点占用系数(SOF),然后将乘积相加。总和四舍五入,然后除以最大公因子;

−阳离子的符号为A−M;中性原子的符号为N−R;阴离子的符号为X、Y、Z、S−W;

−符号按字母顺序排列,字符按升序索引重新排列;

—删除所有含有超过4个阳离子符号、超过3个中性符号或超过3个阴离子符号的 ANX 公式。

根据未知物质的成分,很容易将它的 ANX 公式推导为 $A_4B_7X_{52}$。在 ICSD 中搜索,只发现一种具有这种 ANX 公式的化合物:$Cr_4H_2(SO_4)_7(H_2O)_{24}$[16]。该含铬化合物与来自黑焦油的含铝化合物匹配度不高,但用铝代替铬的位置可以对混合物进行 Rietveld 结构精修。因此,事实上,这两种结构是同构的(图2.6)。

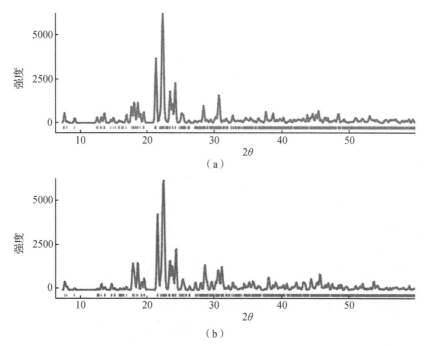

图2.6　$Al_4H_2(SO_4)_7(H_2O)_{24}$(a)和 $Cr_4H_2(SO_4)_7(H_2O)_{24}$(b)的模拟粉末模式

有了这些信息就可以解释:硫酸一定是从泵中泄漏出来的,并与泵中的材料发生反应生成黑焦油。

2.4.3　基于无机晶体结构数据库的机器学习训练案例

有一种方法是将数据输入一个机器学习模型中,通过某些算法进一步指导或训练模型。这种方法会将结构分类,并且已经以各种方式实现,但在本章中,我们将重点介绍两个使用 ICSD 数据的应用。

第一个例子试图对沸石结构进行分类。沸石结构,更准确地说是一种骨架类型,在结构中具有特定的通道和结构单元的特征,这个特征可以用来定义框骨架类型。一般地,沸石是铝硅酸盐,已知的沸石结构有几种不同的骨架类型。"沸石"一词经常被用来概括微孔结构。因为结构中的空腔和通道可以作为液体或更易挥发性物质的存储介质,所以它们在材料科学中具有重大意义。框架类型可用三个字母代码表示,并通过拓扑网络区分与4个氧原子四面体键合的原子的连接方式。Yang等[17]用ICSD数据进行训练介绍了沸石结构预测因子(ZSP)。

从数据库中提取的1436个沸石结构对应96个不同的骨架类型代码,其中40个骨架类型在ICSD中至少出现了5次。结果表明,如果每个骨架类型至少有5个结构可供训练,则ZSP的预测精度可达95%以上。因此,使用ZSP可以在不需要用户干预的情况下,非常快速、可靠地分类新化合物的骨架类型。

在第二个例子中,实验衍射图样通过快速、高效的算法进行分类。一般地,新材料的合成是相当耗时的,而对新材料的研究却可以非常快速地完成。随着组合化学的出现,结合实验数据的快速采集,给高通量材料科学带来了新的瓶颈。当获取实验数据的速度比评估速度快时,就需要调整数据分析的程序——使用机器学习算法。Kusne等[18]应用了一种基于均值漂移程序的算法,该算法最早由Fukunaga和Hostetler[19]提出。均值漂移是一种用于聚类的分析技术,它在峰值偏移的情况下表现非常好,这是聚类算法的常见情况。一方面,均值漂移的其他优点是,它不假设数据聚类的形状,只依赖参数带宽。另一方面,参数带宽也会存在一个问题:选择一个好的值并不是一件易事,而选择一个不合适的带宽可能会导致合并或额外的聚类。

为了提高聚类的可靠性和效率,Kusne等开发了一种将实验衍射图案与ICSD的模拟衍射图案结合的程序。这样,ICSD的验证数据就有助于指导实验数据快速、高效地迭代聚类,因此,尽管参数带宽的选择是次优的,但聚类的稳定性有所提高。

随后,Kusne等将该程序应用于分析Fe-Co-X成分(X为3d、4d或5d① 元素),以寻找新型的无稀土永磁体。这些永磁体的材料不含任何稀土元素,表现出了足够的磁化强度和较明显的磁各向异性。Kusne等发现,在立方Fe-O的晶胞中插入少量的X会导致晶胞内发生四方畸变,引起磁晶各向异性。尽管观察到的影响很小,但仍然表明,该程序本身有可能用于识别无稀土磁性材料。

2.4.4 高通量计算方法

密度泛函理论(DFT)的引入提供了一种强有效的方法来研究化合物的电子结构。特别是这种方法的多功能性,包括用不同的泛函来模拟特定的相互作用,使得这种方法在计算化学和材料科学中非常流行。借助现代计算资源,成千上万的化合物电子结构和性质可以利用高通量计算仔细研究。

---

① 3d为第三主能级的d轨道,包括Fe、Co、Ni、Cu、Zn等,4d为Zr等,5d为Ta等。——译者注

存在许多数据库来收集大量化合物的高通量计算结果,如 Materials Project①[20]、Computive Materials Repository②[21]和 AFLOWLIB[22],等等。量子材料数据库[23]是比较新的工具,它无条件、无限制地免费向科学界开放。目前它包含了近 30 万条条目,其中约 32000 条条目代表了 ICSD 中的弛豫结构(对应晶胞中最多 34 个原子的所有可计算结构),以及约 26 万条常见的虚构原型结构条目。Kirklin 等[24]详细介绍了该数据库,并讨论了计算出的形成能的准确性。准确的形成能是非常重要的,它们是评估化合物的稳定性或确定许多材料特性所必须的。Kirklin 等将 1670 个氧化物、氮化物、氢化物、卤化物和金属间化合物的实验形成能与相应的最低能态结构进行了比较,这些结构不一定对应 ICSD 的结构,但对应其中一个虚构的原型结构。由于 DFT 计算出的形成能只对 0K 有效,而实验形成能通常是在标准温度和压力下确定的,因此用元素 DFT 总能量作为化学势来计算形成能会产生一定的误差。为了弥补这种差异,Kirklin 等评估了关于化学势的三种不同方案。方案 1 使用 DFT 计算元素的形成能,方案 2 将所有化学势与实验拟合,方案 3 只将不符合 0 K DFT 计算形成能的元素拟合到实验数据中。通过比较三种方案的结果,Kirklin 等发现,与只使用 DFT 计算的形成能相比,最后一种方案显著提高了形成能计算的准确性。与方案 3 相比,方案 2 的收益很小,并且存在过拟合的风险。因此采用方案 3 可得到最佳化学势。

2.5 展望

ICSD 已经广泛应用于数据挖掘和计算化学中。目前可以观察到材料研究有从传统的、以合成为导向的方法向理论导向方法转变的强烈趋势,特别是对晶体结构预测变得越来越可靠。因此,FIZ-Karlsruhe-Leibniz 信息设施研究所已经启动一个合作项目,将通常不通过实验确定的理论计算结构纳入 ICSD。这使计算出的结构可以相互比较,也可以直接与实验数据进行比较。该功能已于 2017 年向 ICSD 用户开放。

实验晶体结构在很多方面有很大的价值。目前 ICSD 只支持以 CIF 格式导出晶体结构信息,这在晶体学中非常常见。遗憾的是,很多计算化学软件包通常不直接支持 CIF 格式。为了简化实验晶体结构信息导入这些软件包的过程,我们计划在 ICSD 中向通用软件(如 ABINIT[25]、CPMD[26]、MOPAC[27]、Siesta[28]、VASP[29])提供更多不同的导出格式。

目前,我们只为 Windows 操作系统提供 ICSD 桌面,但原则上,这些接口也可

---

① 一个开放的材料科学数据库和研究平台。——译者注
② 一个专门用于收集、存储、检索、分析和共享由电子结构模拟生成的数据的数据库和软件平台。——译者注

以在Unix系统或衍生系统上使用,而目前,这只限于接口所需的一些外部工具。因此,ICSD接口也将在其他操作系统上应用,这为与主要在Unix系统上运行的其他程序进行交互提供了更多机会。

参考文献

[1] Bergerhoff, G. and Brown, I. D. (1987). Inorganic crystal structure database. In: Crystallographic Databases, 77-95. Chester: International Union of Crystallography. (b) Belsky, A., Hellenbrandt, M., Karen, V. L., and Luksch, P. (2002). New developments in the Inorganic Crystal Structure Database (ICSD): accessibility in support of materials research and design. Acta Cryst. B58: 364-369. https://doi.org/10.1107/S0108768102006948.

[2] Butler, K. T., Frost, J. M., Skelton, J. M. et al. (2016). Computational materials design of crystalline solids. Chem. Soc. Rev. https://doi.org/10.1039/C5CS00841G.

[3] Curtarolo, S., Hart, G. L. W., Nardelli, M. B. et al. (2013). The high-throughput highway to computational materials design. Nat. Mater. 12: 191-201. https://doi.org/10.1038/nmat3568.

[4] Allmann, R. and Hinek, R. (2007). The introduction of structure types into the Inorganic Crystal Structure Database ICSD. Acta Cryst. A63: 412-417. https://doi.org/10.1107/S0108767307038081.

[5] Buchsbaum, C., Höhler-Schlimm, S., and Rehme, S. (2010). Data bases, the base for data mining. In: Data Mining in Crystallography (ed. D. W. M. Hofmann and L. N. Kuleshova), 135-167. Heidelberg: Springer Verlag https://doi.org/10.1007/978-3-642-04759-6_5.

[6] Hall, S. R. (1991). The STAR file: a new format for electronic data transfer and archiving. J. Chem. Inf. Comp. Sci. 31: 326-333. https://doi.org/10.1021/ci00002a020.

[7] Hall, S. R. and Spadaccini, N. (1994). The STAR file: detailed specifications. J. Chem. Inf. Comp. Sci. 34: 505-508. https://doi.org/10.1021/ci00019a005.

[8] Bragg, W. L. (1913). The structure of some crystals as indicated by their diffraction of X-rays. Proc. R. Soc. London A 89: 248-277. https://doi.org/10.1098/rspa.1913.0083.

[9] Weber, T., Dshemuchadse, J., Kobas, M. et al. (2009). Large, larger, largest - a family of cluster-based tantalum copper aluminides with giant unit cells. I. Structure solution and refinement. Acta Cryst. B65: 308-317. https://doi.org/10.1107/S0108768109014001.

[10] Grice, J. D. and Gault, R. A. (2006). Johnsenite-(Ce), a new member of the eudialyte group from Mount Saint Hilaire, Quebec, Canada. Can. Mineral. 44: 105-116. https://doi.org/10.2113/gscanmin.44.1.105.

[11] Hanson, R. M., Prilusky, J., Renjian, Z. et al. (2013). JSmol and the next-generation web-based representation of 3D molecular structure as applied to Proteopedia. Isr. J.

Chem. 53: 207-216. https://doi.org/10.1002/ijch.201300024.

[12] Schön, J. C. (2014). How can databases assist with the prediction of chemical compounds? Z. Anorg. Allg. Chem. 640: 2717-2726. https://doi.org/10.1002/zaac.201400374.

[13] Abrahams, S. C. (1988). Structurally based prediction of ferroelectricity in inorganic materials with point group 6 mm. Acta Cryst. B44: 585-595. https://doi.org/10.1107/S0108768188010110.

[14] Abrahams, S. C. (1989). Structurally based predictions of ferroelectricity in seven inorganic materials with space group Pba2 and two experimental confirmations. Acta Cryst. B45: 228-232. https://doi.org/10.1107/S0108768189001072.

[15] Abrahams, S. C., Mirsky, K., and Nielson, R. M. (1996). Prediction of ferroelectricity in recent inorganic crystal structure database entries under space group Pba2. Acta Cryst. B52: 806-809. https://doi.org/10.1107/S0108768196004582.

[16] Abrahams, S. C. (1996). New ferroelectric inorganic materials predicted in point group 4 mm. Acta Cryst. B52: 790-805. https://doi.org/10.1107/S0108768196004594.

[17] Abrahams, S. C. (1999). Systematic prediction of new inorganic ferroelectrics in point group 4. Acta Cryst. B55: 494-506. https://doi.org/10.1107/S0108768199003730.

[18] Abrahams, S. C. (2000). Systematic prediction of new ferroelectrics in space group P3. Acta Cryst. B56: 793-804. https://doi.org/10.1107/S0108768100007849.

[19] Abrahams, S. C. (2003). Systematic prediction of new ferroelectrics in space groups P31 and P32. Acta Cryst. B59: 541-556. https://doi.org/10.1107/S0108768103013284.

[20] Abrahams, S. C. (2006). Systematic prediction of new ferroelectrics in space group R3. I. Acta Cryst. B62: 26-41. https://doi.org/10.1107/S0108768105040577.

[21] Abrahams, S. C. (2007). Systematic prediction of new ferroelectrics in space group R3. II. Acta Cryst. B63: 257-269. https://doi.org/10.1107/S0108768107005290.

[22] Abrahams, S. C. (2008). Inorganic structures in space group P3m1; coordinate analysis and systematic prediction of new ferroelectrics. Acta Cryst. B64: 426-437. https://doi.org/10.1107/S0108768108018144.

[23] Abrahams, S. C. (2010). Inorganic structures in space group P31m; coordinate analysis and systematic prediction of new ferroelectrics. Acta Cryst. B66: 173-183. https://doi.org/10.1107/S0108768110003290.

[24] Abrahams, S. C. (1990). Systematic prediction of new ferroelectric inorganic materials in point group 6. Acta Cryst. B46: 311-324. https://doi.org/10.1107/S0108768190000532.

[25] Kaduk, J. A. (2002). Use of the Inorganic Crystal Structure Database as a problem solving tool. Acta Cryst. B58: 370-379. https://doi.org/10.1107/S0108768102003476.

[26] Fischer, T., Kniep, R., and Wunderlich, H. (1996). Crystal structure of dioxonium bis(tris(sulfato)dialuminate) sulfate docosahydrate, $(H3O)2 \cdot [Al2(SO4)3]2 \cdot (SO4) \cdot 22(H2O)$. Z. Kristallogr. 211: 469-470. https://doi.org/10.1524/zkri.1996.211.7.469.

[27] Gustafsson, T., Lundgren, J. O., and Olovsson, I. (1980). Hydrogen bond studies. CXXX-

IX. The structure of Cr4H2(SO4)7 24H2O. Acta Cryst. B36: 1323-1326. https://doi.org/10.1107/S0567740880006012.

[28] Yang, S., Lach-hab, M., Vaisman, I. I., and Blaisten-Barojas, E. (2008). Machine learning approach for classification of zeolite crystals. In: Proceedings of the 2008 International Conference on Data Mining (ed. R. Stahlbock, S. F. Crone and S. Lessmann), 702-706. Las Vegas: CSREA.

[29] Kusne, A. G., Gao, T., Mehta, A. et al. (2014). On-the-fly machine-learning for high-throughput experiments: search for rare-earth-free permanent magnets. Sci. Rep. 4: 6367. https://doi.org/10.1038/srep06367.

[30] Fukunaga, K. and Hostetler, L. (1975). The estimation of the gradient of a density function, with applications in pattern recognition. IEEE Trans. Inf. Theory 21: 32-40. https://doi.org/10.1109/TIT.1975.1055330.

[31] Jain, A., Ong, S. P., Hautier, G. et al. (2013). The Materials Project: a materials genome approach to accelerating materials innovation. APL Mater. 1: 011002. https://doi.org/10.1063/1.4812323.

[32] Landis, D. D., Hummelshøj, J. S., Nestorov, S. et al. (2012). The computational materials repository. Comput. Sci. Eng. 14: 51-57. https://doi.org/10.1109/MCSE.2012.16.

[33] Curtarolo, S., Setyawan, W., Wang, S. et al. (2012). AFLOWLIB.ORG: a distributed materials properties repository from high-throughput ab initio calculations. Comp. Mat. Sci. 58: 227-235. https://doi.org/10.1016/j.commatsci.2012.02.002.

[34] Saal, J. E., Kirklin, S., Aykol, M. et al. (2013). Materials design and discovery with high-throughput density functional theory: the open quantum materials database (OQMD). JOM 65: 1501-1509. https://doi.org/10.1007/s11837-013-0755-4.

[35] Kirklin, S., Saal, J. E., Meredig, B. et al. (2015). The open quantum materials database (OQMD): assessing the accuracy of DFT formation energies. Npj Comput. Mater. 1: 15010. https://doi.org/10.1038/npjcompumats.2015.10.

[36] Gonze, X., Amadon, B., Anglade, P. M. et al. (2009). ABINIT: first-principles approach to material and nanosystem properties. Comput. Phys. Commun. 180: 2582-2615. https://doi.org/10.1016/j.cpc.2009.07.007.

[37] CPMD. Copyright IBM Corp 1990-2015, Copyright MPI für Festkörperforschung Stuttgart 1997-2001. http://www.cpmd.org/ (accessed 24 August 2016).

[38] Stewart, J. J. P. (2016). Stewart Computational Chemistry, Colorado Springs, CO, USA. http://OpenMOPAC.net (accessed 24 August 2016).

[39] Soler, J. M., Artacho, E., Gale, J. D. et al. (2002). The SIESTA method for ab initio order-N materials simulation. J. Phys.: Condens. Matter 14: 2745-2779.

[40] Hafner, J. (2008). Ab-initio simulations of materials using VASP: Density-functional theory and beyond. J. Comput. Chem. 29: 2044-2078. https://doi.org/10.1002/jcc.21057.

第3章 Pauling File 无机材料数据库整体框架

3.1 引言

全面了解材料是材料科学家和使用者追求的最终目标。为此,德米特里·门捷列夫(Dmitri Mendeleev)和李纳斯·鲍林(Linus Pauling)等杰出科学家作出了重大贡献,通过观察、实验、数据汇编、理论建模和计算之间的持续互动,我们能够深化对材料的认知。这种互动过程不断推动我们对材料的深入了解。随着我们迈入"数据时代",数字化逻辑和数据处理程序使这种互动能够大量进行。20多年前,我们两个人(P. V.、I. S.)承担了这项任务,秉承莱纳斯·卡尔·鲍林①的精神,克服了大量挑战,从20世纪60年代开始在开发材料数据系统的过程中积累了充分的经验。这是20世纪90年代Pauling File无机材料数据库(以下简称Pauling File 数据库)项目[1]的开始。

为了获得材料的全局视角,通常有两种方法或概念:第一种是基于材料数据的自下而上的方法(BUA),这种数据驱动的方法是建立Pauling File 数据库项目的关键准则;第二种是自上而下的方法(TDA),这种方法的准则和逻辑来自外部,是从模型(数学、物理、化学和生物学)和周围环境(自然和人工制品)中获取的。TDA可以在逻辑学的基础上,发展成为一个强大的科学学科,甚至是一个满足市场需求的综合学科。这就需要将多方面的知识模型网络化,弥补差距,调整不匹配。

由显式数字化科学知识(非隐性知识)描述的逻辑学已应用于具有嵌入式算法、人工智能(AI)系统规则和启发接口的模拟程序中。在不同领域,都有开创性的项目:

-有机材料的结构-性质相关性(E. J. Corey,20世纪60年代);
-基于热力学的相图[美国国家标准与技术研究院(NIST)和 ASM 太平洋科

---

① 莱纳斯·卡尔·鲍林(Linus Carl Pauling,1901年2月28日至1994年8月19日),出生于美国俄勒冈州波特兰,化学家,美国国家科学院院士,美国艺术与科学院院士,1954年诺贝尔化学奖获得者。
——译者注

技有限公司,自 20 世纪 70 年代起];

-基于晶体学和/或量子力学的结构图(D. G. Pettifor,20 世纪 80 年代);

-基于缺陷理论的变形/断裂机理图(M. F. Ashby,20 世纪 70 年代)。

自 20 世纪 80 年代以来,随着高性能计算技术的迅猛发展,数字化模型整合的吸引力与普及性日益增强,被称为第三科学。20 世纪 80 年代和 90 年代开展了许多项目,如将第一性原理与计算多尺度建模或多物理模拟相结合的项目、分子动力学(MD)、速率方程、有限元法(FEM)和其他方法。

为了实现基于数据驱动的全局图景,需要开发数字化系统,其早期原型可追溯至 20 世纪 70 年代中期开发的基于数据库、仿真和人工智能结合的计算机辅助设计(CAD)系统。20 世纪 80 年代中期,随着新的网络信息环境的到来和高性能计算机的日益普及,元数据、元知识、分布式数据系统(DDS)、智能数据分类和数据挖掘系统、知识管理、学习推理逻辑等概念都得到了广泛的讨论。

通过 BUA 和 TDA 之间的协同作用,可以获得对材料的全面理解。早在 1985 年,这种理念便已通过"手动"方式成功实现[2],并且可以策略性地转化为计算算法。Pauling File 数据库项目提出了通过数字平台实现这种协同作用的可能性。1969 年,E. J. Corey 也曾提出过支持类似交互作用的数字系统的概念和原型,并在 1975 年得到进一步发展,但 Pauling File 数据库项目与它的本质区别是直接从数据中发现知识,而不是重复使用一组预定义的知识。新知识原则上是从数据中产生的,即使我们为了方便而重复使用一组预定义的知识。

1993 年,在科莫(Como)举办的研讨会[3]成为探讨材料全局视角重要性的契机,构建关键数据和模型网络化智能系统的构想在会上被提出,这些系统依托强大的个人计算机和高性能计算机,旨在满足工业界材料用户的实际需求,在 20 世纪 90 年代中期,材料数据系统项目相继启动。材料设计虚拟实验(VEMD)项目[4]和 Pauling File 数据库项目分别侧重于 TDA 和 BUA,是当时启动的典型项目。然而,正如后续章节将展示的,实施一个具有实际影响的数字化系统需要大量时间成本。Pauling File 数据库编辑团队几十年来一直致力于将 Pauling File 数据库发展成具有实际竞争力的系统。如果没有经过对高质量控制数据的全面汇编,再加上具有规划的归纳和演绎,整体框架就不能以数字化的方式"出现"。

至于 TDA,目前仍处于培育期,特别是从材料使用者的角度看。在 VEMD 案例中,构建 Pauling File 数据库的经验并没有在构建数据库整体框架时获得充分认可,但重点是 Pauling File 数据库向使用者提供了整体框架,这是后续对比研究的基础。为了达到第一个里程碑,目前正在开发以下方向:

(1)为每个事实分配逻辑,提高收集到的事实和逻辑的一致性,通过复杂度

的对比研究来平衡组合的不确定性;

(2)工程产品的物联网(IoT)(海量监测数据、数据挖掘等,如通用电气发动机是 J. H. Westbrook 从科学基础知识到商业服务理念的实现);

(3)数据方法开放和封闭方法,需要通过人工智能和云计算环境下的集体知识来克服 BUA 和 TDA 的弱点;

(4)材料生产商和材料用户之间的市场进入和市场退出的协同合作。

为了创新并适应材料数据市场,以及最新的云计算环境,应该从 Pauling File 数据库和 VEMD 项目中吸取经验教训。本章最后总结了这方面的几点看法,以供今后参考。

经验法(BUA)的缺点为启动 Pauling File 数据库项目提供了根本动力,该项目于 1995 年启动,是日本科学技术公司(JST)、材料相数据系统(MPDS)和东京大学 RACE 的合资项目。Pauling File 数据库项目[1,5]规划了三个步骤:第一步是创建和维护一个无机晶体物质的综合数据库,涵盖晶体数据、衍射图案、固有物理性质和相图。第二步是谨慎核对数据,如无机物质被定义为不含 C—H 键的化合物。第三步在创建数据库的同时,应开发合适的检索软件,使上述不同数据组可以通过单个用户接口访问。从长远来看,开发新的材料设计工具,将或多或少地自动搜索数据库中的相关性,实现智能设计具有预期固有物理性质的新型无机材料。为了测试这个概念,2002 年,Pauling File 数据库的二进制版在线上和线下同步发布[6-7],至今,Pauling File 数据库一直由 MPDS 单独领导。选取的 Pauling File 数据库数据被收录在多个印刷、线下和线上产品中,大部分产品每年更新一次,2017 年存在三款多进制在线版 Pauling File 数据库[6,8-9]。

3.2 Pauling File 无机材料数据库中的晶体结构

在 Pauling File 数据库中,对晶体结构条目的最低要求是有一套完整的、已公布的晶胞参数,并将其分配给组成明确的化合物。只要公布的数据可用,晶体学数据就要包括原子坐标、(各向同性)位移参数和实验衍射线,并附有有关制备、实验条件、样品特性、相变、晶胞参数与温度、压力和组成的依赖性等信息。为了给出实际结构的大致概念,对可以分配原型(由作者或编辑)但原子坐标未精练的数据库条目,提出了一整套原子坐标和位点占据率。晶体数据按公布的数据存储,但也按照 Parthé 和 Gelato[10-11] 提出的方法使用 STRUCTURE TIDY[12]程序进行标准化,并在相关情况下进一步调整,以便可以直接比较同型条目的数据[13]。得出的数据包括基于最大间隙法[14-16]的各个原子位点的原子环境(AE)和尼格利(Niggli)约化胞。通过比较不同的数据库条目(如化学元素、电荷平衡、原子间距离、空间群、对称性约束),使用包括 30 多个模块的程序包,比较不同的数据库条目(如同型化合物的晶胞参数和原子坐标),检查数据库条目是否存在不一致之处[17]。对于数据库条目的 5%,检测并纠正了已发布的晶体数据中的一个或多个印刷错误。对剩余短原子间距离与名义组成偏差等都加上备注。所有单位都使用 SI 单位,晶体学术语遵循国际晶体学联盟的建议[18-19]。

3.2.1 数据选择

Pauling File 数据库中数据来源于原始文献。学位论文不予考虑,只有在特殊情况下才考虑会议摘要。如果有补充材料,则以 CIF 或其他格式交存的补充材料作为数据来源。大约有 10% 的已处理文件存在于原文版本和翻译版本中;要小心避免重复,并存储两种参考文献。对于第一性原理(从头算)、微分对分布函数(d-PDF)或其他方法优化的晶体数据,只有在实验观察证实后才考虑收录。对论文中报告的所有数据处理后,都会创建不同的数据库条目。对于没有公布原子坐标的晶胞参数,为每个化学体系和晶体结构准备一个数据库条目。例如,对于两个三元化合物之间的连续固溶体,将有三个数据库条目:第一个用于三元边界组成,第二个用于四元体系,第三个可能包含描述晶胞参数组成依赖性的注释。对于可检索的晶胞参数的选择,优先考虑在一定环境条件下确定的数值。

3.2.2 晶体结构条目类别

如前面所述,Pauling File 数据库晶体结构部分的条目最低要求是有一组完整的、已公布的晶胞参数。数据库条目根据研究级别可细分为不同的类别,最常见的如下:
- 确定完整的结构;
- 测定非 H 原子的坐标;
- 确定晶胞参数并指定固定坐标的原型;
- 确定晶胞参数并分配原型;
- 确定晶胞参数。

前四类的原子坐标都包含在 Pauling File 数据库中。不常见的类别是平均结构、近似晶体结构、确定部分原子坐标、确定晶胞参数和分配母体结构(对于碳化物和氢化物等填充的衍生物)及确定亚晶胞。

在定义研究水平的简短总结之后,还可以提供其他研究信息,例如:
- 确定绝对结构;

- 研究组分相关性；
- 研究电子密度；
- 研究磁性结构；
- 研究压力相关性；
- 超空间结构精化；
- 研究温度相关性。

3.2.3 数据库字段

除了晶体数据外，Pauling File 数据库中还包括大量样品制备和实验研究的信息。基本数据按已公布的数据（用于与原始论文进行快速比较）和标准化数据（用于高效地数据检查和检索及齐次表示）进行存储。以下数据库字段可能出现在晶体结构数据库条目中。

(1) 分类：化学体系、化学式（已公布，标准化）、修饰、俗名、结构原型、Pearson 符号、空间群号、Wyckoff 序列、单位化学式质量、计算密度、结构研究水平和附加研究。

(2) 书目数据：数据来源、作者（所属单位）、语言和标题。

(3) 已发表的晶体学数据：空间群、晶胞参数、每个晶胞内的化学式数目和原子坐标（位点标签，元素，位点多重性，Wyckoff 字符，位点对称性，x、y、z、部分位点占用率）。

(4) 标准化晶体数据：空间群、晶胞参数、每个晶胞内的化学式数目、原子坐标（位点标签，元素，位点多重性，Wyckoff 字符，位点对称性，x、y、z，部分位点占用率）。

(5) Niggli 约化胞：晶胞参数和从原胞到 Niggli 约化胞的转换。

(6) 位移参数：各向同性、各向异性和计算等效各向同性。

(7) 发表的衍射线：Bragg 角或等效参数、平面间距、强度、米勒（Miller）指数、辐射和备注。

(8) 制备：原料（纯度、形态），合成方法（坩埚、气氛、溶剂），退火或晶体生长。

(9) 矿物：矿物名称和产地。

(10) 化合物描述：化学分析（分析方法和组分），温度、压力和组分的稳定性，颜色，光学特性，样品形态（结晶习性、晶粒大小），化学反应活性，测量密度。

(11) 细胞参数的测定：样品、实验方法、辐射、温度和压力、θ 范围、所用软件。

(12) 结构测定：样品、实验方法、衍射仪/反应器、辐射、温度、压力、扫描模式、θ 范围、反射数、线性吸收系数和吸收校正、初始模型、精化、精化参数数量、观察到的反射条件、R 因子和使用软件。

(13)备注：一般说明、勘误表、编辑备注(对已发布数据的修改、警告)、对相关参考文献的说明，以及晶胞参数与温度、压力和组成相关性。

(14)图说明：原始出版物中的图号、标题、参数和范围。

表 3.1 列出了 Pauling File 数据库中提取和存储的三元铝化物晶体结构条目存储数据。

表 3.1 Pauling File 数据库中的三元铝化物晶体结构条目存储数据

概要				
标准化学式：$YNiAl_4$；字母化学式：Al_4NiY；原胞化学式：$YNiAl_4$； 精化化学式：Al_4NiY				
结构原型：$YNiAl_4$，oS24，63；空间群：$Cmcm$(63)；怀科夫序列：63，fc^3a				
计算密度：4.07 mg/m³ 摩尔质量：255.5				
摩尔质量：完整结构确定				
书目数据				
参考文献：Sov. Phys. Crystallogr. (1972) 17:453-455；Kristallografiya (1972) 17:521-524				
语言：俄语/英语；标题：$YNiAl_4$ 和 $YNiAl_2$ 化合物的晶体结构				
作者	部门	组织	城市	国家
Rykhal' R. M.	无机化学	利沃夫国立大学	利沃夫	乌克兰
Zarechnyuk O. S.	无机化学	利沃夫国立大学	利沃夫	乌克兰
Yarmolyuk Y. P. D	无机化学	利沃夫国立大学	利沃夫	乌克兰
标准化的晶体学数据				
空间群：C_{mcm}(63)				
晶胞参数：$a=0.408nm, b=1.544nm, c=0.662nm, \alpha=90°, \beta=90°, \gamma=90°, V=0.417nm^3, a/b=0.264, b/c=2.332, c/a=1.623, Z=4$				
原子坐标				

对象	要素	怀科夫位置	点群地对称性	x	y	z	部分占用率
Y	Y	4c	$m2m$	0	0.121	1/4	
Ni	Ni	4c	$m2m$	0	0.771	1/4	
Al_1	Al	8f	$m..$	0	0.314	0.054	
Al_2	Al	4c	$m2m$	0	0.943	1/4	
Al_3	Al	4b	$2/m..$	0	1/2	0	

标准化的晶体学数据
空间群：C_{mcm}(63)
晶胞参数：$a=0.408nm, b=1.544nm, c=0.662nm, \alpha=90°, \beta=90°, \gamma=90°, V=0.417nm^3, a/b=0.264, b/c=2.332, c/a=1.623, Z=4$

续表

原子坐标							
对象	要素	怀科夫位置	点群对称性	x	y	z	部分占用率
Al_1	Al	$8f$	$m..$	0	0.186	0.054	
Y	Y	$4c$	$m2m$	0	0.379	1/4	
Al_2	Al	$4c$	$m2m$	0	0.557	1/4	
Ni	Ni	$4c$	$m2m$	0	0.729	1/4	
Al_3	Al	$4a$	$2/m..$	0	0	0	
变形原点移动 0 1/2 1/2							

尼格利还原晶胞

晶胞参数:$a=0.408\text{nm}, b=0.662\text{nm}, c=0.7985\text{nm}, \alpha=90°, \beta=104.802°, \gamma=90°, V=0.2085\text{nm}^3, a/b=0.616, b/c=0.829, c/a=1.957$

原子环境			
对象	配位数	原子环境类型	构成
Al_1	12	六面体	$Ni_3Al_6Y_3$
Y	19	扭曲的伪弗兰克-卡斯帕(19)	$Al_{13}Ni_4Y$
Al_2	12	六面体	NiY_3Al_8
Ni	9	三角形三棱镜	Al_7Y_2
Al_3	12	六面体	Al_8Y_4

准备		
起始材料	纯度/%(质量分数)	形式
Y	99.9%	
Ni	电解级,9.98%	
Al	99.98%	

合成:电弧熔化;气氛:纯氩;样品的组成:$Al_{70}Ni_{15}Y_{15}$

样本说明

测量密度:4.27mg/m^3

晶胞参数的确定

样品:单晶;方法:旋转照片;辐射:X射线,Cu Kα

结构确定

样品:单晶;方法:Weissenberg照片;辐射:X射线,Cu Kα;

数据采集:0 k l

模型:晶体化学考量;细化:机械细化,69次反射;**R** 系数:$R=0.150$

处理信息

文件:102868;**S-entry**:1407077;处理时间:2003年5月12日;核对时间:2004年4月23日;

最后更新时间:2003年5月12日

3.2.4 结构原型

"结构类型"是无机化学中一个常见的概念,在无机化学中,大量有相似原子排列的化合物通常会结晶。Strukturbericht[20]早在20世纪初就已经开始编撰,将晶体结构分为不同类型,用A1、B1或A15等代码命名。虽然这些符号仍在使用,但结构类型现在以首次确定这种特定原子排列的化合物名称来命名,即前面列举的类型:Cu、NaCl和Cr_3Si。Pauling File数据库使用了更长的符号,其中还包括Pearson符号(小写字母代表晶体系统,大写字母代表布拉格晶格,所有、完全或部分占据的原子位的多重数之和)[21]及国际晶体学表[18]中空间群数:Cu,cF4,225;NaCl,cF8,225;Cr_3Si,cP8,223。

按照TYPIX[22]中定义的标准,所有已发布原子坐标的数据集在Pauling File数据库中都被划分为结构原型。根据这个定义,同型化合物必须在同一个空间群中结晶,并且具有相似的晶胞参数比,在标准化描述中应该占据相同的Wyckoff位置,原子坐标值相同或相似。如果满足这些标准,俄歇电子能谱应该是相似的。不同的有序变量(取代衍生物)是有区别的,但在一般情况下,对原子位点完全被占用和部分被占用的结构不作区分。由于X射线衍射难以定位氢原子,因此在分类中忽略了含有两种以上化学元素的结构中H原子(氢化物除外)的位置。

每个结构原型都定义在Pauling File数据库晶体结构部分的数据库条目上。这些数据库条目被归入结构类型池(STP),并可在以后被替换。迄今为止,已经识别超过36000种不同的原型,并将其添加到STP中。

没有原子坐标的数据集也可能被指定结构类型。结构类型通常在原始出版物中说明;在其他情况下,结构类型由编辑直接指定。在某些情况下,分配的原型可能是真实结构的近似值,例如忽略了一定的无序性的。在未发布时,编辑也会指定已发布的晶胞参数具有的空间群设置。

3.2.5 标准化的晶体学数据

用来定义晶体结构的晶体学数据(晶胞参数、空间群设置、代表性原子坐标三元体)有很多。即使遵守国际晶体学表[18]推荐的基本规则,由于空间群允许的操作,如置换、原点移动等,这个晶体学数据的数量仍然很多。由此可见,即使是相同或非常相似的原子排列,也可能无法被认为具有同种晶体学数据(图3.1)。使用标准化晶体学数据(在文献[23]中给出了几个例子)有助于将晶体结构分类为结构原型。

Pauling File数据库中的晶体学数据是其标准化之后公开的。区分具有相同

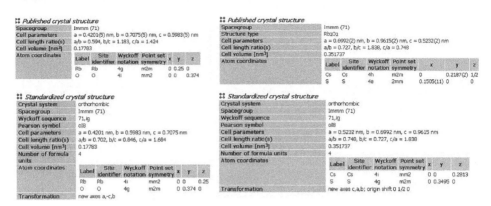

图 3.1 发布的和标准化后的 RbO 和 CsS 数据集,揭示了它们的异构性。
数据如 Pauling File 数据库-二进制文件版本[7]所示

结构原型的化合物(同型化合物)可以通过比较相同数据的第二种表示方式达到。数据的获取与整理过程分为三步:

(1)检查已发布的数据是否存在被忽略的对称性[24],如果相关,则将其转换为更高对称性的空间群;

(2)用 STRUCTURE TIDY 程序[12]对所得数据进行标准化处理;

(3)将所得数据与类型定义数据库条目的标准化数据进行比较,如果相关,则执行空间群允许的附加操作[13]。

1. 对称性检查

晶体结构总是可以在实际空间群的子群中被精化和描述的。极端地讲,任何结构都可以用三斜晶系空间群 $\bar{P}1$ 来描述,除了同一性和平移外,没有其他对称性。正确的空间群的确定,不仅对识别同型结构很重要,而且与固有物理性质有关。特定性质被有效地限制在某些对称性中,例如只能在极性空间群中观察到铁电性,而具有倒易中心的晶体结构不包括热电性。因此,应检查 Pauling File 数据库中的晶体数据是否存在被忽略的对称元素[24]。只要在没有任何近似的情况下,有可能用更高对称性的空间群或更小的晶胞来描述结构,就应该如此修正。图 3.2 显示了空间群 $P6_3$(173)中描述 WAl_5 的结构,应用原点偏移 0 0 3/4 到已发布的数据后在空间群 $P6_322$(182)中描述[25]。

2. 标准化

下一步,按照 Parthé 和 Gelato[10-11]提出的方法,使用 STRUCTURE TIDY 程序[12]对晶体学数据进行标准化。该程序应用标准化标准来选择空间群设置、晶胞参数、坐标系原点、代表性原子坐标以及原子位点的程序。主要标准总结如下:

Published crystal structure

Spacegroup	P6$_3$ (173)
Cell parameters	a = 0.49020(3) nm, c = 0.88570(5) nm
Cell length ratio(s)	c/a = 1.807
Cell volume [nm^3]	0.18432

Atom coordinates

Label	Site identifier	Wyckoff notation	Point set symmetry	x	y	z
W	W	2b	3..	1/3	2/3	0.5
Al1	Al	2b	3..	1/3	2/3	0.0
Al2	Al	2a	3..	0	0	0.0
Al3	Al	6c	1	1/3	1/3	0.25

Standardized crystal structure

Crystal system	hexagonal
Spacegroup	P6$_3$22 (182)
Wyckoff sequence	182,gdcb
Pearson symbol	hP12
Cell parameters	a = 0.49020 nm, c = 0.88570 nm
Cell length ratio(s)	c/a = 1.807
Cell volume [nm^3]	0.18432
Number of formula units	2

Atom coordinates

Label	Site identifier	Wyckoff notation	Point set symmetry	x	y	z
Al3	Al	6g	.2.	0.33333	0	0
W	W	2d	3.2	1/3	2/3	3/4
Al1	Al	2c	3.2	1/3	2/3	1/4
Al2	Al	2b	3.2	0	0	1/4

Transformation	origin shift 0 0 3/4

图 3.2 在空间群 P6$_3$(173) 中报告的 WAl$_5$ 的结构可以在空间群 P6$_3$22(182) 中描述,在对发布的数据应用原点偏移之后。来自 Pauling File 数据库的数据集-二进制文件版[7]

坐标系必须是右手系的,并参考国际晶体学表[18]中定义的空间群设置,并有以下附加限制条件。

- 三斜空间群:Niggli 约化胞;
- 单斜空间群:唯一 b 轴,"最佳"晶胞;
- 正交空间群:$a \leq b \leq c$,当空间群设置不固定时;
- 具有 R 晶格的三方空间群:三方六角晶胞;
- 具有两种原点选择的空间群:原点选择 2(原点在倒易中心);
- 对映异构体空间群:相关螺旋轴的最小指数。

对于 148 个非极性体空间群,考虑到上述列出的条件,存在 1~24 个旋转、倒易或移动坐标系的可能性。对于每种可能性,标准化程序准备了一份完整的描述,其中每个原子位点的典型三重态必须遵守一系列消除条件:

- 国际晶体学表[18]中的第一个三重态;
- $0 \leq x, y, z < 1$;
- 最小值为 $x^2 + y^2 + z^2$;
- x 的最小值,然后 y,最后 z。

对于极性空间群,也准备了类似的数据集,其中一个原子位点在另一个原子位点之后,属于结构中所代表的"最低 Wychoff 集"(包含字母表中第一个字母的 Wychoff 位置集),将原点固定在极轴上。根据以下消除条件,选择如上所述准备的数据集之一:

—所有原子位点的 $\sum (x_j^2 + y_j^2 + z_j^2)^{1/2}$ 之和的最小值。

—所有原子位点的 $\sum x_j$ 求和最小值,然后 $\sum y_j$,接着 $\sum z_j$。

—第 n 个原子位的最小值 $x_n^2+y_n^2+z_n^2$;

最后,根据以下排除标准对原子位点进行重新排序:

—Wyckoff 字符的逆字母顺序;

—依次增加 x、y、z。

为了得到处理过的含氢位置和不含氢位置的近似标准化数据集,在选择标准化数据集时,不考虑含有两种以上化学元素的结构中 H(D、T)原子的位置(氢化物除外)。氢原子的坐标确定后,按照与其余坐标相同的操作进行转换,原子位置列在标准化数据集的末尾。在用于结构分类的参数中,如 Pearson 符号或 Wyckoff 序列中,质子氢原子也被忽略。

3. 与类型定义数据集的比较

在一般情况下,标准化程序可直接为同型化合物生成比较数据集。然而,这并不总是正确的,可能会出现特殊情况,例如:

(1)两个可细化的晶胞参数具有相似的值。对于同型化合物来说,与以较大者为准可能有所不同,约束条件 $a \leq b \leq c$ 将导致不同的标准化描述;

(2)当其中一个角度的值从略大于 90°切换到略小于 90°时,规定 Niggli 约化胞的所有角度必须大于或等于 90°或者小于或等于 90°的条件,可能会导致三斜晶体的翻转;

(3)可精化原子坐标必须大于或等于 0 的约束条件是,对于可精化原子坐标接近 0 的同型结构,观察到一定数量的分歧标准化;

(4)对于同型化合物来说,原子位点的顺序可能不同,其中在同一个 Wyckoff 位置的几个原子位点具有相似的可精化 x 坐标(y-,z-)。

为了解决这些问题,将每个标准化数据集与定义 Pauling File 数据库中原型的标准化数据库条目进行比较。COMPARE[13]程序会生成不同空间群允许的晶体学表示。根据对应原子位点之间的"最小距离"之和的值,将每个表征与定义类型条目的标准描述进行比较,用"分数坐标"表示,乘以位点多重性:B(est) S(etting) C(riterion)= $\sum m_i [(\Delta x_i)^2 + (\Delta y_i)^2 + (\Delta z_i)^2]^{1/2}$,对所有原子位点求和。用具有最小 BSC 值的数据集代替标准化数据集,然后通过检测与类型定义条目的原子坐标相差 0.1 以上的原子坐标来检查同一性。

对于没有发布坐标的数据集,晶胞参数按照为晶胞单元和空间群设置定义的标准进行标准化。对于空间群未知的数据集,假设与 Pearson 符号一致的最低对称性的空间群,如 P222,只包含正交(o**)或正交基元(oP*)的信息,则需要对晶胞参数进行标准化。对于三斜结构,通过与类型定义数据库条目的单元比较来调整晶胞。

3.2.6 原子坐标的分配

为了给出实际结构的近似概念,对数据库条目提供一套完整的原子坐标和位点占用率,其中结构原型可以(由作者和/或编辑)指定,但原子坐标尚未确定。结构类型会出现两种不同的情况。

(1)指定所有原子坐标都是通过对称性固定的结构类型。在这种情况下,编辑根据化学公式将同时指定一个可能的原子分布。对于非化学计量组成,根据结构类型提出了不同情况作为一级近似。在一般情况下,假设原子位点被完全占据,且混合占据,而对于 NaCl、ZnS、CaF_2、NiAs 或 Ni_2In 等结构类型,假设有一个原子位点空缺。

(2)指定修正后的原子坐标的结构类型。类型定义条目的原子坐标作为一级近似。原子分布由程序插入,将定义条目类型的化学公式与编辑修改后的化学公式进行比较,以便强调元素替换[17]。分析了 Pauling File 数据库文件中含有和不包含精化原子坐标的结构类型,如果预期在特定原子位点上有选择地出现空位或混合占位,则会存储有关其非化学计量行为的信息。H 原子的位置不包括在指定的坐标中,但与被 O、OH 或 H_2O 等所占据的位置是不同的。

由于指定的原子坐标和位点占位率无论如何都不能取代结构的精化,因此没有尝试提出一个更接近真实结构的数据集,例如同一种化合物的细化数据。

3.2.7 原子环境类型

这里使用的描述符[15-16] AE,又称配位多面体,是使用 Brunner 和 Schwarzenbach[14] 的方法定义的。根据该方法,将原子与其邻位原子之间的距离绘制成次近邻直方图,如图 3.3 左侧的 $BaTiO_3$ rt 中的 Ti 原子所示。在大多数情况下,会出现一个最大间隙,位于最大间隙左侧的原子被认为属于中心原子的 AE。这个规则被称为最大间隙规则,而配位多面体,即原子环境类型,是由最大间隙左侧的原子来构建的。图 3.3 中 Ti 原子周围的多面体是一个(扭曲的)八面体。

在这些情况下,最大间隙规则导致 AET 不仅有选定的中心原子,而且有包含在多面体中的附加原子;或者属于 AET 的原子位于配位多面体的一个或多个

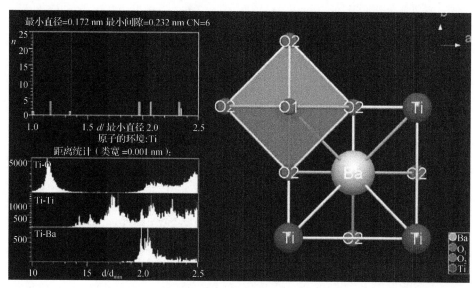

图 3.3 在无机化合物晶体结构数据库中，$BaTiO_3$ 的近邻直方图（NNH）（左上角）和相应的配位多面体

面或边上，则应用"最大-凸-体积规则"。该规则被定义为中心原子周围以凸面限定的最大体积，所有 AE 原子位于至少 3 个面的相交处。该规则也适用于未检测到明确的最大间隙的情况。

应用前面给出的规则，分析了 Pauling File 数据库中所有原子坐标精化或固定的结构条目。已经识别了 100 种不同的 AET，其中 50 种最常见的 AET 列在表 3.2 中。每个 AET 用代码和配位多面体的名称来标识；第二列中的计数给出了该 AET 在 Pearson's 晶体数据库[26]，发布日期为 2016 年/2017 年。在大多数结构中，配位数（CN）从 1~22 不等。

表 3.2 最常出现的 50 种原子环境类型（AET），以及它们的分布情况在 2016 年/2017 年 PCD 中，计数（点位数）

序号	计数	AET 代码	配位多面体的名称
1	295885	1#a	单原子
2	234712	2#a	不共线
3	177943	6-a	八面体
4	168982	4-a	四面体
5	107137	3#a	非共面三角形
6	40263	12-b	立方八面体

续表

序号	计数	AET 代码	配位多面体的名称
7	29728	9-a	三角棱镜
8	26893	2#b	共线
9	24678	12-a	二十面体
10	17863	3#b	平面三角形
11	16693	14-b	菱形十二面体
12	16536	8-a	方形棱镜(立方体)
13	1675	8-b	方形反粒子
14	15285	5-a	方形金字塔
15	14824	5-c	三角双锥
16	10840	7-g	单层三棱镜
17	10151	14-a	14 顶点弗兰克-卡斯帕
18	9424	10-a	四帽三棱镜
19	8921	6-b	三棱镜
20	8806	16-a	16 顶点弗兰克-卡斯帕
21	8504	4#c	共面正方形
22	7730	7-h	五边形双锥
23	7499	20-a	伪弗兰克-卡斯帕(20)
24	7155	13-a	伪弗兰克-卡斯帕(13)
25	6484	4#d	非共面正方形
26	667	12-d	反立方八面体
27	574	8-d	扭曲的方形反棱镜-a
28	4405	8-g	双反三棱镜
29	4329	4#b	四面体,中心原子外侧
30	4160	15-a	15 顶点弗兰克-卡斯帕
31	488	10-b	双截方棱镜
32	421	17-d	七帽五边形棱镜
33	3989	11-a	五边形三棱柱体
34	3860	6-d	五边形金字塔
35	3360	8-i	侧双曲面三棱镜

续表

序号	计数	AET 代码	配位多面体的名称
36	3339	11-b	伪弗兰克-卡斯帕(11)
37	3203	8-c	六角双棱锥体
38	342	10-c	双反反棱镜
39	2941	18-a	赤道八帽五边形棱镜
40	2816	22-a	极性,赤道八帽六边形棱镜
41	2363	10-e	扭曲的赤道四帽三棱镜
42	223	5#d	方形金字塔(中心原子在外面)
43	1998	8-j	扭曲的方形反棱镜-b
44	1987	12-f	六角棱镜
45	1343	14-d	双反六边形棱镜
46	1243	20-h	十二帽五边形多面体
47	1117	7-a	单帽八面体
48	9611	18-d	六边形六棱镜
49	945	6-h	扭曲的三棱镜
50	908	12-c	双面五边形棱镜

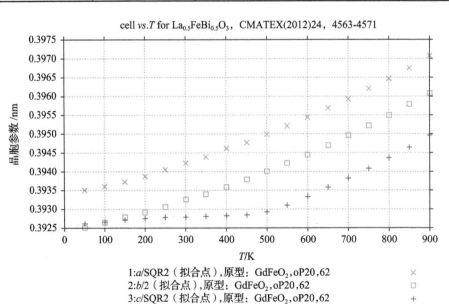

1: a/SQR2(拟合点),原型:GdFeO$_2$,oP20,62 ×
2: b/2(拟合点),原型:GdFeO$_2$,oP20,62 □
3: c/SQR2(拟合点),原型:GdFeO$_2$,oP20,62 +

(a)

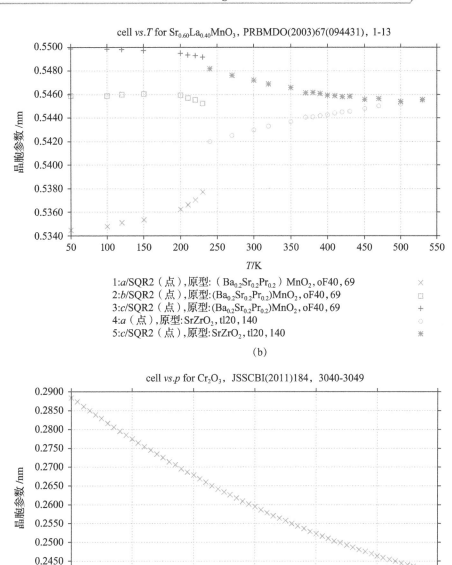

图 3.4　Pearson 晶体数据[26]中的晶胞参数图示例,2016 年/2017 年发布:(a)$La_{0.5}FeBi_{0.5}O_3$ 的热膨胀;(b)通过 $Sr_{0.6}La_{0.4}MnO_3$ 的相变而参数变化;(c)Cr_2O_3 电池体积的压力依赖性

值得注意的是,由于这种为金属间化合物开发的纯几何方法并没有区分键的类型。因此,选择的 AE 可以包括阳离子和阴离子,既包括与中心原子和反离

子形成共价键的原子,也包括接触距离大的原子和相互作用小的原子。由于该程序认为所有原子位点都被完全占据,因此,两个取向之间统计无序的四面体(如硫酸根离子)也会被归为立方体。但该方法简单易行,在大多数情况下有很大的用处。

AE方法为检查晶体结构数据的几何正确性提供了额外的可能性。配位多面体是将晶体结构划分为几何相似类型的工具[27],这里使用的AET称为配位类型[16]。

3.2.8 晶胞参数图

自2009年起,Pauling File数据库从晶胞参数(这些参数的函数)与温度、压力或组分的关系图中提取数值[28],并存储。它区分三种情况:实验点、拟合实验点和线性相关。提取的值转换为SI单位,并应用于生成新的数字,说明热膨胀、相变或压力下的压缩(如图3.4中的示例)。从同一种出版物中提取相同相位和温度/压力/组成的值进行识别和关联,转换为基本晶胞参数a、b、c、α、β、γ,并进行标准化。经过检查,这些都可以用于检索,并且可以指定近似的原子坐标。

3.3　Pauling File无机材料数据库中的相图

Pauling File数据库中的相图部分包含了二元系统的温度-组成相图,以及三元和多元系统的水平和垂直截面及液相线/固相线投影,并对实验确定和计算的图形进行了处理;优先考虑原始文献,但也包括一些著名的汇编,如Massalski等[29]编辑的二元相图汇编、Petzow和Effenberg[30]编辑的三元相图系列书籍。

所有图表已转换为原子分数(%)和温度(℃),并以标准化版本重新绘制,以便可以轻松比较同一种化学体系的不同报告。单相区域用深色标示,三相区域用浅色标示。不仅按照Pauling File数据库命名惯例在图上标识了相位,而且原始名称也保存在数据库中。图3.5显示Pauling File数据库重新绘制的相图示例。

每张相图链接到一个数据库条目,其中包含以下数据库字段。

-**分类**:化学体系和图表类型。

-**研究**:实验/计算、计算技术、APDIC/non-APDIC、备注。

-**书目数据**:数据来源、作者(隶属关系)、语种、题名。

-**原始图表**:原出版物中的图号、边框、比例、原尺寸。

-**重绘示意图**:浓度范围、温度(范围)、浓度换算。

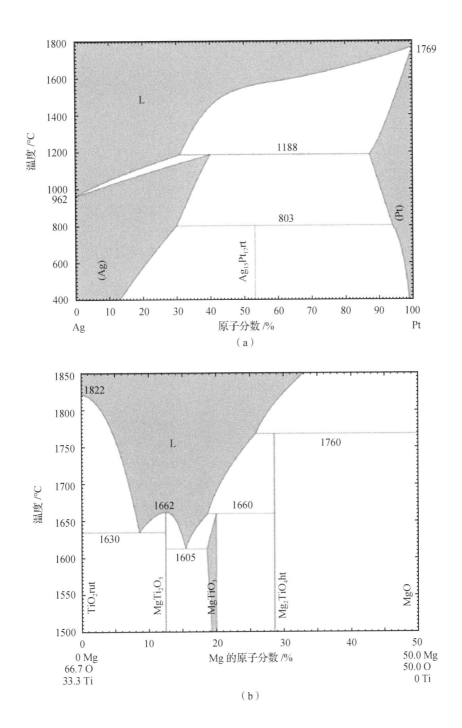

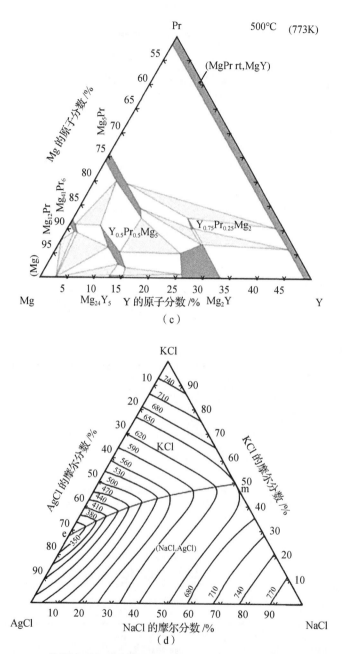

图 3.5 Pauling File 数据库重新绘制的相图实例：(a)相位图二元系统；(b)垂直剖面图和 (c)等温剖面图的相图三元系统以及(d)四元系统相图的液相投影

3.4 Pauling File 无机材料数据库中的物理性质

Pauling File 数据库的物理性质部分存储了无机化合物在固态、结晶态下的各种固有物理性质的实验数据和(在一定程度上)模拟数据。处理是以文献为导向,每个数据库条目将为特定出版物中特定阶段提取的数据分组。重点是无机物(单相样品)的表征,而不是材料的优化。发布时,条目中还包含有关合成和样品制备的信息,以及有助于建立与相图和晶体结构条目链接的信息,如俗名、晶体学数据、相变温度、能保证稳定性的临界压力或组成等。

物理性质以四种不同的方式存储:

- 数值;
- 图形描述(Y 与 X);
- 属性类别,如超导体、铁电性等;
- 表示存在特殊数据的关键词,如不同的光谱。

最常见的物理性质的符号已经标准化,主要依据《CRC 化学和物理手册》[31]。数值以发布的单位存储,也可转换为标准单位。大多数标准单位是 SI 单位;但对于原子级的某些性质,使用更合适的单位,如 eV 或 μB。与规定数量的物质(每千克、每摩尔)有关的性质,要换算成每克原子①。每个数值性能值都附有关于该特定测量的实验条件信息。通过链接到参考表,提供了极大的灵活性,因为可以选择新的属性,并可以控制符号、单位和幅度范围。

3.4.1 数据选择

Pauling File 数据库的数据来源于原始文献。每个数据库条目虽然对应特定的组合数据源——无机结晶相,但可以包含若干数值、图形描述和关键词。对于由温度或压力引起结构相变的化合物的研究,将有两个数据库条目。例如,一个用室温修饰,另一个用低温修饰。默认情况下,铁电相变被假定伴随着结构变化,创建两个数据库条目是合理的,磁、电或超导相变则不是。

具有一定均匀相的数据按具有代表性的化学式分组。当与数据库声明的组合不同时,特定度量的实际组合在参数中被指定。在晶体结构部分,用 3 个数据库条目来记录两个三元化合物之间的连续固溶体:每个三元边界及 1/3 的化合物含有 4 个化学元素。晶体结构部分还包括一些从头计算的模拟数据,特别是能带结构,但重点仍是实验测量数据和直接从测量中得出的数值。

---

① 原书为 atom-gram 应为 gram atom,译为"克原子"。——译者注

3.4.2 数据库字段

除了物理性质(以数值、图形描述或关键字的形式)和化学式等必需项目外,大量有关样品制备和实验条件的信息也都存储在 Pauling File 数据库中。物理性质数据库条目中可能存在以下数据库字段:

- **化合物**:化学体系、已发布的化学式(研究样品)、有代表性的标准化化学式和改性;
- **书目数据**:数据来源、作者(隶属关系)、语言和标题;
- **制备**:原料(纯度、说明)、合成方法(坩埚、气氛、溶剂)、退火或晶体生长;
- **样品描述**:样品形态、化学分析、温度、压力、组分的稳定性、弹性、密度、颜色、化学反应活性;
- **晶体学数据**:结构原型、空间群、晶胞参数和备注。

对于每个物理性质:

- **数值**:符号、以发布单位表示的数值、以标准单位表示的数值、温度、其他实验条件(压力、磁场、波长等)、方向、组分或化学元素、备注;
- **图标**:原始出版物中的数量、参数、范围、备注;
- **关键词**:出版物中处理的附加主题的代码;
- **属性类**:一个或多个属性类。

图 3.6 显示了从 Pauling File 数据库二进制版中获取的数据表的属性部分,来源为文献[7]。

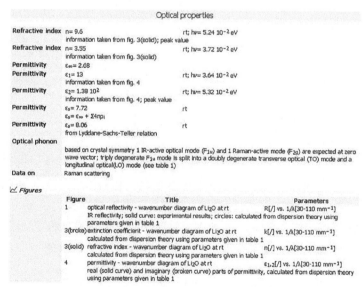

图 3.6 Pauling File 数据库二进制版本[7]中 Li$_2$O 物理特性条目数据表的一部分

3.4.3 Pauling File 无机材料数据库中的物理性质

Pauling File 数据库中的物理性质包含以下类别：电子性质和电学性质、铁电性、磁性、机械性质、光学性质、相变、超导性、热性质和热力学性质。表3.3列出了前两类Pauling File数据库中考虑的主要特性。方括号内的项目是关键词，原则上不提取其数值。表中用黑体字强调主要属性，特别是在数值提取方面。为了实现数据库的灵活构造，可以轻松地在上述基础上添加新属性。

表3.3 Pauling File 中考虑的电子、电气和铁电特性

电子特性和电气特性	电导率/电阻率
• 金属/非金属特性	**电阻率**
金属-非金属转变的温度	温度导数
压力导数	浓度导数
金属-非金属转变的压力	电阻率各向异性
• 电子能带结构	声子电阻率
[电子能带结构]	温度导数
[布林区]	磁电阻率
[费米能]	温度导数
[费米面]	**离子导电率**
• 电子态密度	电子导电率
费米级的电子态密度	孔隙导电率
[电子态密度图]	• 剩余电阻率
[电子密度图]	剩余电阻率
• 能隙	**残余电阻率 (RRR)**
能隙	• 自旋无序电阻率
压力导数	[自旋无序电阻率数据]
温度导数	• 自旋发射电阻率
组成导数	[自旋膨胀电阻率数据]
直接转换的能隙	• 压阻率
压力导数	压阻率
温度导数	压力导数
间接转换的能隙	温度导数
压力导数	压阻率的磁贡献
温度导数	• 磁阻率
热能隙	磁阻率
激发子能量	温度导数
压力导数	• 霍耳系数
温度导数	**霍耳系数**
• 活化能	霍耳系数的压力导数
	霍耳系数的温度导数

续表

常霍耳系数	反铁电尼尔(Néel)温度
特异性霍耳系数	压力导数
• 有效质量	不同铁电态之间的转变温度
导带中电子的有效质量	• 介电常数(介电常数)
电子有效质量各向异性	**介电常数**
价带空穴的有效质量	压力导数
压力导数	温度导数
电子有效质量/空穴比	介电常数实部
极化子的有效质量	介电常数虚部
• 载流子浓度	相变时的介电常数变化
电子浓度	**静态介电常数**
空穴浓度	压力导数
电子浓度/空穴浓度比	温度导数
载流子浓度	**高频介电常数**
供体浓度	压力导数
受体浓度	温度导数
供体浓度/受体浓度比	• 介质损耗角正切
• 载流子迁移率	• 极化电极化
电子迁移率	极化电极化
压力导数	**自发极化**
空穴迁移率	压力导数
压力导数	电偶极矩
电子/空穴迁移率	• 顺电状态
霍耳流动性	**顺电居里温度**
压力导数	压力导数
离子迁移率	顺电居里系数
• 电荷密度波	• 铁电滞回
[电荷密度波能隙]	矫顽电场
• 电荷转移	剩余极化
有效电荷	• 铁电相图
平均价	[电气场-组成图]
• 四极分裂	[电气场-温度图]
• [电场梯度]	• 压电
铁电性	压电系数
• 铁电跃迁	• 热电
铁电居里温度	热电系数
压力导数	

注:热电系数黑体字符强调主要参数,而方括号表示关键词。

3.5 数据质量

只有基于可靠的数据进行的数据挖掘才会是合理的,因此在 Pauling File 数据库中的数据质量非常重要。所选取待整理的数据由专门研究晶体学、相图或固态物理学的科学家进行分析,他们大多具有博士学位,并有固态化学或物理学研究经验[1]。为了实现数据处理的效率和同质性,要求分析和编辑活动至少达到数据库条目的 50%,有些已经处理了 5000 多篇科学论文。

Pauling File 数据库中的数据在原始软件包 ESDD(评估、标准化、衍生数据)帮助下进行一致性检查,该软件包包含 100 多个不同的模块[17]。检查是逐级进行的。

对单个数据库字段的检查:
-数字格式;
-物理性质的单位和符号;
-赫曼-摩干记号(Hermann-Mauguin symbol)和 Pearson 符号;
-期刊编码-年-卷的一致性,文献参考资料的第一页-最后一页。
-化学式的格式化;
-通常数量级;
-拼写。
单个数据集内的一致性:
-原子坐标-Wychkoff 字符-位点多重性的一致性;
-化学体系中化学元素的比较、化学式、精化和制备;
-计算值和公布值的比较:晶胞体积、密度、吸收系数和晶面间距;
-Pearson 符号-空间群-晶格参数的一致性。
-精化组成-化学式的一致性;
-单位-物理性质的符号的一致性;
-Bravais 晶格-衍射条件的一致性;
-位点对称性-各向异性位移参数的一致性。
晶体学数据的特殊检查:
-原子间距离与原子半径之和的比较;
-化学单位(碳酸盐、磷酸盐等)内原子间距离的比较;
-检查氧化物和卤化物的电荷平衡;
-寻找被忽视的对称元素;
-与类型定义条目(晶格参数比、原子坐标)进行比较。

数据库内的一致性：
-密度比较；
-同型化合物的晶胞参数比的比较；
-检查强制性数据；
-检查数据库链接。

有时，根据备注中解释的论点，对原稿中发现的印刷错误进行更正。其中5%的晶体结构条目中出现了与已发表的晶体学数据中的印刷错误有关的勘误。由于编辑错误是难以完全避免的，故所有对原始发布数据的修改和对不明确数据的解释都存储在备注中。

ESDD 软件可以进一步计算以下参数：不同元素的原子含量、摩尔质量、精化组成/式、计算密度、晶面间距（来自 Bragg 角的函数）、等效各向同性位移参数、线性吸收系数以及参考已发布空间群设置的米勒指数。它将以质量分数表示的成分转换为原子分数，将以各种已发布单位表示的值转换为标准单位（包括单位/摩尔或质量分数转换为单位/克原子），并统一有效数字的位数。模块化结构便于纳入新的检查程序。

3.6 相表

建立综合数据库的第一个挑战是汇编大量数据。然而，为了提供数据库内容的整体框架，并允许组合检索，还需要以比书目信息和化学系统更有效的方式将 Pauling File 数据库三个不同部分的数据库条目链接起来。为此，引入了"不同相"的概念。

三组不同数据的链接是通过一个不同相表来实现的，每个单独的晶体结构、相图和物理性质条目都通过编码的相标识符（化学体系和数字）链接到该表。为了编制该表，根据 Pauling File 数据库中的可用信息，对每个化学体系进行评估，并确定不同的相。例如，表 3.4 列出了铝-钽（Al-Ta）系统中报告的 8 个阶段。

表 3.4 铝-钽系统的不同阶段

体系	Ta 的原子分数	相	原型	空间群
Al-Ta	25	$TaAl_3$	$TiAl_3$, tI8, 139	$I4/mmm$
Al-Ta	36.11	$Ta_{39}Al_{69}$ ht	$Ta_{39}Al_{69}$, cF444, 216	$F\text{-}43m$
Al-Ta	40	Ta_2Al_3 rt	*, aP*, *	—
Al-Ta	41.67	$TaAl_{1.4}$ rt	*, hP*, *	—

续表

体系	Ta 的原子分数	相	原型	空间群
Al-Ta	51.16	$Ta_{22}Al_{21}$	$Ta_{22}Al_{21}$, mP86, 14	$P12_1/c1$
Al-Ta	58.62	$Ta_{17}Al_{12}$	$Mg_{17}Al_{12}$, cI58, 217	$I-43m$
Al-Ta	62.5	Ta_5Al_3	$Mn5Si_3$, hP16, 193	$P6_3/mcm$
Al-Ta	67	$Ta_{0.67}Al_{0.33}$	$(Cr_{0.49}Fe_{0.51})$, tP30, 136	$P4_2/mnm$

注：* 未知。

在 Pauling File 数据库中,相是由化学体系、晶体结构(当已知时)和/或存在域(与温度、压力或组成相关)定义的。每个不同的相都有一个独特的名称,其中包含一个有代表性的化学式,还应附有规范,如 ht(高温)、rt(室温)、3R(第 3 个手性原子是 R 型)hex[①] 等。晶体结构的定义参照结构原型(如果已知)。对于尚未(完全)研究的结构,如可用,会给出部分结构信息,例如完整的 Pearson 符号可以用 t**(四方)或 cI*(体心立方)代替。在数据库的三个部分中收集到的关于俗称和温度、压力或组成稳定性的信息,用来为没有结构数据的物理性质和相图条目分配相标识符。特殊情况如下：

-结晶结构类型相同,但在相图中被两相区隔开的相,要加以区分。对于温度或压力引起的同构相变也是如此,也应关注晶胞参数的不连续性。

-在某些情况下,具有不同排序程度的结构被单独考虑,在其他情况下则没有,这取决于是否可以明确地给一种或另一种变体分配相应的数据库条目。例如,分裂原子位置的结构优化通常被归入基本类型。

-后续文献指出不正确的结构,建议按照与最近报告一致的相标识符分组。例如,在这种情况下,发布六边形晶胞的晶体结构条目可以归入正交相下。

-此处应用的结构类型定义使连续固溶体可以从一种类型平稳地转变为另一种类型。典型的例子是相 A_xB 从 NiAs 型结构逐步转变为 Ni_2In 型结构,首先填充第一个 A 的原子位置,然后填充第二个 A 的原子位置。这需要考虑到如有两种类型已被归类,则还可进一步细化。

-发布的物理性质(环境条件)忽略晶体结构,将其分配为 rt,或者,如果不知道温度条件,就分配为最常见的变体。

-默认情况下,顺电-铁电相变被假定为伴随着结构转变,并且认为在转变温度之上和之下是不同的相。相反,磁有序化被认为不会对结构有显著影响。

当然,仍有一些化学体系探索甚少,相关文献中的报道有时也是相互矛盾的。相位分配很困难,不同相的列表有时会比实际上存在的相的数目更大。因

---

① 不能表示六方晶系。——译者注

此,在分配相的标识符时有一定的主观性。但我们认为,这种方法对用户来说已经具有一个很大的帮助了。

3.6.1 化学式和相名

因为化学式已经标准化,所以化学元素总是具有相同的顺序,这种顺序与元素周期表中各元素的排序类似。结合在一起的化学单位,如水分子或硫酸根离子,在方括号内加以区分和书写。氕和氘被认为是不同的化学元素。

在 Pauling File 数据库的晶体结构部分,每当结构类型被分配到已发布的数据时,化学式就会被写入,每个晶胞的公式数量与类型定义化合物公式数量相同。例如:如果结构类型是 Cu,cF4,225($Z=4$),包含 50%A 和 50%B(原子分数)的相称为 $A_{0.5}B_{0.5}$;如果结构类型是 CuAu,tP2,123($Z=1$),则称为 AB;如果结构类型是 Cu_3Au,cP4,221($Z=1$),则称为 A_2B_2。同样组成的两相样品则写成 $A_{50}B_{50}$。在非化学计量公式下,这些约定意味着对原子分布的某种假设。特别是有必要在假设有空位的结构和混合占位的结构之间进行选择,例如在 $A_{0.9}B$ 和 $A_{0.95}B_{1.05}$ 之间。除此之外,化学组成本身的不确定性,特别是当作者没有认识到晶体结构时,这必须作为一种正式的书写方式,但不要求其正确。

每种相都有一个名称,在一般情况下,这个名称是一个有代表性的化学式,写法如前所述。当已知相同化学组分的几个相时,会添加一个简短的代码来说明改性情况。优先使用诸如 rt(室温)、ht(高温)、lt(低温)或 hp(高压)等术语,当已知一系列由温度或压力引起的相变时,可以在后面加一个数字。如果只知道一种改性,即在室温下稳定,则字段改性留空。对于只在室温(298.15K)以上稳定的相,原则上加上说明 ht,依此类推,对于只在室温以下稳定的相,则加上说明 lt。如果在文献中没有找到关于相稳定性的资料或相矛盾的资料,则可采用 cub(立方)、rhom(菱方)、orth(正交)等说明。Ramsdell 符号用于多型化合物,如 CdI_2。矿物名称也可作为说明使用,缩写为前三个字母。

相图部分使用特殊符号,括号中的化学元素表示基于该元素的最终固溶体。对于完整的固溶体,在括号内写上两个或两个以上的化学元素或化学式(如有,使用相关说明),用逗号隔开,如(LiBr,AgBr)或(Ag_2La,Ag_2Ce rt)。

3.6.2 相的分类

在"不同相"(distinct phases)表中存储了各相一定数量的特征。

化合物类型:化合物类型的划分首先基于复合阴离子的存在,如硫酸盐、硝酸盐、碳酸盐、富勒烯等。还可区分出简单的化合物类型,如金属间化合物(两种元素是位于周期表齐特尔线左侧的元素)、氧化物、硫化物和水合物等。

结构类型：最初根据 TYPIX 中的晶体化学表将某些结构原型分成若干系列[22]。例如，密堆积结构类型，是由紧密堆积层以任意形式堆积而成的群结构，没有间隙原子。目前最具代表性的结构有钙钛矿系列、AlB_2 系列、密堆积结构、bcc 原子排列、岩盐结构和高 Tc 杯状结构，它们的代表数量最多。沸石的命名，采用三个字母代码来描述不同的骨架，取自《沸石结构数据库》[32]。需要注意的是，由于结构系列的分类是应用于结构原型的，因此未分配结构原型的相不会分配结构系列。

属性类型：如反铁磁体、铁电体、金属、半导体、离子导体、超导体等属性类型，是根据 Pauling File 数据库中物理性质部分的可用数据进行区分的。因此，对于化学式中预期具有金属性特征的相，如果导出该结论的性质尚未针对该特定相进行处理，则不会将该相归入该类别；相反，在组成、温度或压力上存在较大范围的相，根据掺杂水平、温度或压力的不同，可能表现出完全不同的性质，而分配给该相的所有性质类别（例如反铁磁体、铁磁体和同相的自旋玻璃）可能不适用于具有代表性的化学式或仅适用于特定的温度或压力范围。

矿物名称：通过查阅《Strunz 矿物学表》[33]和国际矿物学协会批准的《矿物清单》[34]，对原始出版物中报告的名称进行了核对，并随之更新。矿物名称存储在"不同相"表中，因为该阶段的所有数据库条目都将链接到此信息。连续固溶体经实验证实后，有时会将几种矿物名称分配给同一种相，如 1M 的顽火辉石/铁辉石或铁云母/金云母。

–颜色：颜色也是在相的层面上暂时分配的[35]，但在某些情况下，颜色与组成密切相关，或与少量的杂质相相关。

3.7 巨型数据库

经过近 25 年的发展，Pauling File 数据库中的无机物晶体结构和相图已经达到相当大的规模。因为每年更新一次，故尚未处理的旧刊物只占少数。然而，尽管数据库收录数量较多，但考虑到该领域发表的数据量巨大，其物理性质的覆盖率仍处于较低水平。2016 年，Pauling File 数据库中包含了约 140000 种不同相的 310000 多条结构数据集（包括相关的原子坐标和位移参数）、约 9800 种化学体系的 44000 多张相图（更新了相位分配）、约 50000 种相的 120000 条物理性质条目（约 420000 万个数值和 130000 个图形描述）。

这个结果是处理了来自 1500 多种不同期刊的 140000 多份科学出版物达到的。对大约 250 种科学期刊从封面到封底进行了年度更新。图 3.7 显示了数据库各部分根据顶级期刊的数据库条目的分布，在某些情况下，相关的标题已经被归类,例如,《稀有金属》(*Journal of the Less Common Metals*)被归入其后续期刊《合金与化合物杂志》(*Journal of Alloys and Compounds*)。原则上,Pauling File 数据库只收录原始文献,但也处理了一些相图相关的手册。在"其他"数据库条目中,晶体结构的数量特别多。

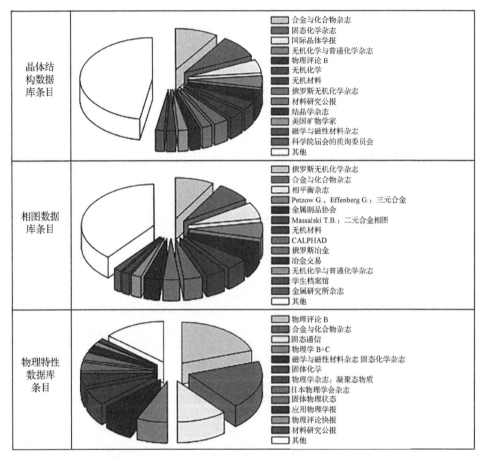

图 3.7 根据数据源在 Pauling File 数据库(2016 年 6 月)中的数据库条目分布。
日志按数据库条目数降序排列,在图表的顶部按顺时针顺序排列

图 3.8 是数据库条目按出版年份的分布情况。晶体结构和相图条目的规则形状证实了 Pauling File 数据库在这两部分的世界文献覆盖率很高。晶体结构条目图(图 3.8(a))还显示了具有精化(固定)坐标的数据库条目的比例,随着结构精化的实验方法和软件的发展,近 20 年来,精化坐标的比例明显增加。图 3.8(b)证实,每年相图实验研究的数量在减少,而热力学评估的数量在增加。

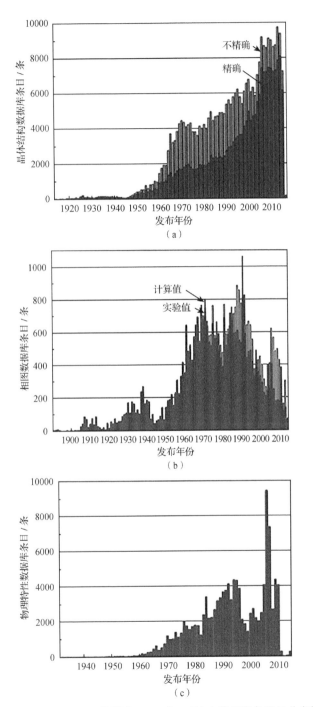

图 3.8 根据出版年份,Pauling File 数据库(2016 年 6 月)中数据库条目的分布情况:(a)晶体结构数据库条目;(b)相图数据库条目;(c)物理性质数据库条目。手册中的相图数据不包括在内

图 3.9 说明 Pauling File 数据库并不限于金属间化合物，这与数据库作者早期观点(如文献[36])矛盾。相反，除了相图部分，氧化物占主导地位。图 3.10 显示了 2016 年 6 月处理的数值、图示描述和关键词的数量，分布在 Pauling File 数据库所考虑的 8 个属性类别(电子性质和电学性质、铁电性、磁性、机械性质、光学性质、相变、超导性、热和热力学性质)中。从出版物中提取的、最常见的物理性质是磁化性、电阻率、热容和转变温度。

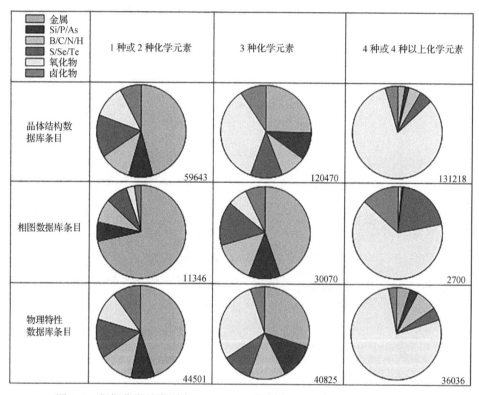

图 3.9　根据化学品类别在 Pauling File 数据库(2016 年 6 月)中的数据库条目分布。图例中的顺序对应图表上从顶部开始的顺时针顺序

表 3.5 和表 3.6 给出了 2016 年/2017 年发布的 Pearson 晶体数据的主要产品的一些数据。表 3.5 是按化学元素的数量分布，表 3.6 是结构研究程度的分布。从后者可以看出，条目已被划分为 36080 个不同的结构原型。每年约有 15000 个新条目加入 Pearson 晶体数据，其中大部分新条目基于最新的文献。

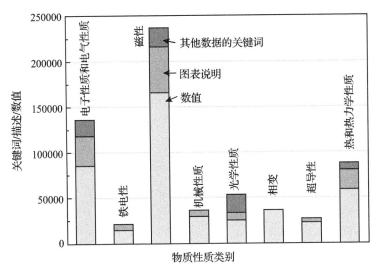

图 3.10 根据属性类别和数据类别,Pauling File 数据库(2016 年 6 月)物理属性部分的项目数量;每列从下到上:数值、图表说明、其他数据的关键词

表 3.5 不同化学系统、相和条目的数量 PCD—2016/2017,分为 1 种、2 种、3 种和 3 种以上的化学元素以及总数　　　单位:个

化学元素的数量	化学体系的数量	相数量	条目数量
1	97	434	3017
2	2570	18496	52839
3	18096	61358	112309
>3	40142	85063	120656
任意	60905	165351	288847

表 3.6 根据结构调查分类在 PCD-2016/2017 中的条目数

结构调查分类[①]	条目数量/条
所有原子坐标细化或固定,数据集定义一个原型	36080
所有原子坐标都是细化或固定的,而不是类型定义的	148298
部分原子坐标确定	640
晶格确定,原型和原子坐标由编辑分配	85455
为填充的衍生物确定的晶格,编辑分配的母体类型	1297
晶胞确定	17077
总和	288847

注:①分类中忽略氢原子的位置。

3.8 应用

由于在数百个不同数据库字段中存储了大量的信息,Pauling File 数据库的检索的潜力几乎是无限的,它可以用于基于化学体系或文献数据的各种琐碎的检索。转换为标准单位有利于在特定的数值范围内进行检索,而不同相的分配使其对存储在数据库中晶体结构、相图和物理性质等三个部分的数据进行组合检索成为可能,并起了至关重要的作用。例如,可以搜索具有低密度(小于 $3mg/m^3$)和高熔点(大于 2700K)的无机物。有几种不同的相符合这些要求,其中有金刚烷结构的 AlP 和 BN 立方体,四边形 BeO ht,以及结晶结构类型为 NaCl,cF8225 的 CaS。其他示例可以是有序温度高于 600K 的四价铁(铁)磁体,如部分尖晶石(固溶)相 $CrFeNiO_4$、$TiFeCoO_4$ 和 $Zn_{0.5}Mn_{0.5}Fe_2O_4$,或有序温度高于 30K 的碳化物反铁磁体(如几种 RC_2 和 $R_2Fe_{14}C$ 化合物,其中 R 为稀土金属),或含银(Ag)且结晶为立方结构的离子导体(卤化物、硫系化合物,包括采用结构类型 $RbAg_4I_5$、cP80213 的相)。

3.8.1 含有 Pauling File 数据库数据的产品

成百上千个相互关联的数据库字段,就像乐高积木一样,用来创建不同的模型。Pauling File 数据包含在多个在线、离线和预收录数据。这些数据有些只包含结构数据,有些只包含相图和晶体学数据,还有一些三组数据都包含的。按照提供者的偏好,一些数据只包含已发布的晶胞参数,一些数据只包含标准化的晶胞参数,还有一些同时包含已发布的和标准化的晶体学数据。下面列出的数据中,一些仅限于 Pauling File 数据库数据,另一些包含其他来源的数据。

(1)ASM 相图数据库,荷兰阿斯麦(ASM)国际(在线)[37]。

相图数据库可以方便地查看相图细节、结晶学和反应数据。其内容每年更新一次,2016 年的更新使数据库中二元体系和三元体系的在线相图达到 4000 多幅。

(2)无机材料数据库 AtomWork,日本国家材料科学研究所(在线)[6]。

AtomWork 的数据部分是日本科学技术公司(JST)、国家材料科学研究所(NIMS)和材料相图数据系统(MPDS)合作的成果。无机材料数据库旨在涵盖主要文献来源的无机和金属固体的所有基本晶体结构、X 射线衍射、物理性质和相图数据。2016 年(数据部分最后一次更新是在 2000 年)AtomWork 包含了 82000 个晶体结构、55000 个物理性质和 15000 个相图。包含最新数据的新版本正在开发中。

(3) Pauling File 数据库-二进制版,荷兰 ASM 国际(离线)[7]。

Pauling File 数据库的二进制版,仅限于收录二元化合物,于 2002 年发布。其中包含 8000 个相图、2300 个二元体系、来自超过 10000 种不同相的 28300 个结构数据集、大约 3000 个实验衍射图和 27000 个计算衍射图,以及来自 5000 多种相的 17300 多个物理性质条目(包含 43100 多个数值和 10000 个图形描述),这些条目处了 21000 份原始出版物产生的。即使只限于二元化合物,CD-ROM 中的数据也相当于 30000 多页的印刷品,也就是一本 20 卷的手册。用户友好的检索程序提供了包括一些数据挖掘选项在内的多种可能性。

(4) Pearson 晶体数据,荷兰 ASM 国际(离线和在线)[26]。

Pearson 晶体数据(2016/17)第十版包含了 130000 种不同相的 288846 个结构数据集。与类似名称的 Pearson 手册不同,电子产品包含了所有类别的无机物(约 50% 的氧化物)的数据。所有已发布坐标的数据集,以及仅发布 80% 晶胞参数的数据集都被指定了结构类型:185000 个数据集具有已发布的原子坐标,85000 个数据集具有指定的原子坐标,19000 个数据集仅包含晶胞参数。原子环境被定义为第一类。晶体学数据按已发布的和标准化的方式呈现,并附有实验细节和备注。此外,该产品还包含 18300 个实验衍射图和 271000 个计算衍射图;40000 个与温度、压力或组成相关的晶胞参数的描述,13000 个曲线图;100000 个从 T 或者 P 曲线图中提取的晶胞单元;出版物的链接、PDF4$^+$、ASM 相图数据库、SpringerMaterials;等等。该软件提供了多种检索和处理数据的可能性。

(5) 粉末衍射文件 PDF4$^+$,国际衍射数据中心(离线)[38]。

自 1940 年以来,国际衍射数据中心(ICDD)以实验和计算粉末图形的形式提供了基于衍射方法的相分析工具。PDF4$^+$(无机材料)和 PDF4 矿物还包括原子坐标,可用于进行 Rietveld 精化。在当前版本的 PDF4$^+$ 中,超过 2/3 的结构来源于 Pauling File 数据库。Pauling File 数据库条目包含更多的数据,替换了重复的引用和其他来源的引用。

(6) 斯普林格材料(Springer Materials)数据库,Springer(在线)[8]。

这是著名的 Landolt-Börnstein 手册系列,SpringerMaterials 允许材料科学家通过在线平台访问物理数据和化学数据,以识别材料及其特性。Pauling File 数据库每年向无机固相部分提供晶体结构、相图和物理性质条目。

(7) 材料数据科学平台(Materials Platform for Data Science),MPDS(在线,2017 年发布)[9]。

Materials Platform for Data Science 是一个网络平台,在线呈现 Pauling File 数据库的三部分。在 2017 年的第一版中,包含了 45300 个相图、400000 多个晶体

结构和 500000 多个物理性质条目。大约 80% 的数据可以开发者友好的格式远程请求,以供外部数据挖掘应用程序使用。剩下 20% 的数据可以作为原始出版物的参考。总共有 265000 个材料科学、化学、物理等领域的科学出版物作为该平台的起点,并且这个数字将稳步增加。其主要集中在原始科学数据的逐字表示上,但可方便快速地重复使用和重新设计。只需要将网络浏览器(不含任何插件)和互联网连接,就能轻松处理科学数据,无论是文献综述、假说评估还是对新材料的设计。

Landolt-Börnstein 系列手册《无机晶体结构》[39]和《无机物质手册》[35]包含 Pauling File 数据库晶体结构数据。前者描述了空间群 123-230 的结构原型,而后者的最新版本列出了 157000 种无机相的晶体学数据。由 Materials Design 公司提出的用于进行从头算的软件[40]也包含 Pauling File 数据库的晶体学数据。电子书《无机物质书目》[41]列出了 Pauling File 数据库中选取加工的数据集,这些数据集是按照论文中的化学体系来排序的。

3.8.2 基于 Pauling File 数据库的整体性概述

针对无机晶体物质的数据挖掘或统计方法,其晶体结构的原型分类代表了一个关键点,它提供了一个观察原子中电子相互作用的"窗口"。2016 年,通过实验为无机化合物建立的超过 36000 个不同的结构原型,其结构原型已在 Pauling File 数据库中定义。

基于不同化学体系/化合物的数千个数据集,使用元素性质参数(这些参数的表达式)作为坐标,在图谱中有明显标注[42-45]。这证明了基本的量子力学定律可以通过使用化学元素的属性进行参数化。合适的参数选择会生成相对简单的图谱,具有明确的稳定域,为实验中已知的无机物提供极好的参考。这些图谱能直观地提供预测未知化合物特征的可能性。

在 Pauling File 数据库-二进制版[7]中,可以使用 Constitution 浏览器得到优秀的二元体系相图概览。图 3.11 以周期表形式显示了 Mo-X 所有可用的二元相图。可以看出,这些体系表现出一定的规律性,如所有 Mo-s^1(s^1=H、Li、Na、K、Rb、Cs、Fr)体系都是非形成物,也就是说在该环境条件下没有形成真正的二元化合物。

图 3.12 显示了以 PN_A 和 PN_B 为坐标的广义 AET 矩阵形式的"无机材料概述—元素-性质参数图",其中 PN_A 和 PN_B 分别为化学元素 A 和 B 的周期数的初步近似,周期数从上到下,从左到右,逐列排列,贯穿周期系统(Li,1;Na,2;K,3;依此类推)[44]。图 3.12(a)是基于实验数据绘制的,而等效图 13.2(b)是模拟(或外推)数据,因此可以一目了然地估计出实验数据和模拟数据的一致性。

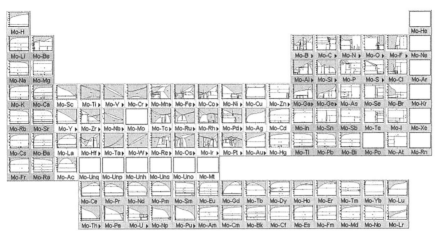

图 3.11　Pauling File 数据库在 Binaries Edition[7]中的构型浏览器示例，显示了含有 Mo 的二进制系统的相图

(注:彩色图片见附录。)

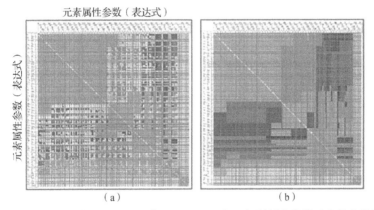

图 3.12　广义原子环境类型(AET)矩阵 PN_A 和 PN_B 与无机材料中化学元素的化学计量和数量无关。占据 AET 中心的元素在 y 轴上给出，坐标元素在 x 轴上给出。不同的颜色代表不同的 AET,灰色区域对应于非旧系统。实验测定数据的结果给出(a),模拟或外推数据(b)[44]

(注:彩色图片见附录。)

3.8.3　化学元素排序规则

1994 年,在发起 Pauling File 数据库项目之前,我们中的一位成员查阅了文献,重点研究了金属间化合物和合金的晶体结构因素[46],并提出了九条定量原则。其结论基于 Pearson 的第二版《金属间相晶体学数据手册》[36],该手册涵盖了约 28000 种金属间化合物和合金(包括少数氧化物)。20 年后的现在可以查阅 Pearson 的晶体数据[26],发布于 2013 年/2014 年,其中有超过 165000 种不同相的结构信息

（不仅包括金属间化合物，还包括氧化物、卤化物等），即实验数据几乎是 Pearson 手册中的 6 倍，因此我们进行了一项新的研究[45]。以下给出的大部分示例是基于 Pearson 晶体数据[26]，发布于 2016 年/2017 年，以下简称 PCD—2016/2017 的内容。

当化学元素结合形成固体化合物时，虽然它们的晶体结构是多样的，但是结合方式是成规律的。这项事实最突出的体现是晶体结构原型的存在，可以理解为大量化合物所采用的几何模板，如 PCD—2016/2017 中 1392 相采用的原型为 NaCl，cF8225（岩盐）。不同的化合物在同一种原型中的结晶要么在几何上相同，要么非常相似。从 1994 年开始的工作集中在 1000 个使用最多（populous）的原型及其代表上。PCD—2016/2017 中最常见的约 1000 个原型（至少 28 个相采用的 987 个原型）覆盖了所有条目的 70% 左右。图 3.13~图 3.16 所示的 4 个统计图定量地说明了定义原型中化学元素排序的核心原则。

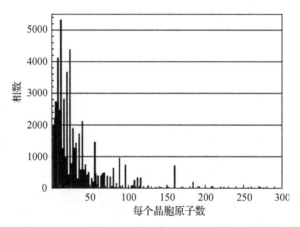

图 3.13　考虑到 PCD—2016/2017 中约 1000 个最常见原型的代表，相数与每个晶胞原子数的关系

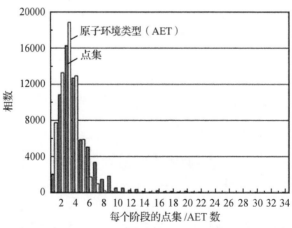

图 3.14　根据结构中不同 AET 的数量（右列）和点集的数量（左列）的相数，考虑了 PCD—2016/2017 中约 1000 个最常见原型的代表

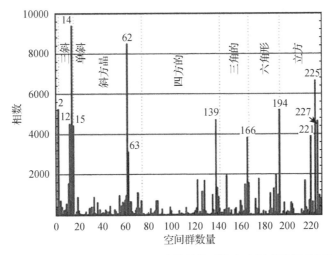

图 3.15 根据 PCD—2016/2017 中的晶体系统和空间群数量的相数

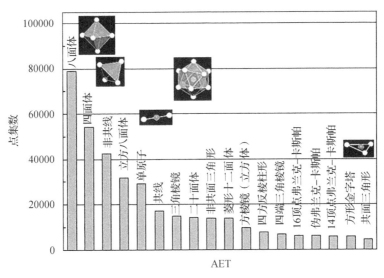

图 3.16 考虑到 18 个最常见的 AET 中约 1000 个最常见原型的代表，观察到的点集总数 PCD—2016/2017

1. 简化原则

图 3.13 显示，在大约 1000 个最常见的原型中，大多数相结晶时，每个晶胞的原子数少于 40 个，最大值为 12 个。这个原理在 1994 年[46]定义如下：绝大多数金属间化合物的每单位晶胞原子数少于 24 个。考虑到 Pauling File 数据库中定义的所有无机物(无 C—H 键)，每个晶胞的 24 个原子变成了 40 个；不过，最大的单位晶胞只有 10 个原子。此外，大多数晶体结构有三种或更少的原子环境

类型(单环境、双环境和三环境)。这个说法仍然得到支持,可以对每个原型的点集(原子位置)数量进行模拟观测。图 3.14 显示,在 1000 个最常见的原型(以及它们的代表)中,大多数有 6 种或更少的 AET,最少有 3 种 AET。每个原型的点集数量对于大多数相来说,也小于 6 种,每个原型最多 3 个点集。

2. 对称性原则

图 3.15 显示了 PCD—2016/2017 中约 165000 个相按空间组号的分布。对称性原则初步拟定为绝大多数金属间化合物和合金在以下 11 个空间群中结晶:12、62、63、139、166、191、194、216、221、225 和 227。将统计数据扩大到 Pauling File 数据库中所有无机化合物类别,还需要再增加一些空间群:2、14、15、123、129、136、140、148、164、167、176 和 229。从图 3.15 中可以看出,在每个晶体系统中,某些高度对称的空间群是首选。因此,在 230 个空间群中,10% 的空间群占 PCD—2016/2017 中 67% 的条目。

3. 原子环境原则

考虑到 PCD—2016/2017 中有约 1000 个最常见原型的代表,图 3.16 显示了 18 个最常见 AET 的频率图。1994 年,AE 原理指出:

金属间化合物中绝大多数原子(点集)的原子环境为以下 14 种 AET 中的一种或几种:四面体、八面体、立方体、三帽棱柱体、四帽三角形棱柱体、二十面体、立方八面体、二帽五角锥体、反立方八面体、伪弗兰克-卡斯帕(CN=13)、14 顶点弗兰克-卡斯帕、菱形十二面体、15 顶点弗兰克-卡斯帕和 16 顶点弗兰克-卡斯帕。

基于金属间化合物而提出的,某些 AET 是高度优选的说法,仍然是正确的,但如果考虑其他种类无机化合物,顺序就发生了变化,出现了低配位 AET:单原子(CN=1)、共线(CN=2)、非共线(CN=2)、共面三角形(CN=3)、非共面三角形(CN=3)和正方形反棱柱(CN=8),这些已经出现在主流 AET 中。在 Pauling File 数据库中区分的 100 种 AET 中,最常见的原型代表中能找到的 90% 的点集是以上 18 个(图 3.16)。我们可以得出这样的结论:自然界强烈地"偏爱"某些 AET,其中大部分是高度对称的。

4. 排序倾向原则

表 3.7 给出了 PCD—2016/2017 中约 1000 个最受欢迎的原型中结晶相的数量,表示了类型定义条目中的化学元素数量(行)与所有同型相中的化学元素数量(列)。沿着表 3.7 对角线的结晶相数量很高,其中化学元素的数量是相同的。与定义的条目相比,含有更多化学元素的相也观察到相对较高的数量。但是很少出现元素数低于类型定义条目的情况,部分原因是此处使用的结构类型定义区分了不同的排序变量(取代衍生物)。

表 3.7 比较 PCD—2016/2017 中不同阶段的数量,并比较了类型定义数据库条目(行)中的化学元素数量和所有代表(列)中的化学元素数量

(考虑了大约 1000 个最常见的原型)

元素数量/原型	相数根据化学元素的数量							条目总数	总相数
	1	2	3	4	5	6	>6		
1	**242**	1312	543	55	30	15	5	6797	2202
2	3	**6454**	9877	1798	298	65	54	62282	18549
3	0	65	**17410**	7980	2667	454	130	83143	28706
4	0	0	433	**5958**	2721	508	147	23197	9767
5	0	0	16	286	**1038**	385	104	4272	1829
6	0	0	0	47	78	**225**	118	1492	468
7	0	0	1	14	12	35	**205**	843	267

值得注意的是,在 PCD—2016/2017 中,约 1000 个最受欢迎的原型代表了 182026 个条目,但只有 61788 个不同的相。在这些条目中,有大约一半的条目没有混合位点。这意味着在一般结构中,化学元素的数量与结构原型的数量相同。其余数据库条目的结构确实含有混合位点。这样的数据库条目很可能是固溶体的一部分,在这种情况下并不是通常意义上的真正的不同相。例如,将化合物 ABC 中的化学元素 A 部分替换成与之密切相关的化学元素 A′,可能会生成一个四元代表(A, A′)BC,在 Pauling File 数据库中,它将被认为是一个独特的相。

上述系统模式导致以下四个原则表达的约束条件,概括了自然界对以下各项条件的偏好:

-简单性;

-特定的整体对称性;

-高局部对称性(对称的 AET);

-化学元素的排序(不同的化学元素占据不同的原子位置)。

由上述给出的实验观察结果可知,未知无机化合物的潜在原型数量减少到几百个最常见的结构原型,即约占实验已知结构原型的 1%~2%。图 3.17 为 PCD—2016/2017 中 100 个最常见结构原型的代表频率图。从相反的角度看,PCD—2016/2017 的 36080 个原型中,接近 80% 的代表数量少于 4 个。结构原型数量多的原因之一是优化结构越来越多地具有高度无序和低占有率的位点。例如,大多数离子导体、复杂矿物、沸石或氢化物的优化结构会代表不同的结构原型。

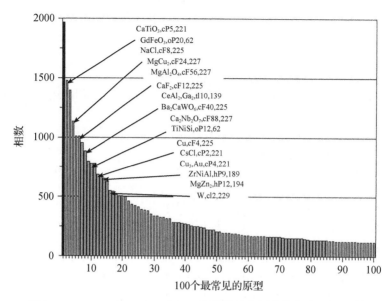

图 3.17 PCD—2016/2017 中 100 个最常见的原型的代表(阶段)数

3.9 经验教训

即使需要半个世纪的时间才能达到数据库可持续发展的临界规模,也值得重新审视启动思路,以获得对材料整体更全面的认识。作为对比案例,我们分别选取了 Pauling File 数据库和 VEMD 项目作为 BUA 和 TDA。以开发 Pauling File 数据库为例,以下介绍了克服材料的复杂性和多样性需要注意的几个关键点。

(1)明确界定目标材料的核心科学原理。至少需要有一个以数据知识为基础的整体框架,这使新添加数据的连续质量完善及逻辑演绎确认成为可能。几何群论:前面几节有详细介绍,需要明确将晶体学作为原理。其他难以通过演绎方式精练的数据,可以从汇编的数字数据生成点对点(ad hoc)整体框架进行归纳提炼。

(2)实施系统化、分级化的程序,以获得最高的数据质量——数字数据汇编,摆脱传统的"手工"行业方式。数字数据已作为数字制造业的产物产生。

(3)遵循企业对企业(B-to-B)的模式,签订版权合同,实行开放策略。

(4)为(1)和(2)保留足够的人力资源知识。

(5)最重要的是,通过晶体学定义的封闭空间来链接数据。为了减少归纳评估带来的不确定性,将所有数据都与演绎评估的数字数据相关联。相的识别符(id)与相图和内在性质等数据相关联。

这些都是整体框架形成的先决条件,整体应该大于各部分的总和。因此,整体成为一个观察由杂质、合金元素和具有复杂缺陷的材料多样性的窗口。

对于工程应用来说,还需要做更多的工作来衔接其他的整体框架,即材料属性、性能和功能方面的设计窗口,以及材料科学家和材料生产者创建的相应的整体框架。前一个设计窗口是作为从需求开始回溯的起点,后一个窗口最好是为材料科学家和生产者的总结而创建的。关于工程材料的基本设计窗口由 M. F. Ashby(20 世纪 80 年代)编制并系统化成一个数字系统,即 Cambridge Materials Selectors(CMS),用于所有工程材料,这些设计窗口作为一套"常识"被材料工程师共享(即使它不是精细的,但在材料开发初期也适用)。对材料选择问题进行特定的阐述,将每个问题解决成一组子问题,这些子问题可以应用上述准则。1995—1999 年开展的 VEMD 项目[4],旨在展示这种搭建和转换程序的范例,作为材料设计的新方法。因此,VEMD 项目是集数值模拟、知识信息处理、数据库和人机界面等基本技术于一体的原型项目。VEMD 项目的主要目标如下:

VEMD-1:根据数据和模型制作工程材料世界的数字拷贝。
VEMD-2:从副本中获取实用知识。
VEMD-3:创建设计方案,回答材料使用者的要求。
VEMD-4:按照设计方案,通过模拟和/或实验添加必要的数据。
VEMD-5:从材料使用者的角度评估设计的材料。

图 3.18 是 VEMD 项目的示意图[47]。

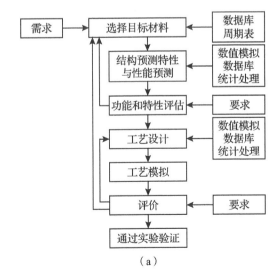

(a)

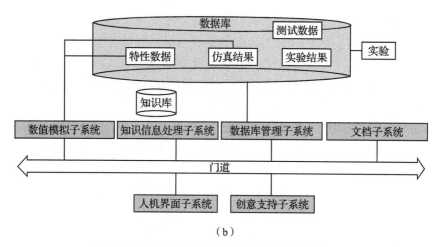

(b)

图3.18 VEMD项目的概述(a)和数据库结构(b)

(资料来源:Nishikawa 等在1997发表的成果[47],经 ASTM International 许可复制)

选取高温合金和电子材料作为设计目标。就前者而言,由于材料在开放空间中的时间、空间和温度依赖性特征,设计材料显得过于复杂和烦琐,设计策略被简化如下:

设计策略1:找出出现过的最有前景的范例。

设计策略2:按照 Robinson[48]的解决原则,对选定的范例进行分析,并将问题按内在性质和外在结构敏感性质分解成一组子问题。

设计策略3:按照 Masahiko[49]总结的处理复杂问题的方法,根据固体特性进行比较研究,发掘候选材料。

设计策略4:通过实验对候选材料进行评估。

对于每个设计策略,需要假设一个整体框架,这一框架不能忽略潜在的解决方案,可以用来调节工程系统性的开展材料设计的整体框架。由于对于电子材料,只用第一性原理计算的结果来选择电子器件的候选材料,因此主要使用态密度(DOS)和电子迁移率数据,而不考虑缺陷和加工数据。对于结构材料,设计方案由两部分组成:一是由计算和实验得出的固有特性组成的方案,二是关于结构敏感特性的方案,改写为由实验数据计算出的定性因果关系和/或统计相关性的组合。鉴于后一个结构敏感部分具有极其丰富的语义,由于在应力作用下缺陷的动力学特性与恶劣的热环境和化学环境密切相关,因此无法从现有数据中演绎和/或归纳出每个设计方案。这些数据不足以通过演绎和/或归纳得出设计方案。所以,VEMD 的设计方案是通过归纳得出的,换句话说,是预设的,专家应该基于自己的科研领域对预设的设计方案进行部分解释和完善。

VEMD 项目被认为是一个传统的材料研究导向项目——主要解释发生了什么以及为什么发生。这不是一个以任务驱动的"设计新材料"项目,而是要根据现有数据和模型重写预定的设计方案。因此,该项目的重点转移到撰写关于计算数据和模型的原创性科学论文上,而不是通过缩小实验获得的数据与材料使用者的要求之间的差距来开发材料。理想情况下,作为材料使用者的专家和系统设计者之间需要反复对话/沟通,以达成共同的设计方案,并且需要将计算的数据汇集到一套设计方案中。它们不应该只是选定程序的一组输出数字。第一性原理计算和基于原子间势的 MD 模拟所揭示的联系有望解释材料的原子微观尺度动力学,但与微观结构演化的实际动力学不同,计算结果只能用来解释特定的观测模型。即使利用 FEM 等成熟的模型,微观结构中细观模拟和宏观模拟的情况也应该是一致的。它们不是整体的,而是零散的,或者说只是部分的集合。每次都需要对计算参数进行仔细的调整,以弥补模型之间的差距,以及计算结果与实际数据之间的差距。在实践中,虚拟实验(VE)遵循真实实验规律,对实验数据做出一些解释,但没有给出相反的解释。简而言之,其中一位作者现在得出结论:VEMD 的任务不是设计新的材料,而是根据已建立的模型和大量的计算结果解释每个事实,将处理复杂的材料和描述他们的动态行为作为相互作用的数据和模型,这是一项充满挑战但可行的研究。

即使材料有复杂性,但上述说法对所有材料项目都或多或少地适用。目标和所得结果之间的不匹配通常可以用理论、模型、算法和/或计算能力的弱点解释,也可以用实验数据的不足/不准确解释。从历史上看,所有的项目都能正常进行,由于材料非常复杂,大量的原创论文基本上都获得了良好的评估基数。在"集体知识"环境下,新的吸引人的关键词被提出,现在是"大数据"和物联网,再加上第三次人工智能浪潮"从数据中深度学习"走向"工业 4.0"[50]。一台喷气式发动机由几百种不同材料制成的部件,一次飞行就会产生 500GB 的数据,而自动驾驶车辆可能会产生相同或更大数量的材料数据。不仅是 X 射线衍射仪这样的设备,几乎所有的工程产品和零部件都由众多传感器监测。这是物联网时代的特点,数据总量很容易达到 EB 量级(1EB = 1018B)。当下发生的数据信息会迅速共享。现在,即使每个人都觉得不可跨越的挑战仍然存在,但以数据为中心的科学和工程,让每个人相信改变终将发生。

如何缩小数据生产者和数据使用者之间的差距?这是一个重复多次的老问题,但数据生产者和使用者正在发生变化。数字设备和工程系统正以用户的身份加入制造企业、科学家/工程师和数据编辑等专业人士的行列。在这样一个数字数据时代,比起思考和花费大量时间在假设性的商业预测和规划有吸引力的产品上,快速将数字原型产品投入潜在客户手中似乎更现实。在这里,系统为进一步的数字处理做好准备变得至关重要。需要开启集体知识的状态,利用最少的可行产品。这应该是建立—测量—学习反馈循环的第一步,由 Pauling File 数据库这样的系统来认可,具有可追溯性的高质量数据。组织高质量的用户群体对提高集体知识的质量非常重要,甚至比研究任务驱动的数据项目(风险、气候变化)更重要。通过研究数据联盟(RDA)等活动,可以逐步建立共享数据的合作框架。侧重特定方法(中子截面、核磁共振、X射线衍射、光谱学、光纤技术等)的数据项目将作为物联网的范例进行组织,其输出预计将用于链接相关数据,如Pauling File数据库项目。围绕数据的商业模式将通过协调各种创新项目、所谓的复杂设计或研究人员探索新维度的倡议(如David Baker[51])而出现。关键点是将数据库、从头算和进化算法混合起来,就像人工生命一样。在混合云环境中利用Pauling File数据库数据创建一个晶体胚胎,并根据最终与材料需求相关联的多尺度模型的边界条件等从头算来驱动演化。填补热力学和量子力学之间的空白是一个很大的挑战,但这鼓励Pauling File数据库的客户使用相图来处理与时间、温度和压力相关的动力学,并对每个动力学现象提供智能化公式。由于最近图像处理的发展,微观结构演化的自组织可以成为现实。首先对记录的数据进行描述性分析,然后对其发生的原因进行诊断性分析。接下来的步骤包括对接下来会发生的事情进行预测性分析,并对"应该做什么"进行规定性分析。数据并不缺乏,但缺乏关于如何链接关键数据并进行数据聚类的智能和知识。为此需要强大的工具,并且可以在开始时利用各种学习方法对组成材料结构的稳定性进行评估,这些方法可以通过精化和重组Pauling File数据库项目开发的重要工具和数据来获得。然后建立一个数字生态系统,就像一种水稻苗圃,孕育出新的材料,所有的模型和数据都被归类和封装成一组活性剂。VEMD项目中使用的特定战术被认为是众多知识块中的一个,而Pauling File数据库项目中的许多经验可以作为数字生态系统的核心指导原则。

3.10 结论

开发新材料时必须考虑若干因素,而且必须通过快速获取过去100年全世界文献中发表的各种、经过严格评估的实验数据,建立起对无机物质的整体框架。Pauling File数据库项目于1993年启动,23年后,这个世界上最大的材料数据库包含了逾50万条无机晶体固体的数据库条目,汇总了超过160万篇科学出版物。通过将每个数据库条目链接到基于化学体系和晶体结构定义的不同相来实现三组不同数据(晶体结构、相图、物理性质)之间的联系。

几个例子表明,通过以适当的方式查看大量不同的数据,可以更好地了解无机物质及有效或潜在的材料。应用于Pauling File数据库的数据挖掘提供了整体框架的良好范例,表明整体大于部分之和。

参考文献

[1] Villars, P. (Editor-in-Chief) (2000). PAULING FILE. http://www.paulingfile.com/ (accessed 2018).

[2] Villars, P. (1985). J. Less-Common Met. 110: 11-25.

[3] Rodgers, J. and Villars, P. (eds.) (1993). Proceeding of the workshop on regularities, classification and prediction of advanced materials, Como, April 13-15, 1992. J. Alloys Compd. 197: 127-307.

[4] Nishikawa, N., Nihei, M., and Iwata, S. (2003). Lect. Notes Comput. Sci. 2858: 320-329.

[5] Villars, P., Berndt, M., Brandenburg, K. et al. (2004). J. Alloys Compd. 367: 293-297.

[6] Inorganic Material Database (AtomWork) (2002), National Institute for Materials Science (NIMS), Japan. http://www.crystdbnims.go.jp/index.

[7] Villars, P., Cenzual, K., Hulliger, F. et al. (2002). PAULING FILE - Binaries Edition, on CD-ROM. Materials Park, OH: ASM International.

[8] Villars, P. (Editor-in-Chief), Hulliger, F., Okamoto, H., and Cenzual, K. (Section Editors). SpringerMaterials, Inorganic Solid Phases. Heidelberg: Springer http://www.Springerlink/SpringerMaterials.

[9] Material Platform for Data Science, (2017). MPDS, Switzerland. https://www.mpds.io.

[10] Parthé, E. and Gelato, L. M. (1984). Acta Crystallogr., Sect. A 40: 169-183.

[11] Parthé, E. and Gelato, L. M. (1985). Acta Crystallogr., Sect. A 41: 142-151.

[12] Gelato, L. M. and Parthé, E. (1987). J. Appl. Crystallogr. 20: 139-143.

[13] Berndt, M. (1994). Development of the software COMPARE - directly comparable Crystal Data. Thesis. University of Bonn; updates by O. Shcherban, Scientific Consulting Company "Structure-Properties", Lviv.

[14] Brunner, G. O. and Schwarzenbach, D. (1971). Z. Kristallogr. 133: 127-133.

[15] Daams, J. L. C., van Vucht, I. H. N., and Villars, P. (1992). J. Alloys Compd. 182: 1-33.

[16] Daams, J. L. C. (1994). Atomic environments in some related intermetallic structure types. In: Intermetallic Compounds, Vol. 1: Principles (ed. J. H. Westbrook and R. L. Fleischer), 363-383. New York, NY: Wiley.

[17] Cenzual, K., Berndt, M., Brandenburg, K., et al. (2000). ESDD Software Package, copyright: Japan Science and Technology Corporation; updates by O. Shcherban, Scientific Consulting Company "Structure-Properties", Lviv.

[18] Hahn, T. (ed.) (1983 and more recent editions). International Tables for Crystallography, vol. A. Dordrecht: D. Reidel.

[19] De Wolff, P. P., Belov, N. V., Bertaut, E. F. et al. (1985). Acta Crystallogr., Sect. A

21: 278-280.

[20] Ewald, P. P. and Hermann, C. (eds.) (1931). Strukturbericht. Leipzig: Akad. Verlagsgesellschaft M. B. H.

[21] Pearson, W. B. (1967). Handbook of Lattice Spacings and Structure of Metals. New York, NY: Pergamon.

[22] Parthé, E., Gelato, L., Chabot, B. et al. (1993/1994). Gmelin handbook of inorganic and organometallic chemistry. In: TYPIX - Standardized Data and Crystal Chemical Characterization of Inorganic Structure Types vols. 4, 8e. Heidelberg: Springer.

[23] Parthé, E., Cenzual, K., and Gladyshevskii, R. (1993). J. Alloys Compd. 197: 291-301.

[24] LePage, Y. (1988). J. Appl. Crystallogr. 21: 983-984.

[25] Cenzual, K., Gelato, L. M., Penzo, M., and Parthé, E. (1991). Acta Crystallogr., Sect. B 47: 433-439.

[26] Villars, P. and Cenzual, K. (eds.) (2016). Pearson's Crystal Data: Crystal Structure Database for Inorganic Compounds. Materials Park, OH: ASM International, on DVD and on-line; http://www.asminternational.org/AsmEnterprise/PCD.

[27] Kripyakevich, P. I. (1977). Structure Types of Intermetallic Compounds. Moscow: Nauka (in Russian).

[28] GetData Graph Digitizer (2004). getdata-graph-digitizer.com (accessed 2016).

[29] Massalski, T. B. (Editor-in-Chief), Okamoto, H., Subramanian, P. R., and Kacprzak, L. (eds.) (1990). Binary Alloy Phase Diagrams, 2e. Materials Park, OH: ASM International.

[30] Petzow, G. and Effenberg, G. (Eds. of vols. 1-8) (1988-1995). Ternary Alloys: A Comprehensive Compendium of Evaluated Constitutional Data and Phase Diagrams, vols. 15. Weinheim: Wiley-VCH.

[31] Lide, D. R. (Editor-in-Chief) (1997-1998 and more recent editions). CRC Handbook of Chemistry and Physics. Boca Raton, FL: CRC Press Inc.

[32] Database of Zeolite Structures (2015), IZA Structure Commission. http://www.iza-structure.org/databases/ (accessed 2016).

[33] Strunz, H. and Nickel, E. H. (2001). Strunz Mineralogical Tables, 9e. Stuttgart: E. Schweizerbart' sche Verlagsbuchhandlung (Nägele u. Obermiller).

[34] IMA Database of Mineral Properties (2006). http://www.Rruff.info/ima/ (accessed 2016).

[35] Villars, P., Cenzual, K., and Gladyshevskii, R. (2016). Handbook of Inorganic Substances. Berlin: De Gruyter.

[36] Villars, P. and Calvert, L. D. (1991). Pearson's Handbook of Crystallographic Data for Intermetallic Phases, 2e, vol. 1-4. Materials Park, OH: ASM International.

[37] Villars, P. (Editor-in-Chief), Okamoto, H., and Cenzual, K. (Section Editors)

(2016). ASM Alloy Phase Diagram Database. Materials Park, OH: ASM International http://www.asminternational.org/AsmEnterprise/APD.

[38] ICDD (2016). PDF-4+. Newtown Square, PA: International Centre for Diffraction Data (ICDD).

[39] Villars, P. and Cenzual, K. (eds.) (2004–2012). Landolt-Börnstein, III-43. In: Crystal Structures of Inorganic Compounds, 11 vols., Daams, J., Gladyshevskii, R., Shcherban, O., Dubenskyy, V., Kuprysyuk, V., Savysyuk, I., and Zaremba, R. (Contributors to vol. 11). Heidelberg: Springer.

[40] MedeA (2008). Materials Design Inc. http://www.materialsdesign.com/ (accessed 2016).

[41] Villars, P., Cenzual, K., and Penzo, M. (2016). Inorganic Substances Bibliography. Berlin: De Gruyter (e-book).

[42] Villars, P., Cenzual, K., Daams, J. et al. (2004). J. Alloys Compd. 317–318: 167–175.

[43] Villars, P., Daams, J., Shikata, Y. et al. (2008). Chem. Met. Alloys 1: 1–23. http://www.chemetal-journal.org.

[44] Villars, P., Daams, J., Shikata, Y. et al. (2008). Chem. Met. Alloys 1: 210–226. http://www.chemetal-journal.org.

[45] Villars, P. and Iwata, S. (2013). Chem. Met. Alloys 6: 81–108. http://www.chemetal-journal.org.

[46] Villars, P. (1994). Factors governing crystal structures. In: Intermetallic Compounds, Principles and Practice, Vol. 1: Principles (ed. J.H. Westbrook and R.L. Fleischer), 227–275. New York, NY: Wiley.

[47] Nishikawa, N., Nagano, C., and Koike, H. (1997). Integration of virtual experiment technology for materials design. In: Computerization and Networking of Material Databases, ASTM STP 1311 (ed. S. Nishijima and S. Iwata), 21–27. West Conshohocken, PA: ASTM.

[48] Robinson, J.A. (1965). J. Assoc. Comput. Mach. 12 (1): 23–41.

[49] Masahiko, A. (2001). Towards a Comparative Institutional Analysis. Cambridge, MA: MIT Press.

[50] Plattform Industrie4.0 (2013), Bundesministerium für Wirtschaft und Energie & Bundesministerium für Bildung und Forschung; http://www.plattform-i40.de (accessed 2016).

[51] R.F. Service (2016). Science 353: 338–341.

第4章 从拓扑描述符到专家系统

4.1 引言

先进新材料开发的烦琐和昂贵是现代社会科学技术和工业领域的一个重大问题。计算机工具、软件、探索材料的新理论、新方法，以及数据库和数据交换系统在解决这些问题时发挥了重要作用，使新材料的研制更快捷、更便宜、更具方向性[1-3]。传统的材料科学的一种研发方法是通过进行一系列的实验来获得新材料，并检测其物理性质和结构特征，后续是确定表征物质的组成、结构和性能参数之间的相关性等。另一种研发方法是通过密度泛函理论（DFT）、分子动力学或蒙特卡罗方法（Monte Carlo methods）建立数学模型来研究构性关系[2,4-8]。这两种方法都很耗时，而且没有充分利用全部可用的（过往）实验信息。现今，还有一种方法是建立知识数据库和专家系统，这些数据库和系统是基于实验确定和/或模拟参数，以及它们之间的相关性构建的[9-11]。该方法的一个新趋势是发展晶体化学，特别是周期图[7-8,12]，其目的是填补实验和数学建模之间的空白。这些方法速度快，很容易贴合特定的任务，尽管它们的结果只是定性或半定量的。这些方法之所以引起人们的兴趣，是因为它们具有很大的潜力，特别是可以从二级结构单元（SBU）中构建预期拓扑结构的配位网络[13-18]。因此，拓扑方法为配位聚合物的设计提供了良好的基础，在过去15年中，配位聚合物的数量呈指数级增长。

配位聚合物的一种亚类，即金属-有机框架（MOF），拥有气体吸附和筛选、催化和传感等极有前景的性能，具有潜在的多孔结构。正是由于拓扑学的方法，才得以揭示 MOF 的许多"组成—结构—性能"的相关性[15,19]。随后成功地定向合成了大量的同构网状 MOF[15]，开启了实用晶体设计的时代。现代微孔化合物的发展趋势是，通过建模和大规模筛选所需性能，如气体吸收性、吸附焓和气体选择性等，以此来取代昂贵的实验筛选[20-25]。为了使实验人员和理论工作者有效地进行信息交流，需要建立已知微孔材料的结构和性能的数据库。

虽然 MOF 是拓扑方法在材料科学中应用最激动人心的例子，但不是唯一。在过去几年里，这些方法被成功地用于预测无机材料电解质中的离子电导率[26]

和分子晶体中的解离[27]，以及阐明复杂的金属间的结构[28]和描述沸石骨架的组装[29]。各种计算工具（ToposPro[30]、Gavrog[31]、RCSR[32]、Zeo++[33]）被开发出来，用于晶体结构的拓扑分析、分类和新周期性结构的设计。然而，对于具有高自由度和连接可能性的自组单元（SBU）组成的某些复杂化合物，本身存在大量可能的拓扑结构，使晶体设计仍然是一项艰巨的任务[34]。

本章综述了拓扑方法处理大量实验信息的研究现状、发展，拓扑-DFT组合方法的前景及其在晶体化学和材料科学中的应用。

4.2 开发知识数据库的拓扑工具

4.2.1 为什么重视拓扑结构

材料结构的微观信息是以晶体学数据为基础的，这些数据是从实验（X射线或中子衍射）、量子力学、分子动力学或蒙特卡罗模拟（Monte Carlo simulations）中获得的。最初，这些数据仅包含原子位置的信息，而不包含原子之间的连接信息。虽然拓扑方法足以计算许多物理性质，但不能反映全部晶体化学特征。特别是，任何"化学组成—晶体结构"的关系都应该考虑原子的配位数、连接的原子组（结构构建单元）、维数、连接方式和其他拓扑特性。

拓扑方法使研究人员能够根据原子间的连接，确定他对晶体结构的看法，以及晶体所具有的性质。这为我们提供了一条，从计算机出发，比传统可视化工具更深入、更广泛的分析晶体结构的途径。至少在两种主要情况下，拓扑方法可以发挥关键作用：①阐明难以通过视觉分析自洽的复杂结构；②筛选大型晶体学数据库，寻找新的关联性、规律性和一般规律。为了说明第一种情况，我们提到Samson怪兽，即单位晶胞中原子数超过1000个的金属间化合物（图4.1(a)）。在发现这种结构类型[35]之后，又发现至少有四种完全不同的结构模型[36-39]，其中没有一种囊括所有结构。拓扑"纳米团簇"算法（见4.2.4节）使我们不仅可以将这种结构表示为只有2个双层纳米团簇的组合（图4.1(b)、(c)），而且可以找到它与更简单的金属间化合物的关系[40]。

无论采用何种方法，通常应通过以下步骤使数据处理规范化：①任务定义；②根据任务进行数据采样或选择相关数据；③对不同来源的数据进行切分和/或合并；④对数据进行合理化处理并找到重要的描述符；⑤将数据转换为计算机可读格式，对数据进行校正（删除异常、重复记录、矛盾、缺失值和错误）；⑥使用数据挖掘方法获得新知识；⑦定义和优化结构预测模型；⑧应用新知识和模型。

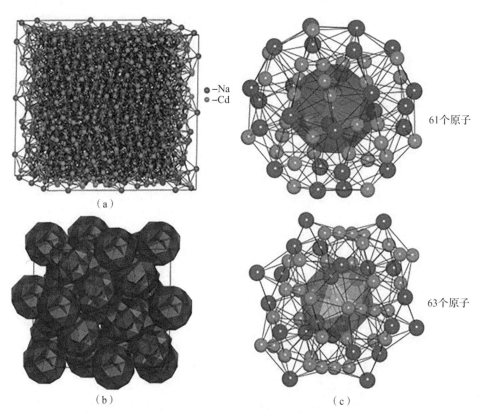

图 4.1 Samson 怪兽:$NaCd_2$ 的晶胞含量(a),纳米簇展示(b)和由 61 个和 63 个原子组成的两种类型的两壳纳米团簇(结构单元)(c)

由于主要信息源通常包含许多不准确、不一致的地方,甚至存在本身错误或来自印刷错误,因此在使用前需要对数据进行检查。步骤②中的数据采样需要客观的信息、正确的标准,而这些标准只有特定领域的专家才了解。例如,在以下情况下晶体学数据可以舍弃:①结构不完整(并非所有原子都被分配)或其组成错误(不符合化合物的化学式);②原子参数(体积、配位数、配位图、原子域形状、原子间距离、键角)不合适,即不在允许范围内。

这些是数据采样的一般标准,但根据步骤①的任务,还可以引入一些其他标准。拓扑信息是至关重要的,通常用来揭示具有不一致拓扑信息的错误结构数据(不正确的配位数或原子间接触)。

在步骤③中合并不同来源的数据会导致重复,必须在步骤⑤中排除重复。搜索重复数据需要可以用于对比晶体结构的描述符。

在步骤④中开发一组合适的描述符对后续所有步骤至关重要,这些描述符将构成所需系统的知识数据库。每个描述符都应该充分(在给定精度水平上可以接受)反映某些结构属性,并且应该根据计算机的分析结果进行调整。

初始数据通常以一种用户友好的方式来表示。在步骤⑤中,应将它们转化为适合机器加工的形式。例如,如果使用"瓷砖"的概念,将空腔和孔道定义为瓷砖及瓷砖表面,将多孔结构合理化。

这里将在 4.2.4 节中讨论步骤⑥。最后两个步骤使用的是步骤⑥中得到的分析结果,并且在很大程度上结果受学科领域影响,因此我们在这里不考虑它们。

4.2.2 拓扑描述符与其他晶体结构描述符的比较

为了运用已知数据,需要设置一组描述符,主要有两个原因:①描述符有助于人们为特定的样品构建一个通用的分类方案和层次系统;②描述符值可以用来表示化学和物理性质之间的关系。例如,至少有七种方法用不同的描述符集来评估晶体结构中孔隙的几何形状[8,41-51],并能预测特定形状和尺寸的晶体的吸附能力。

晶体结构的描述符可以分为两组,分别描述结构和物理性质。第一组描述材料的化学组分、结构对称性、几何信息和拓扑信息。所有的结构描述符基本上都是相互关联的,例如,要按照国际纯化学与应用化学联合会(The International Union of Pure and Applied Chemistry,IUPAC)的命名法来表示化合物,元素组成应通过几何和拓扑信息来区分同分异构体、几何异构体或光学异构体。

第二组描述物理性质,其呈现的种类繁多,如气体吸收、带隙、磁化率、发射波长、吉布斯自由能、消光系数、偏振性等,这些描述符本质上与结构性质相关。例如,圆二色性是由材料的手性对称性(没有旋转轴)决定的。MOF 的结构转变、吸附行为和晶体结构的稳定性之间存在相关性[52]。此外,带隙宽度值对于化学传感器来说非常重要;反过来,这个值又可以与中心原子的化学类型[53-54]、配体组成[55-56]和结构拓扑[57-58]等结构参数相关。此外,电子密度分布和静电势图对吸附参数也有影响[59]。此外,我们主要考虑结构描述符,因为它们之间的相关性被研究得最多;它们与物理性质的相关性正在建立,很少被提及。

几何结构描述符(原子位置和占位、晶胞尺寸、空间群等)从 X 射线分析开始就被使用,因为它们是通过实验测量范围(X 射线或中子束反射的强度)进行傅里叶变换而得到的。拓扑描述符是更深层次研究的工具,因为它们是从几何参数中派生出来的。通常晶体结构的拓扑信息在其组织的四个层次上呈现[60-62]:①原子的配位特性;②结构单元的拓扑及其配位;③整体结构拓扑基团;④原子网络的缠结。

表 4.1 中列出了已经用于结构特征和现象合理化的拓扑描述符,且仅从晶

体结构的角度对这些描述符进行了简要解释,读者可以在文献[63-71]中找到更详细和更严谨的定义。

与几何描述符相比,拓扑描述符具有明显的优势:①它们反映的结构关系不受对称性畸变和化学组分的影响(等网系列、修饰-未修饰关系)[67-68];②它们可以描述缠结基团(互穿、多聚簇合、多线程)[72];③结构单元(分子、配体、团簇、片材、低周期子结构)可以根据严格的拓扑标准进行选择[69,73];④它们可与其他描述符结合,例如,与几何描述符结合来描述固体电解质中的通道系统[26,74],或在电子密度的 Bader 分析中与电子描述符结合来描述[75-77]。

4.2.3 拓扑数据库与晶体学数据库的比较

结构描述符的数值需要存入数据库,以便进行有效的检索和搜索相关性。通常,这类数据库具有独特的二进制格式(CSD 或 ICSD 等晶体学数据库、ToposPro 拓扑集合等)或文本格式(CIF 文件、RCSR 或 EPINET 数据库)。

表4.1 结构拓扑描述符

描述符	结构类似物	应用于晶体结构
节点(node)或顶点(vertex)	原子,结构群的中心	描述网状
边缘(edge)	原子间相互作用,结构基团之间的联系	描述网状
净值(net)	结构体系之间的群体和联系	描述整体连接
连接环(ring)	环状连接结构群	描述孔道缠绕
贴砖(tile)	在顶点具有原子的空多面体	孔洞和空腔
协调数或度(coordination number or degree)	特定连接的结构组数	描述局部连接
协调顺序(coordination mode)	配体或其他结构基团的配位类型	描述局部连接
壳图(shell graph)	有限区域内结构组的连接方法	描述局部和整体连接
Hopf 和扩展环网(Hopf and extended ring net)	缠绕结构组的方法	描述缠绕

剑桥晶体学数据库(CSD)是第一个晶体学数据库,始于1965年,是"一个基于计算机的文件,包含了从文献中提取的书目信息和数值数据,以及通过衍射方法获得的与分子晶体结构相关的信息"[78]。它包含了所有已发表的有机化合物、金属-有机化合物和有机金属化合物的晶体结构信息;2015年,条目数超过80万条。自20世纪90年代以来,剑桥晶体学数据中心一直致力于将 CSD 转化为分析和预测晶体状态下分子几何构型和堆积的知识数据库[79-83]。

CSD 使用了一组分子描述符。首先,这些描述符是标准的晶体化学参数,如原子间距离、键合、平面、扭转角、键型等。对于相邻分子间相互作用的预测,则应用原子描述符(范德瓦耳斯半径、原子的供体-受体性质)。其在数据分析模块中实现了对分子描述符及其相关性的统计处理。通过对整个 CSD 的分析,开发出了分子几何学知识数据库 Mogul。Mogul 提供了快速访问键长、键角、无环扭转角的优选值及孤立环系统几何构型的信息。

另一组用来预测分子晶体多晶型的描述符,其基础是参与氢键的官能团的数量和类型的信息。这组参数包括供体或受体官能团类型的定性参数,以及竞争函数和立体密度函数等定量参数。通过对 CSD 中相关结构的统计分析,在程序 IsoStar 中计算出氢键的形成概率。

无机晶体结构数据库(ICSD) 由 FIZ Karlsruhe[84-85]创建,提供了约 185000 个无机晶体结构的晶体学数据。

Pearson's 晶体数据库(PCD) 是由荷兰 ASM 国际[86]出版、Pierre Villars 和 Karin Cenzual[87]编辑的无机化合物晶体学数据库。基于 Pauling File 数据库[88],发展并存储了 274000 多种无机材料晶体结构的信息。每个条目都链接到外部资源,如 ASM 国际合金相图中心(在线)、Springer Materials、Pauling File 多元数据库和原始出版物。

粉末衍射文件(PDF) 由国际衍射数据中心支持,侧重收集粉末图样[89]。但最近的 PDF 版本(PDF4)包括了超过 30 万个无机晶体结构和矿物,以及近万个有机化合物的原子坐标信息。

晶体学开放数据库(COD) 是一个开放存取的有机化合物、无机化合物、金属-有机化合物和矿物晶体结构的集合,不包括生物聚合物[90]。该数据库有 36 万多个条目。

蛋白质数据库(PDB) 包含 121654 个生物大分子结构(核酸和蛋白质)的晶体学信息[91-93]。除 CSD 外,其他晶体学存储库都不包含拓扑或其他特殊结构描述符、描述符之间的相关性。目前它们主要作为电子手册,而不是材料设计的晶体结构预测工具。

下一组数据库可称为拓扑数据库,它们收集了从晶体学数据库中派生出来的拓扑描述符。

网状化学结构资源(RCSR) 包含了两周期和三周期原子排布的最高对称性嵌入,以及一些在晶体化学中最常见的多面体[32,94]。三维原子排布对晶体设计或周期图和平铺理论都很有意义。除了晶体数据外,RCSR 中的每条记录都带有拓扑指数,如点和顶点符号、配位序[68],或平铺面符号[95]。

沸石结构数据库 包含国际沸石协会结构委员会批准的沸石骨架类型的结构

信息[96]。它包括每种骨架类型的多种几何、拓扑描述符及构建模型。

拓扑集合(TTC)用于周期性原子排布和各种有限结构单元的拓扑分析和分类[30,71,97]。TTC 有助于解决晶体设计的以下问题:①确定原子网络整体拓扑的类型;②确定纳米团簇、多核络合基团、分子、配体或多面体沸石笼的拓扑类型;③找到所有晶体结构的实例,观察给定的拓扑类型;④建立拓扑基团在出现时的分布;⑤找到不同拓扑类型之间的关系,甚至哪些拓扑类型可以相互转换;⑥获得配位化合物中配体、分子晶体中分子或金属间化合物中纳米簇的连接类型信息。目前组成 TTC 的有以下几个集合。

原子拓扑类型(TTA)集合存储了 35 个基于 Voronoi 多面体的描述符的值[98],来自 50 多万个晶体结构中 100 多万个独立原子。

拓扑数据库(TTD)集合是最大的拓扑类型数据库,用于假设或观察原子排布以及有限图。目前包含 11 个每年更新的数据库,存储了 14 万多个图形和网络。TTD 集合用于自动将晶体结构分配给拓扑类型[71,99]。

可观测的拓扑类型(TTO)集合将 TTD 中收集的抽象网络和图形的拓扑类型与观察到的晶体结构实例进行匹配。TTO 集合包含原子排布周期性、互穿度、拓扑类型和结构表示类型等描述符。它由 14 个数据库组成,存储了 170 多万种无机化合物、有机化合物和金属-有机化合物的信息。

拓扑类型关系(TTR)集合以 TTO 集合为基础,列出了晶体结构中实现从一个原子排布到另一个原子排布的所有转换方式[15-73]。

拓扑类型配体 (TTL)集合是储存了超过 16 万个配体及其在单核、多核和聚合配位化合物中的配位方式。

分子的拓扑类型(TTM)集合收录了 30.7 万多个分子的尺寸、外形和在晶体中的连接类型的数据[100-101]。

纳米团簇的拓扑类型(TTN)集合存储了 2000 多种多壳纳米团簇在金属间化合物中的化学组成、拓扑结构和连接方法等数据[28]。

拓扑学方法的发展导致数据库的出现,这些数据库被认为是融合晶体学和拓扑学的数据库。它们既包含原子位置的信息,而不仅仅是抽象的节点,也包含它们在整个结构中的连接。我们在此考虑两组这样的数据库。

(1)可计算结构数据库。这些数据库在最近才出现在微孔结构领域[8]。它们之所以可计算,是因为它们收集了来自真实结构的骨架,但没有骨架外的溶剂和堆积类型分子。这些框架可用于设计新型吸附材料,作为数学建模的对象。

①Goldsmith 从 CSD 中提取的实验 MOF 数据库[20],包含了约 22700 种有序 MOF 的结构信息和孔隙率、表面积等数据。作者利用它筛选储氢材料。

②Chung 开发的计算 MOF 数据库[21]。该数据库包含约 4700 种 MOF 结构,

其构建方式与 Goldsmith 数据库类似,不过具有更严格的选择标准。根据孔隙的最大尺寸和通道的最小尺寸,将结构系统化。它利用该数据库研究了 MOF 对甲烷的吸附能力。

③两个纳米多孔材料的开放数据库 ZEOMICS[24] 和 MOFOMICS[25] 被开发出来[22-23]。这两个数据库开发用简单的几何形状(球体和圆柱体)模拟多孔结构的通道和笼。MOFOMICS 数据库包含 MOF 中 251 种真实的形状的参数,而 ZEOMICS 数据库存储 248 种已知沸石的信息。

(2)假想结构数据库。除了实验晶体结构的数据库外,假想晶体结构集合的开发同样重要。如果说前一个数据库向我们展示了自然界偏好结构,那么后一个数据库则包括那些从未出现的结构。这样的结构既可以成为合成的目标,也可以作为挑战,并理解它们难以实际合成的原因,这个问题的重要性不亚于为什么了解其他结构是稳定的。这类数据库大多是最近才建立的,都专门研究微孔材料[8]。

①关于假想沸石的数据库包含约 200 万种结构信息[102-106]。

②Wilmer 与人合作开发的首个假想 MOF 数据库存储了 137953 个条目[107-108]。它们的结构是由一组 120 个基团构成的。该枚举仅限于一种类型的节点和两种类型的连接体。

③类沸石咪唑酸锌骨架数据库[109]是通过将硅原子替换为锌,将氧原子替换为咪唑酸盐片段,从 30 万种假想的沸石结构中获得的。

④MOFOMICS 数据库包含了 1424 种假想 MOF 数据库中的孔隙大小信息[25]。

⑤有人使用类似 Wilmer 的算法[107-108],创建 324500 个假想的非互穿几何优化 MOF 结构数据库[110]。作者首先生成了约 1800 个无功能基结构,然后用一个或两个官能团取代 H 原子的位置,得到 324500 种 MOF 结构。在未官能化的 MOF 中共组合了 66 个构型单元,在官能化中用到 19 个官能团。

⑥假想碳同素异形体数据库(samara carbon allotrope database,SACADA)[111],是碳多晶态及相关材料的拓扑和物理性质手册。该数据库包含 600 多种假想碳同素异形体的信息,其中 280 种具有独特的拓扑结构。

⑦值得注意的是 EPINET 项目,该项目探索了二维双曲平铺是三维欧氏空间中晶体网络的来源[112]。这是案例引人注目,原子排布用一种抽象的方法生成,它们自然存在的结构不同。

如我们所见,MOF 本质上促进了拓扑数据库的发展。可以想象,这种影响会持续存在。大多数对微孔框架的研究都致力吸附、分离和储存重要气体的新材料:H_2[113-114]、CH_4[107-108, 115-116]、CO_2[109-112] 和惰性气体[113-114]。在这些研究中,材料的特性是通过多孔结构的几何参数(体积、尺寸、面积)、主客体相互作用的能量参数或吸附过程的大正则蒙特卡罗模拟来评估的。然而,现有的参数和方法不足以对分子吸附进行全面分析和有效预测。不仅需要新的描述符(几何的、拓扑的、能量的和组合的),还需要开发新的方法来寻找吸附特性与主客体分子参数之间的相关性,从而解释吸附过程的特点。因此,越来越多的物理性质数据将被纳入现有的数据库中,把重点放在结构-物理组合描述符上,创建新的数据库。例如,筛选传感器用微孔材料需要将带状结构的信息纳入数据库。

4.2.4 晶体学数据中拓扑知识的提取

1. 拓扑分析算法

拓扑方法之所以有用,不仅是因为它们允许人们用严格定义的描述符来正式表达晶体结构,而且是因为它们提供了从晶体数据中获得新知识的严格算法。例如,所有表示配位聚合物或 MOF 的晶体结构都可以用基网,即基团排布方式来描述。相应的算法是在程序包 ToposPro 中实现的[30]:它们首先将结构表示为周期图,其节点和边对应原子和原子间相互作用[73](图 4.2)。如果用户选择标准的表示算法,下一步程序将指定金属和配位体作为结构单元,并将它们挤压到质心。删除 0-坐标节点、1-坐标节点、2-坐标节点后,用户得到反映结构单元的连接整体母题(motif)的基网。

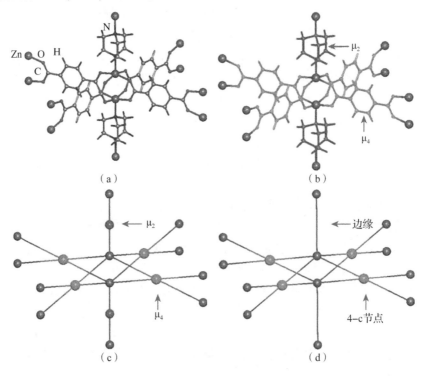

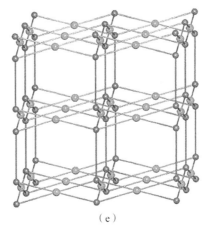

(e)

图 4.2 标准表示法中基本网络构造和分类的步骤:(a)[$Zn_2(\mu_4\text{-bdc})2(\mu_2\text{-dabco})$](bdc:1,4-苯二甲酸阴离子;dabco:1,4-二氮杂二环(2.2.2)辛烷)原子间键合(资料来源:Kim 等在 2009 年发表的成果[117],经 John Wiley and Sons 许可复制);(b)配体被选为结构单元(以绿色和洋红色突出显示);(c)选定的结构单元(配体)被简化到它们的中心(绿色和洋红色的球);(d)2 个坐标节点替换为边;(e)生成的基层网属于拓扑类型 xah(请参阅根据计算的拓扑指数得出的三个字母的命名法;TS 为总点符号,CS 为坐标序列,ES 为扩展点符号,VS 为顶点符号,sqc320 为 EPINET 数据库中网络的第二个名称,ID 为数据库中的标识键。资料来源:O'Kee Offe 等在 2008 年发表的成果[32],经美国化学学会许可复制)

(注:彩色图片见附录。)

另一种选择配位聚合物结构单元的方法是采用团簇表示算法,该算法以穿过初始结构网边缘的最短环的长度为标准,将所有原子间相互作用划分为簇内和簇间(图 4.3)。

在这种情况下,该程序选择结构单元时,不考虑化学成分,只依据拓扑判判。因此,不同结构的拓扑基团可以分为不同的拓扑类型,这些拓扑类型由一组拓扑指数来明确表征(图 4.2 和图 4.3)。通过这种方式,我们分析了各种类型的晶体结构:无机[118]、有机[119]、金属-有机[73]和金属间化合物[120]。晶体的结构和性能不同,会调用的拓扑算法也不同,这些算法应用到 ToposPro 中如下:

(1)确定不同类型原子间相互作用和建立晶体网络邻接矩阵的算法[121-122]。它是专家系统的一个例子,因为它模仿了晶体化学家分析原子间键合的思维方式。所得出的结论依赖一系列的化学、几何和拓扑参数的知识。

(2)建立固体电解质和阴极材料中流动阳离子迁移路径的算法。该算法基于所有框架(非移动)原子的 Voronoi 多面体的顶点和边的排布:顶点和边对应空隙中心和空隙间的通道线[74]。应用附加的几何和物理描述符,如原子间距离、离子半径或迁移能量,可以找到与实验吻合度很高的预期快离子(固体电解质)材料[26,123]。

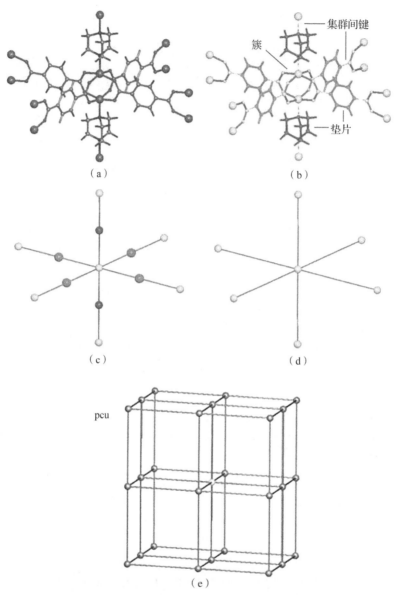

图4.3 集群表示中底层网络构建和分类的步骤;(a)[$Zn_2(\mu_4\text{-}bdc)2(\mu_2\text{-}dabco)$]原子间键合(资料来源:Kim等在2009发表的成果[117],经John Wiley and Sons许可复制);(b)dabco、苯环和paddle-wheels被选为结构单元(分别以洋红色、绿色和黄色突出显示);(c)选定的结构单元(簇)被简化到它们的中心(洋红色、绿色和黄色球);(d)2个坐标节点替换为边;(e)由此产生的底层网络属于拓扑,输入pcu

(注:彩色图片见附录。)

(3)"纳米团簇"算法,将晶体结构表示为洋葱状多壳纳米团簇的集合[40,64,120]。结构单元也要由研究人员自主选择,而后从初始网络的构建到将其表示为纳米团簇的基网都是完全自动化的。

(4)为原子排布构建自然平铺算法。自然平铺是由最小的孔洞组成的,是由最小的环(窗)按照严格的拓扑标准构建而成[69]的。任何更大的孔洞都可以通过由 tiles 框架组装成一个 LEGO 图形。

(5)自动分离多核配位团簇的算法,对筛选磁性分子的晶体学数据库具有重要意义[124-126]。

2. 描述符分布图的构建

为了找到结构描述符之间的相关性,首先应该建立它们的分布。即使是简单的事件分析,也能提供用于新型化合物设计的重要信息。例如,在计划合成新的配位化合物,包括聚合物和 MOF 时,首先应该选择合适的结构单元(金属和配体)。利用 TTA 集合可以发现,配位化合物中最常见的金属是 Cu 和 Fe(图 4.4)。为了说明更复杂的关系,下面我们只考虑不含其他金属原子的铜化合物。

考虑到金属原子最近的环境,可以发现络合原子 Cu 更喜欢配位数 4、5 或 6(图 4.5),主要连接到 O 和/或 N 供体的原子(图 4.6)。

由于从对原子间距离的分析可以得到更详细的关联信息。因此,根据周围原子的氧化态和种类,Cu 配位中心形成三个主要的价位接触组,范围为 $1.8 \sim 2.2 \text{Å}$、$2.2 \sim 2.5 \text{Å}$ 和 $2.5 \sim 3.0 \text{Å}$(图 4.7)。在 $2.3 \sim 3.0 \text{Å}$ 的范围内 Jahn-Teller 畸变明显,而距离超过 3.3Å 可归因于范德瓦耳斯力相互作用。晶体化学家的常规分析包括与化学组分、几何和拓扑性质相关的所有类型的结构描述符。

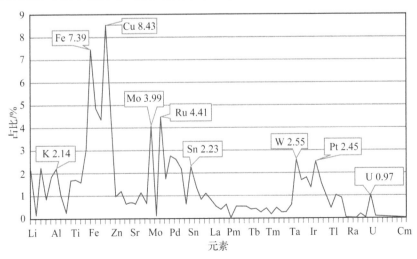

图 4.4 72012 个金属配位中心分布

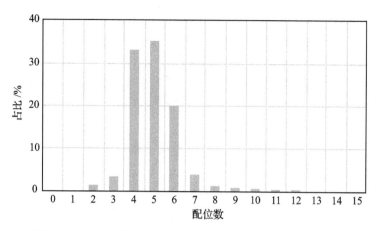

图 4.5 73278 个铜原子在 44278 个含铜结构中的配位数分布

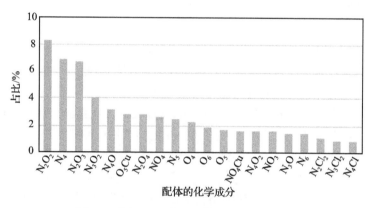

图 4.6 铜原子配位多面体的化学组成分布

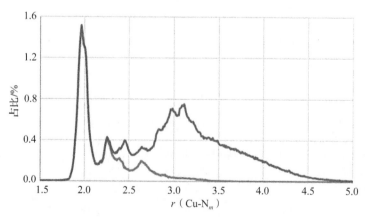

图 4.7 铜原子和非金属原子 $r(\text{Cu-N}_m)$ 之间的距离分布,它们在 Voronoi 多面体中形成铜原子的面(蓝色线)或仅存在价态接触的 Cu-N_m(橙色线),两条曲线在短距离处重合

此外,可以选择和分析结构单元。例如,最常见的配位体案例可见铜配位化合物在配体(CML)组成上的分布(图4.8)。注意,在大多数情况下,氧配位对应水或羟基。这是不完整的晶体学数据的结果:在许多情况下,X射线实验中没有分配氢原子。

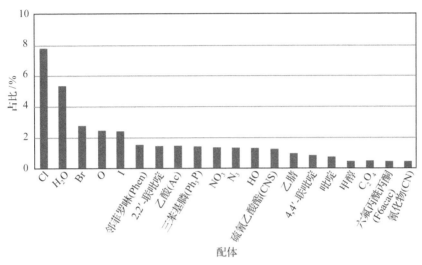

图4.8 铜配合物中最丰富的配体的分布,氧、氢氧和水配体在结构上无法区分,其中H原子未被确定:邻菲罗啉(phen,1,10-苯并芘);2,2'-联吡啶(2,2'-bipy);ac,CH_3COO^-,Ph_3P((C_6H_5)$_3P$);4,4'-联吡啶(4,4'-bipy);吡啶(py);六氟乙酰丙酮(F6acac)

配体最丰富的配位方式是在末端M1(单齿状)和B01(双齿状螯合物)(图4.9,配位方式的命名见文献[127]配位)。这是由配体的齿合度(供体原子数)、几何结构(例如,2,2-双吡啶基的B01模式)和金属/配体比决定的。这两种条件都会导致分子配位化合物的大量出现。因此,对于多齿配体来说,末端类似模式(T001或K0001)的出现率也很高,这是分子配位化合物的特点。

从整体拓扑的分布中,可以提取结构周期性和拓扑类型的信息。含铜配位基团的周期性分布(图4.10)表明0D分子最多,链式(1D)聚合物占据第二位,而2D聚合物和3D聚合物分布较少。

在拓扑类型上的分布显示出众所周知的规律,这在之前的配位网络中已经发现[19,60,73]:只有少数拓扑类型是丰富多样的(表4.2)。

关于配位网络相互渗透程度的数据也可以归纳成一个分布图(图4.11),其中大部分三维复合物仅由一个框架组成(1917),而相互渗透的结构较少见(446)。最普遍的相互渗透程度(互穿基团数)Z为2(273),随着Z的增加,结构数量急剧减少。

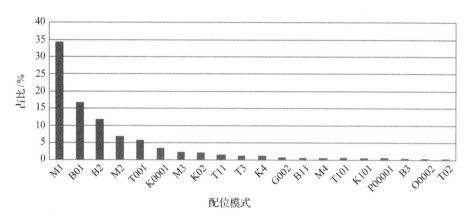

图 4.9 在最广泛的配位模式下配体的分布

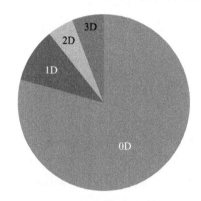

图 4.10 含铜配位基团的周期性分布

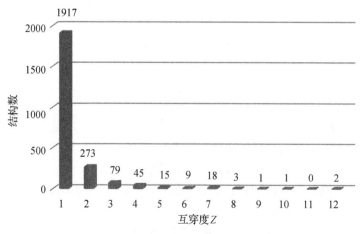

图 4.11 含铜配位化合物的 3D 配位网络在互穿度 Z 上的分布

表 4.2　丰富多样的标准化拓扑类型及其 42206 个铜化合物出现的占比

0D	ω/%	1D	ω/%	2D	ω/%	3D	ω/%
1,2M3-1	27.57	2C1	54.88	**sql**	30.02	**dia**	6.43
1,3M4-1	15.27	2,4C4	12.33	**hcb**	23.93	4,6T4	3.83
1,4M5-1	10.14	2,2,3C6	5.38	**fes**	6.87	**cds**	2.65
1M2-1	7.35	2,2,5C3	4.14	**bey**	4.32	**srs**	2.55
1,2,3M6-1	5.61	SP1-p.n.(4,4)(0,2)	3.77	4,4L1	4.23	**xah**	2.19
2M4-1	3.82	2,2,4C4	2.20	**bex**	2.68	4,8T24	2.14
1,2,4M8-3	3.52	2,2,3C4	2.10	3,4L124	1.90	**ths**	2.04
1,2,2M5-1	2.96	2,3,5C3	1.05	4,4L47	1.34	**qzd**	1.89
1,2,3M7-2	2.65	SP1-p.n.(4,4)(2,2)	0.60	3,5L2	1.12	**pts**	1.79
1,2,5M8-2	2.47	2,3,4C2	0.51	**kgm**	0.86	4,12T1	1.68
其他 996	18.64	其他 285	13.05	其他 299	22.72	其他 715	72.79

3. 描述符相关性的挖掘

对描述符相关性的挖掘,更有效的方法是利用数据库来寻找金属/配位参数与网络拓扑结构之间的相关性。为此,应将所选样本的数据合并到一个数据库中,并使用专用工具自动提取整个列表的相关性[61]。这些相关性将作为一组由数值提供的规则存储在知识数据库中,用于评估其稳健性。

要分析的相关性数量 N 仅仅取决于描述符的数量 n:$N=n!$,通常不需要考虑所有相关性,而只要考虑最显著的相关性。例如,对于 Cu-MOF 来说,考虑三组性质很重要:配体配位模式(CML)、配位公式(CF)和标准表示中的基网(UNSR)。描述符的每个序列都与特定的化学任务有关(表 4.3)。

表 4.3　CML、CF 和 UNSR 中的基础网络拓扑以及 Cu-MOF 的
相应化学需求之间的所有可能关联

组合	化学需求
CML-CF-UNSR	选定的结构单元与特定类型的配位对应的整体拓扑结构是什么?
UNSR-CF-CML	哪些结构单元对应于特定的整体拓扑结构,为其协调的特定类型而构建的?
CF-CML-UNSR	什么样的整体拓扑结构对应特定结构单元?
UNSR-CML-CF	什么类型的配体-金属配位对应特定的整体拓扑结构,具有特定的结构单元?
CML-UNSR-CF	什么类型的配位金属与特定的结构单元相对应,形成了具有特定整体拓扑结构的配位组?
CF-UNSR-CML	结构单元如何协调,从而形成某种类型的整体原子排布拓扑结构?

例如,表4.4中显示了两周期和三周期含铜配位基团的 CML-UNSR-CF 的相关性。使用这些数据可以确定一个特定 CML 的全局拓扑模态的谱图。因此,如果我们只用 CML='B^2' 的桥联配位体来合成含铜化合物,得到 sql 基网的质量分数超过 50%。全局拓扑结构 hcb、dia、qzd、cds、pcu 实现的质量分数更低,为 2.8%~10.7%。终端配体的数量不受限制,因为它们不直接影响网络的连通性,所以配位公式 AB_2^2、$AB_2^2M^1$、$AB_2^2M_2^1$ 可以实现 sql 底层拓扑结构。

我们使用以 B^2 和 M^2 桥联的配位体生成 hcb 拓扑类型的可能性最大。因此,可以在知识数据库中存储以下规则。

表4.4 4196个两周期或三周期含铜配位化合物的 CML-UNSR-CF 关系

CML	N	占比 $\omega/\%$	UNSR	N	占比 $\omega/\%$	CF	N	占比 $\omega/\%$
B^2	909	21.7	sql	469	51.6	AB_2^2	192	40.9
						$AB_2^2M_2^1$	144	30.7
						$AB_2^2M^1$	93	19.8
			hcb	97	10.7	$A_2B_3^2$	30	30.9
						AB_2^2	21	21.6
			dia	90	9.9	AB_2^2	71	78.9
			qzd	36	4.0	AB_2^2	35	97.2
			cds	36	4.0	AB_2^2	25	69.4
			pcu	25	2.8	AB_3^2	21	84.0
B^2 和 M^2	208	5.0	hcb	129	62.0	AB^2M^2	97	75.2
			sql	37	17.8	AB^2M^2	25	67.6
K^4	263	6.3	4,4L1	87	33.1	AK^4M^1	80	92.0
			pts	25	9.5	AK^4	21	84.0
B^2 和 M^3	141	3.4	bey	63	44.7	$A_2M_2^3B^2$	63	100
			3,4L124	36	25.5	$A_2M_2^3B^2$	36	100
B^2 和 K^4	176	4.2	xah	39	22.2	$A_2K_2^4B^2$	39	100
			4,5T4	24	13.6	$A_2K_2^4B^2$	24	100
G^6	103	2.5	4,6T4	62	60.2	$A_3G_2^6$	39	62.9
						$A_3G_2^6 * M_3^1$	22	35.5
			4,6T119	22	21.4	$A_3G_2^6 * M_3^1$	21	95.5
O^8	96	2.3	4,8T24	36	37.5	$A_2O^8M_2^1$	33	91.7
K^{21}	87	2.1	hcb	34	39.1	$AK^{21}M^1$	24	70.6

规则 I:IF(Me='Cu')AND(Number_of_sorts(Me)=1)AND(CML='B^2')THEN UNSR IN(sql WITH P = 51.6%,hcb WITH P = 10.7%,dia WITH

P = 9.9%, qzd WITH P = 4.0%, cds WITH P = 4.0%, pcu WITH P = 2.8%)。

规则Ⅱ:IF(Me = ' Cu') AND (Number_of_sorts(Me) = 1) AND (CML = ' B^2&M^2') THEN UNSR = hcb WITH P = 62.0%。

专家系统可以利用这样的规则来帮助化学家设计新的铜配位化合物。为了使预测更严格、更详细,例如可以用 Cu 原子的配位图类型或配位体的化学组成扩大描述符集。知识数据库的格式应足够灵活,以接受新的描述符和规则。因此,开发通用数据的存储方式变得至关重要。

4.2.5 通用数据的存储

虽然 CSD、ISCD 和 PDB 等结构数据库在本地计算机系统中为有限数量的用户所使用时,这种做法看起来很有用,但一旦数据库进一步发展,向基于知识的系统转变,就需要考虑其他高级数据存储方法了。这种系统包含来自结构数据库、拓扑集合和物理描述符存储等,各种各样的信息,还包含关于所有描述符之间相关性的信息。此外,数据存储系统的格式应该足够灵活,以便能够扩展新型的描述符及这些描述符的相关性信息[128]。由于这个问题对开发基于知识的预测系统至关重要,因此将在本节详细讨论这个问题。首先简要介绍数据库中表示和存储信息的主要方法,即包含下面 4 项的数据模式[129]。

(1)声明模式:该模式[130]"原样"地描述数据,即每个学科领域中的概念都反映一个在模型中使用的抽象概念。例如,在对原子排布的描述中(图 4.12),每个实例都包含原子排布,其一般属性(质量、电子数等)在"原子"条目中描述。原子排布由键结合在一起,相应的条目具有属性,这些属性取决于可以描述的特定晶体结构,例如,原子的氧化状态或键的距离。这种模式易理解、实现和支持。但是,它有严重的缺点,阻碍了相应数据库的发展。首先,存储结构最初是固定的,必须在添加新的条目或属性之前更改。为此,必须执行类似"引入新表"或"引入新列"[131]等重构过程,通常需要更改数据库的信息方案。其次,这种模式具有非通用性。随着学科领域的不断发展,新概念和新知识不断涌现,新的条目和属性很难引入现有的数据库架构中。例如,无公度结构或准晶的发现,需要对晶体数据库的语义进行必要的扩展,目前为止,它们并不能直接存储这些对象的信息。

(2)高级声明模式:该模式与声明模式相比,多了一个额外的间接层次,对象的属性在附加结构单元" * _attribute" 中描述,而实体本身只包含属性值(图 4.13)。因此,无须重建逻辑结构就可以轻松地添加新属性。同时,相似的属性可能会重复出现在不同的实体上,这可能会导致数据冗余,甚至数据的不一致,因为相同的属性可以有不同的描述。如果实体的数量不变,只是其属性列表发生变化,这种模式是有效的;否则,声明模式的缺点仍然存在。

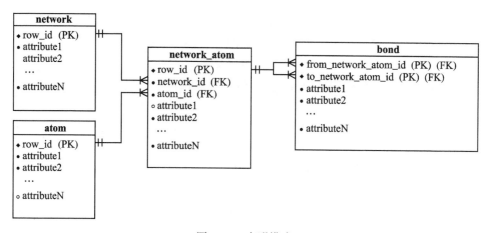

图 4.12　声明模式

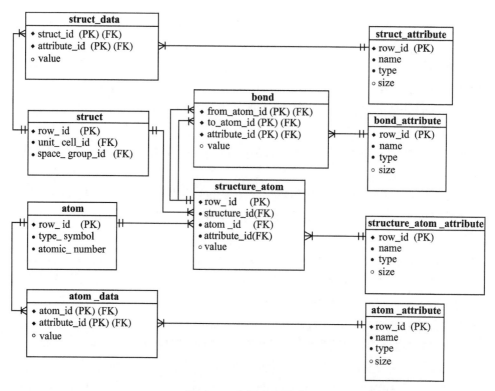

图 4.13　高级声明模式

(3)语境模式:该模式[130]是独立于上下文的信息,目的是描述即使在运行中也可以根据当前情况进行不同处理的对象。它使用关联条目,将对象和属性之间,以及属性与条目之间的关系形式化。因此,可以给任何对象或对象之间的关系分配任意数量的属性。任何学科方向都可以用对象、对象属性、对象关系和关系属性的术语来描述(图 4.14)。字段"name"和"description"指定了对象的含义,而"name""type"和"size"将属性形式化,而不声明其实际值,而实际值可以在"object_attribute"或"relation_attribute"实体的"value"字段中给出。因此,与高级声明模式不同,语境模式将对象与学科领域相关的上下文分开。这种模式的灵活性需要额外的工具提供对存储提供非标准的数据访问,可能会导致搜索效率下降。

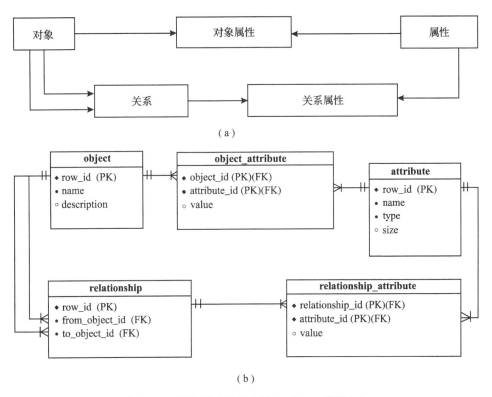

图 4.14 语境模式的概念图(a)和 ER 模型(b)

(4)类型化语境模式:该模式为对象及其关系引入了一组用户类型(图 4.15),并允许用户按照不一定预先确定的标准对相应的数据进行分类。属性类型的信息存储在一个单独的结构中,解决了数据冗余的问题。同时,如根据类型转换属性值,需要在数据库应用程序中提交相应的请求或表示。4.2.3 节中提到的晶体学数据库和拓扑学数据库使用的是其中一种声明模式,而据我们所知,语境模式从未在材料科学中使用过。为了构建一个通用的数据存储[132],应该采用一种上下文模式,其结构[图 4.14(a)]通过对象属性与关系属性之间的额外元数据和引用(图 4.16)进行拓展,以避免上述缺点。我们举一个钛酸钙(钙钛矿, $CaTiO_3$)的晶体学和拓扑学数据高级语境模式的例子,按照类型化语境模式的概念,指定抽象对象及其类型,但增加了一个元类型层次,定义了特定学科领域中的类型[图 4.17(a)]。"object_type"实体中的"parent_row_id"属性允许组织树状的数据结构,可以认为是给定对象类型的多重继承[133]。图 4.17(b)显示了 $CaTiO_3$ 结构上包含 Ca、Ti 和 O 三个非等价原子的通用存储的一部分。

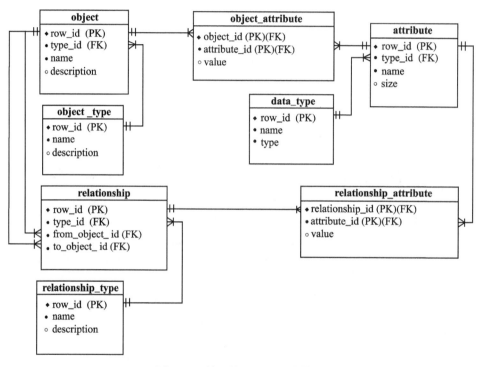

图 4.15 键入的上下文语境模式

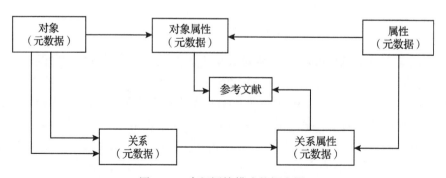

图 4.16 高级语境模式的概念图

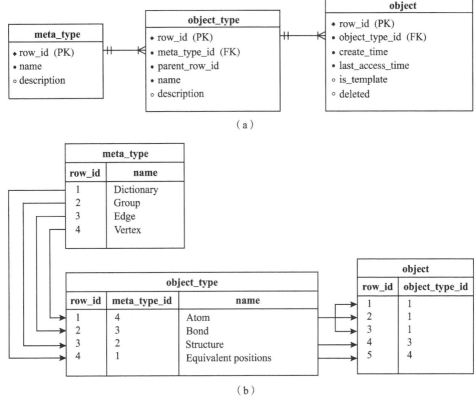

图 4.17 高级语境模式的对象部分(a)和钙钛矿晶体结构的实现示例(b)

属性也用相同的抽象方式进行描述。它们可以是单一基元的,也可以是复合基元的,即由多个基元或复合基元组成。数据类型包含了原始属性的标记信息及用于访问带有属性值表的"type_exid"字段,(图 4.18)。在确定抽象属性及其类型之后,应该根据特定的学科方向定义对象属性。在这之后,对象就获得了真实的属性;在我们的案例中,它们可以被视为固体物质或材料。将属性分配给钙钛矿结构对象的方案如图 4.19 所示。

每个对象类型对应一个关系实例,并指定给定实体类中实例的含义。因此,Ca 原子和 O 原子之间的关系以及 Ti 原子和 O 原子之间的关系具有"键"型和"边"型(图 4.20),这两种类型在化学和拓扑方面提供了处理方法。

与对象一样,它们之间的任何关系都可以用许多属性来描述[图 4.21(a)]。区别在于,关系属性集是为一个例子而不是为类型指定的。这种类型化是动态的,即使在运行时也可以定义关系实例的类型[图 4.21(b)]。

属性值存储在单独的表中,其名称包括数据类型描述中"type_exid"字段的值(图 4.18)。例如,"object_attribute_value_C5EFD93443BA48E182ACA5FAB

9E2E6DC"只包含字符串值。这种方法排除了将属性值转换为相关数据类型的必要性(图4.22)。因此,按照高级语境模式组织的通用存储可以包括任何种类和复杂的信息。这对于创建材料科学中的数据交换系统尤其重要[129,132],因为在材料科学中数据可能来自不同的领域,也可能来自使用不同术语系统和材料表征方法的研究人员。

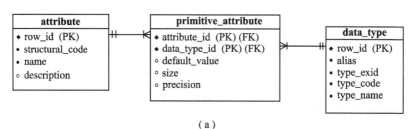

(a)

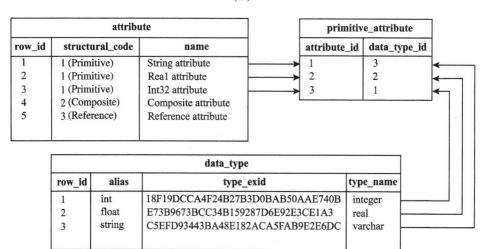

(b)

图4.18 高级语境模式的属性部分(a)和钙钛矿晶体结构的实现示例(b)

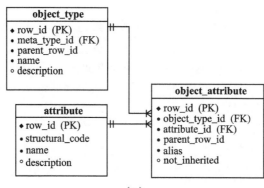

(a)

第4章 从拓扑描述符到专家系统

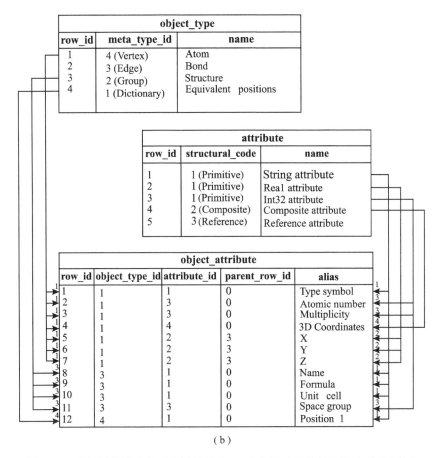

(b)

图4.19 高级语境模式的对象属性部分(a)和钙钛矿晶体结构的实现示例(b)

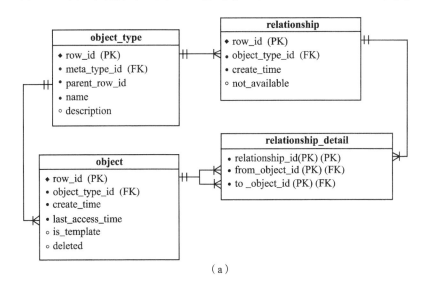

(a)

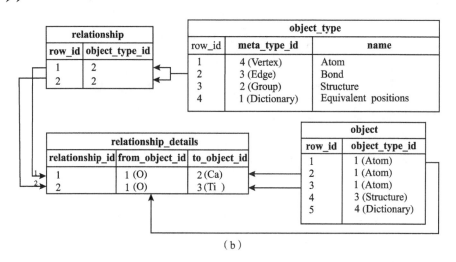

图 4.20 高级语境模式的关系部分(a)和钙钛矿晶体结构的实现示例(b)

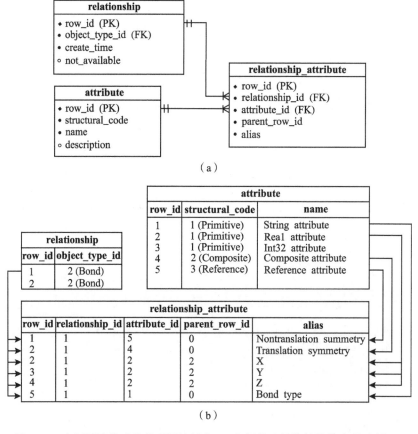

图 4.21 高级语境模式的关系属性部分(a)和钙钛矿晶体结构的实现示例(b)

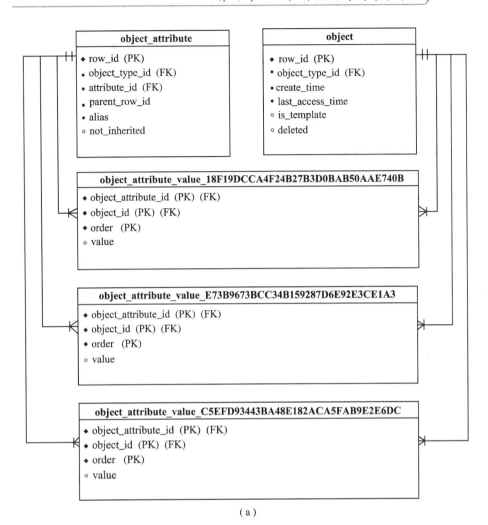

图 4.22 高级语境模式的对象属性值部分(a)和钙钛矿晶体结构中"原子""结构"和"等效位置"类型的对象属性字符串值的实现示例(b)

4.3 拓扑方法在晶体化学和材料学中的应用

4.3.1 网络拓扑结构的预测

用拓扑方法、软件和数据库能找到许多有助于设计配位网络的构效关系[134]。局部拓扑特征(原子或络合物的配位数、配位多面体、配位图、CML和配位公式)和整体拓扑(基网的拓扑类型)之间存在很强的相关性[19,60,62,73,118,135-136]。在许多情况下,这些相关性使得使用化学组成数据来预测拓扑基团成为可能。知识数据库可以储存"hxl 拓扑在具有配位公式 AB_3^2 的配位网络下,概率为 P"这样的声明[60]:

$$P = [服从该声明的结构数]/[结构总数]$$

通过对 811 个氰化物配合物的分析举例,既说明了开发专家系统的一般步骤,又说明了该系统能够处理任何周期的配合物[61]。步骤:提出 6 组结构描述符,用 ToposPro 计算,并存储在 TTA、TTL、TTD、TTO 和 TTR 集合中。随后分析得出"金属原子的氧化态-配位环境""配位环境-配位公式""配位公式-配位图""配位图-底层拓扑结构"等的相关性;提出将相关性写成条件规则的特殊形式。例如,实现普鲁士蓝拓扑(原始立方网)的必要条件是通过桥接双齿 CN-配位体连接金属中心,其比例为 Me∶CN-=1∶3:

$$\text{IF CF = '}AB_3^2\text{' THEN UT = 'pcu' WITH } P = 97.7\%$$

这些规则都被识别为 6 组描述符,并将其值用于构建决策树。利用决策树的数据,可以通过乘以相应的条件概率 p_i 来估计获得特定整体拓扑结构的总概率 P,以及氰化物配合物的其他参数。

研究者还提出了基于知识的专家系统的原型来设计有机晶体的拓扑基团[101,137],预测某些有机晶体中的 H 键[138]及控制分子材料的结晶度[139]。为了描述分子的局部排列,提出了分子连接类型符号(MCTS)[100]。研究表明,"分子化学结构-活性中心数-分子连接类型-配位图-全局拓扑"的关联顺序可以作为预测分子堆积类型和连接基团类型的有效方案。例如,可以说明:"如果一个分子有 4 个活性中心,那么最可能的连接类型将是 K^4(每个 H 供体或受体连接到另一个分子的一个 H 供体或受体上),有 96.5% 概率,其结果是 sql(正方形平面网)整体拓扑结构。"这样的陈述可以形成一个知识数据库,可以用来产生关于获得特定拓扑超分子基团可能性的专家结论。可以应用复杂的物理描述符,如静电势图(ESP,静电电位)[140]或全相互作用图(FIM)[141-142][137],预测某些局部拓扑性质,如活性中心的数量。

对无机材料拓扑性质的研究很少。我们应该提出一种尝试:用平铺法解释为什么沸石的结构类型假设有很多,但实际观察到的沸石却很少[29]。该模型考虑了$T^{4+}(OH)_4$或$[T^{3+}(OH)_4]^-$配合物基团的缩聚过程,生成低聚物$T_nO_m(OH)_k$单元,这些单元用"最小笼"(tile)表示。将该模型应用于假设的沸石上,结果表明,只有一小部分可以解释为 tile 组装,而几乎所有的天然沸石都符合该模型。因此,提出了沸石骨架可行性的拓扑排序方法。

另一个例子是用"纳米团簇"算法对金属间化合物进行分类(见 4.2.4 节)。它被成功地用于阐明非常复杂的结构[40,64],可安排大量的实验数据样本,并建立金属间化合物结构单元的数据库[28]。

总结目前在晶体设计中应用拓扑方法的经验,可以提到以下主要问题,在解决这些问题时,拓扑方法行之有效。

(1)寻找结构单元与整体结构之间的一般规律性。

(2)列举结构单元可能的局部连接图。

(3)为一组给定的结构单元生成可能的结构架构。

这些问题需要通过特定的知识数据库和专家系统来解决。

4.3.2 性能的预测

在本节中,将展示几何方法和拓扑方法在寻找结构描述符和物理描述符之间的相关性,以及随后的材料性能预测中越来越多的应用。

多孔-金属有机骨架:为了评估 MOF 结构的吸附性能,将孔极限直径、最大空腔直径、整体空腔直径和孔分布函数[143-146]等孔的几何参数与拓扑网络分析及大正则蒙特卡罗模拟和分子动力学与从头算、DFT 或力场计算等各种模拟方法相结合。对许多已知和假设 MOF 的吸附特性(亨利常数、吸附焓和熵、气体吸收、扩散系数和吸附位点上分子的分布)进行了高精度的估算[20,147-151]。

可解离的分子晶体:为了寻找有前景的晶体衬底,为有机分子束外延(OMBE)或热壁外延(HWE)提供干净光滑的表面,作者[27]提出了一种新的组合方法。在该方法的拓扑部分,通过一种新的分子间相互作用能的各向异性,即 X 参数,估计分子晶体的晶面解离的各向异性。它代表了分子在特定层(双周期分子网络)中的内聚能占整个分子环境总内聚能的比例。内聚能用量子化学方法计算。高 X 参数值表明该层作为解离面具有很好的鲁棒性。该方法成功地用于寻找可解离的氨基酸晶体,并通过实验验证了该预测。

快离子导体:结构描述符用于快速筛选晶体学数据库(ICSD 或 PCD),以寻找能提供阳离子迁移的潜在材料。潜在的锂[123]和钠[26]固体电解质的完整列表已公布,既包含已确认的离子导电性的物质,也包含待合成的目标。在过去几年里,这些方法倾向于与DFT[152]结合,后者有望对固体电解质和阴极材料的迁移能、电导率和各向异性效应等特性进行定量预测。

4.4 结论

拓扑方法在过去几年取得的进展让我们相信,在开发具有特定性质的新物质方面,它们可以成为实验人员和理论研究人员的桥梁。目前已有一种严格的算法足够整理能表示实验信息的数据库。这些数据库已经成为晶体结构的新描述符和揭示固体结构与物理性质之间相关性的重要工具。将已有数据库与DFT和其他模拟方法结合,可以开发出知识数据库和专家系统,这将从根本上推进新材料的开发和应用。

参考文献

[1] Kalil, T. and Wadia, C. Materials genome initiative: a renaissance of American manufacturing. https://www.whitehouse.gov/blog/2011/06/24/materials-genome-initiative-renaissance-american-manufacturing (accessed 12 October 2016).

[2] Jain, A., Ong, S.P., Hautier, G. et al. (2013). A materials genome approach to accelerating materials innovation. The materials project. APL Mater. 1: 011002.

[3] Hill, J., Mulholland, G., Persson, K. et al. (2016). Materials science with large-scale data and informatics: Unlocking new opportunities. MRS Bull. 41: 399-409.

[4] Hohenberg, P. and Kohn, W. (1964). Inhomogeneous electron gas. Phys. Rev. 136: 864-871.

[5] Koch, W. and Holthausen, M.C. (2001). A Chemist's Guide to Density Functional Theory. Wiley.

[6] Odoh, S.O., Cramer, C.J., Truhlar, D.G., and Gagliardi, L. (2015). Quantum-chemical characterization of the properties and reactivities of metal-organic framework. Chem. Rev. 115: 6051-6111.

[7] Oganov, A.R. (ed.) (2011). Modern Methods of Crystal Structure Prediction. Chichester: Wiley.

[8] Coudert, F.-X. and Fuchs, A.H. (2016). Computational characterization and prediction of metal-organic framework properties. Coord. Chem. Rev. 307 (2): 211-236.

[9] Kiselyova, N.N. (2002). Computer design of materials with artificial intelligence. In: Intermetallic Compounds - Principles and Practice, V. 3 (ed. J.H. Westbrook and R.L. Fleischer). Wiley.

[10] Isayev, O., Fourches, D., Muratov, E.N. et al. (2015). Materials cartography: representing and mining materials space using structural and electronic fingerprints. Chem. Mater. 27

(3): 735-743.

[11] Isayev, O., Oses, C., Toher, C. et al. (2017). Universal fragment descriptors for predicting properties of inorganic crystals. Nature Commun. 8: 15679.

[12] Li, Y. and Yu, J. (2014). New stories of zeolite structures: their descriptions, determinations, predictions, and evaluations. Chem. Rev. 114 (14): 7268-7316.

[13] Hoskins, B. F. and Robson, R. (1990). Design and construction of a new class of scaffolding-like materials comprising infinite polymeric frameworks of 3D-linked molecular rods. A reappraisal of the $Zn(CN)_2$ and $Cd(CN)_2$ structures and the synthesis and structure of the diamond-related frameworks $[N(CH_3)_4][CuIZnII(CN)_4]$ and $CuI[4,4',4'',4'''$-tetracyanotetraphenylmethane$]-BF_4 \cdot xC_6H_5NO_2$. J. Am. Chem. Soc. 112 (4): 1546-1554.

[14] Batten, S. R., Neville, S. M., and Turner, D. R. (2009). Coordination Polymers: Design, Analysis and Application. Cambridge: Royal Society of Chemistry.

[15] O'Keeffe, M., Eddaoudi, M., Li, H. et al. (2000). Frameworks for extended solids: geometrical design principles. J. Solid State Chem. 152: 3-20.

[16] Yaghi, O. M., O'Keeffe, M., Ockwig, N. W. et al. (2003). Reticular synthesis and the design of new materials. Nature 423: 705-714.

[17] Eddaoudi, M., Kim, J., Rosi, N. et al. (2002). Systematic design of pore size and functionality in isoreticular MOFs and their application in methane storage. Science 295: 469-472.

[18] Nouar, F., Eubank, J. F., Bousquet, T. et al. (2008). Supermolecular building blocks (SBBs) for the design and synthesis of highly porous metal-organic frameworks. J. Am. Chem. Soc. 130: 1833-1835.

[19] Ockwig, N. W., Delgado-Friedrichs, O., O'Keeffe, M., and Yaghi, O. M. (2005). Reticular chemistry: occurrence and taxonomy of nets and grammar for the design of frameworks. Acc. Chem. Res. 38 (3): 176-182.

[20] Goldsmith, J., Wong-Foy, A. G., Cafarella, M. J., and Siegel, D. J. (2013). Theoretical limits of hydrogen storage in metal-organic frameworks: opportunities and trade-offs. Chem. Mater. 25: 3373-3382.

[21] Chung, Y. G., Camp, J., Haranczyk, M. et al. (2014). Computation-ready, experimental (CoRE) metal-organic frameworks: a tool to enable high-throughput screening of nanoporous crystals. Chem. Mater. 26: 6185-6192.

[22] First, E. L., Gounaris, C. E., Wei, J., and Floudas, C. A. (2011). Computational characterization of zeolite porous networks: an automated approach. Phys. Chem. Chem. Phys. 13 (38): 17339-17358.

[23] First, E. L. and Floudas, C. A. (2013). MOFomics: computational pore characterization of metal-organic frameworks. Microporous Mesoporous Mater. 165: 32-39.

[24] ZEOMICS. Zeolites and microporous structures characterization, an automated computational method for characterizing the three-dimensional porous networks of microporous materials,

such as zeolites. http://helios.princeton.edu/zeomics (accessed 12 October 2016).

[25] MOFomics. Metal-organic frameworks characterization, an automated computational method for characterizing the three-dimensional porous networks of metal-organic frameworks. http://helios.princeton.edu/mofomics (accessed 12 October 2016).

[26] Meutzner, F., Mńnchgesang, W., Kabanova, N. A. et al. (2015). On the way to new possible Na-ion conductors: the Voronoi-Dirichlet approach, data mining and symmetry considerations in ternary Na oxides. Chem. Eur. J. 21: 16601-16608.

[27] Zolotarev, P. N., Moret, M., Rizzato, S., and Proserpio, D. M. (2016). Searching new crystalline substrates for OMBE: topological and energetic aspects of cleavable organic crystals. Cryst. Growth Des. 16: 1572-1582.

[28] Pankova, A. A., Akhmetshina, T. G., Blatov, V. A., and Proserpio, D. M. (2015). A collection of topological types of nanoclusters and its application to icosahedron-based intermetallics. Inorg. Chem. 54 (13): 6616-6630.

[29] Blatov, V. A., Ilyushin, G. D., and Proserpio, D. M. (2013). The zeolite conundrum: why are there so many hypothetical zeolites and so few observed? a possible answer from the zeolite-type frameworks perceived as packings of tiles. Chem. Mater. 25: 412-424.

[30] Blatov, V. A., Shevchenko, A. P., and Proserpio, D. M. (2014). Applied topological analysis of crystal structures with the program package ToposPro. Cryst. Growth Des. 14: 3576-3586.

[31] Delgado-Friedrichs, O. and O'Keeffe, M. (2003). Identification and symmetry computation for crystal nets. Acta Crystallogr. A59: 351-360.

[32] O'Keeffe, M., Peskov, M. A., Ramsden, S. J., and Yaghi, O. M. (2008). Acc. Chem. Res. 41 (12): 1782-1789. Reticular Chemistry Structure Resource. http://rcsr.anu.edu.au (accessed 12 October 2016).

[33] Martin, R. L., Smit, B., and Haranczyk, M. (2012). Zeo++, an open source (but registration-required) software package for analysis of crystalline porous materials. J. Chem. Inf. Model. 52: 308-318.

[34] Goesten, M. G., Kapteijn, F., and Gascon, J. (2013). Fascinating chemistry or frustrating unpredictability: observations in crystal engineering of metal-organic frameworks. CrystEngComm. 15: 9249-9257.

[35] Samson, S. (1962). Crystal structure of $NaCd_2$. Nature 195: 259-262.

[36] Yang, Q.-B., Andersson, S., and Stenberg, L. (1987). An alternative description of the structure of $NaCd_2$. Acta Crystallogr. B43: 14-16.

[37] Bergman, G. (1996). Structure of $NaCd_2$: an alternative path to a trial structure. Acta Crystallogr. B52: 54-58.

[38] Fredrickson, D. C., Lee, S., and Hoffmann, R. (2007). Interpenetrating polar and nonpolar sublattices in intermetallics: the $NaCd_2$ structure. Angew. Chem. Int. Ed. 46:

[39] Feuerbacher, M., Thomas, C., Makongo, J. P. et al. (2007). The Samson phase, β-

Mg_2Al_3, revisited. Z. Kristallogr. 222: 259-288.

[40] Shevchenko, V. Y., Blatov, V. A., and Ilyushin, G. D. (2009). Intermetallic compounds of the $NaCd_2$ family perceived as assemblies of nanoclusters. Struct. Chem. 20: 975-982.

[41] Düren, T., Millange, F., Férey, G. et al. (2007). Calculation geometric surface area as characterization tool for metal-organic framework. J. Phys. Chem. 111: 15350-15356.

[42] Accelrys, S. and Diego, C. A. http://accelrys.com/products/collaborative-science/biovia-materials-studio (accessed 12 October 2016).

[43] Shrake, A. and Rupley, J. (1973). Environment and exposure to solvent of protein atoms. Lysozyme and insulin. J. Mol. Biol. 79: 351-371.

[44] Phillips, M., Georgiev, I., Dehof, A. K. et al. (2010). Measuring properties of molecular surfaces using ray casting. In: International Symposium on Parallel and Distributed Processing, Workshops and Phd Forum (IPDPSW IEEE), 1-7. IEEE.

[45] Weiser, J., Shenkin, P. S., and Still, W. C. (1999). Approximate atomic surfaces from linear combinations of pairwise overlaps (LCPO). J. Comput. Chem. 20: 217-230.

[46] Klenin, K. V., Tristram, F., Strunk, T., and Wenzel, W. (2011). Derivatives of molecular surface area and volume: simple and exact analytical formulas. J. Comput. Chem. 32: 2647-2653.

[47] Gelb, L. D. and Gubbins, K. E. (1999). Pore size distributions in porous glasses: a computer simulation study. Langmuir 15: 305-308.

[48] Sarkisov, L. and Harrison, A. (2011). Computational structure characterisation tools in application to ordered and disordered porous materials. Mol. Simul. 37: 1248-1257.

[49] Haldoupis, E., Nair, S., and Sholl, D. S. (2011). Pore size analysis of >250000 hypothetical zeolites. Phys. Chem. Chem. *Phys.* 13: 5053-5060.

[50] Blatov, V. A. and Shevchenko, A. P. (2003). Analysis of voids in crystal structures: the methods of "dual" crystal chemistry. Acta Crystallogr. A59: 34-44.

[51] Blatov, V. A. (2004). Voronoi-Dirichlet polyhedra in crystal chemistry: theory and applications. Crystallogr. Rev. 10: 249-318.

[52] Bouëssel du Bourg, L., Ortiz, A. U., Boutin, A., and Coudert, F.-X. (2014). Thermal and mechanical stability of zeolitic imidazolate frameworks polymorphs. APL Mater. 2: 124110.

[53] Fuentes-Cabrera, M., Nicholson, D. M., Sumpter, B. G., and Widom, M. (2005). Electronic structure and properties of isoreticular metal-organic frameworks: the case of M-IRMOF1 (M = Zn, Cd, Be, Mg, and Ca). J. Chem. Phys. 123: 124713.

[54] Yang, L.-M., Fang, G.-Y., Ma, J. et al. (2014). Band gap engineering of paradigm MOF-5. Cryst. Growth Des. 14: 2532-2541.

[55] Flage-Larsen, E., Røyset, A., Cavka, J. H., and Thorshaug, K. (2013). Band gap modulations in UiO metal-organic frameworks. J. Phys. Chem. *C* 117: 20610-20616.

[56] Civalleri, B., Napoli, F., Noël, Y. et al. (2006). Ab-initio prediction of materials proper-

ties with CRYSTAL: MOF-5 as a case study. CrystEngComm. 8: 364-371.

[57] Hendon, C. H., Wittering, K. E., Chen, T.-H. et al. (2015). Absorbate-induced piezochromism in a porous molecular crystal. Nano Lett. 15: 2149-2154.

[58] Dan-Hardi, M., Serre, C., Frot, T. et al. (2009). A new photoactive crystalline highly porous titanium(IV) dicarboxylate. J. Am. Chem. Soc. 131: 10857-10859.

[59] Butler, K. T., Hendon, C. H., and Walsh, A. (2014). Electronic chemical potentials of porous metal-organic frameworks. J. Am. Chem. Soc. 136: 2703-2706.

[60] Mitina, T. G. and Blatov, V. A. (2013). Topology of 2-periodic coordination networks: toward expert systems in crystal design. Cryst. Growth Des. 13: 1655-1664.

[61] Alexandrov, E. V., Shevchenko, A. P., Asiri, A. A., and Blatov, V. A. (2015). New knowledge and tools for crystal design: local coordination versus overall network topology and much more. CrystEngComm 17: 2913-2924.

[62] Alexandrov, E. V., Virovets, A. V., Blatov, V. A., and Peresypkina, E. V. (2015). Topological motifs in cyanometallates: from building units to three-periodic frameworks. Chem. Rev. 115 (22): 12286-12319.

[63] Delgado-Friedrichs, O., Foster, M. D., O'Keeffe, M. et al. (2005). What do we know about three-periodic nets? J. Solid State Chem. 178 (8): 2533-2554.

[64] Ilyushin, G. D. and Blatov, V. A. (2009). Structures of the $ZrZn_{22}$ family: suprapolyhedral nanoclusters, methods of self-assembly and superstructural ordering. Acta Crystallogr. B65: 300-307.

[65] Klee, W. E. (2004). Crystallographic nets and their quotient graphs. Cryst. Res. Technol. 39 (11): 959-968.

[66] Blatov, V. A., O'Keeffe, M., and Proserpio, D. M. (2010). Vertex-, face-, point-, Schlafli-, and Delaney-symbols in nets, polyhedra and tilings: recommended terminology. CrystEngComm 12 (1): 44-48.

[67] Delgado-Friedrichs, O. and O'Keeffe, M. (2005). Crystal nets as graphs: terminology and definitions. J. Solid State Chem. 178 (8): 2480-2485.

[68] O'Keeffe, M. and Hyde, B. G. (1996). Crystal Structures. I. Patterns and Symmetry. Washington, DC: Mineralogical Society of America.

[69] Blatov, V. A., Delgado-Friedrichs, O., O'Keeffe, M., and Proserpio, D. M. (2007). Three-periodic nets and tilings: natural tilings for nets. Acta Crystallogr. A63: 418-425.

[70] Delgado-Friedrichs, O., O'Keeffe, M., and Yaghi, O. M. (2007). Taxonomy of periodic nets and the design of materials. Phys. Chem. Chem. Phys. 9 (9): 1035-1043.

[71] Blatov, V. A. and Proserpio, D. M. (2011). Periodic-graph approaches in crystal structure prediction. In: Modern Methods of Crystal Structure Prediction (ed. A. R. Oganov), 1-28. Weinheim: Wiley.

[72] Alexandrov, E. V., Blatov, V. A., and Proserpio, D. M. A. (2012). Topological method for

classification of entanglements in crystal networks. Acta Crystallogr. A68 (4): 484-493.

[73] Alexandrov, E. V., Blatov, V. A., Kochetkov, A. V., and Proserpio, D. M. (2011). Underlying nets in three-periodic coordination polymers: topology, taxonomy and prediction from a computer-aided analysis of the Cambridge structural database. CrystEngComm 13 (12): 3947-3958.

[74] Anurova, N. A. and Blatov, V. A. (2009). Analysis of ion-migration paths in inorganic frameworks by means of tilings and Voronoi-Dirichlet partition: a comparison. Acta Crystallogr. B65: 426-434.

[75] Bader, R. (1994). Atoms in Molecules. A Quantum Theory. Oxford: Clarendon Press.

[76] Bader, R. (1991). A quantum theory of molecular structure and its applications. Chem. Rev. 91: 893-928.

[77] Bader, R. F. W. (2005). The quantum mechanical basis for conceptual chemistry. Monatsch. Chem. 136: 819-854.

[78] Cambridge Structural Database (2011). Cambridge Crystallographic Data Centre, 12 Union Road, Cambridge, UK. http://ccdc.cam.ac.uk (accessed 12 October 2016).

[79] Allen, F. H. (2002). The Cambridge structural database: a quarter of a million crystal structures and rising. Acta Crystallogr. B58: 380-388.

[80] Galek, P. T. A., Fabian, L., Allen, F. H. et al. (2007). Knowledge-based model of hydrogen-bonding propensity in organic crystals. Acta Crystallogr. B63: 768-782.

[81] Galek, P. T. A., Pidcock, E., Wood, P. A. et al. (2012). One in half a million: a solid form informatics study of a pharmaceutical crystal structure. CrystEngComm 14: 2391-2403.

[82] Cole, J. C., Groom, C. R., Korb, O. et al. (2016). Knowledge-based optimization of molecular geometries using crystal structures. J. Chem. Inf. Model. 56: 652-661.

[83] Groom, C. R., Bruno, I. J., Lightfoot, M. P., and Ward, S. C. (2016). The Cambridge structural database. Acta Crystallogr. B72: 171-179.

[84] Bergerhoff, G., Hundt, R., Sievers, R., and Brown, I. D. (1983). The inorganic crystal structure database. J. Chem. Inf. Comput. Sci. 23: 66-69.

[85] Allmanna, R. and Hinek, R. (2007). The introduction of structure types into the Inorganic Crystal Structure Database ICSD. Acta Crystallogr. A63: 412-417.

[86] ASM World Headquarters. 9639 Kinsman Road, Materials Park, OH 44073-0002, USA. http://www.asminternational.org (accessed 12 October 2016).

[87] CRYSTAL IMPACT. Dr. H. Putz & Dr. K. Brandenburg GbR, Kreuzherrenstr. 102, D-53227 Bonn, Germany. http://www.crystalimpact.com/pcd (accessed 12 October 2016).

[88] Villars, P., Cenzual, K., Daams, J. L. C. et al. (eds.) (2002). PAULING FILE, Binaries Edition. Materials Park: ASM International, http://paulingfile.com (accessed 12 October 2016).

[89] International Centre for Diffraction Data, 12 Campus Blvd., Newtown Square, PA

19073-3273 USA. http://www.icdd.com http://www.rcsb.org/pdb (accessed 12 October 2016).

[90] Gražulis, S., Daškeviĉ, A., Merkys, A. et al. (2012). Crystallography Open Database (COD): an open-access collection of crystal structures and platform for world-wide collaboration. Nucl. Acids Res. 40: D420-D427, http://www.crystallography.net/cod (accessed 12 October 2016).

[91] Rutgers. The State University of New Jersey, Center for Integrative Proteomics Research. 174 Frelinghuysen Road, Piscataway, NJ 08854-8076. http://www.rcsb.org/pdb (accessed 12 October 2016).

[92] Berman, H.M., Westbrook, J., Feng, Z. et al. (2000). The Protein Data Bank. Nucleic Acids Res. 28: 235-242. http://www.rcsb.org/pdb/.

[93] Rose, P.W., Prlic, A., Bi, C. et al. (2015). The RCSB Protein Data Bank: views of structural biology for basic and applied research and education. Nucleic Acids Res. 43: 345-356.

[94] O'Keeffe, M. (2010). Aspects of crystal structure prediction: some successes and some difficulties. Phys. Chem. Chem. Phys. 12: 8580-8583.

[95] Delgado-Friedrichs, O., O'Keeffe, M., and Yaghi, O.M. (2003). Three-periodic nets and tilings: regular nets. Acta Crystallogr. A59: 22-27.

[96] Baerlocher, C., McCusker, L.B., and Olson, D.H. (2007). Atlas of Zeolite Framework Types, 6e. London: Elsevier.

[97] ToposPro. The program package for multipurpose geometrical and topological analysis of crystal structures. http://topospro.com (accessed 12 October 2016).

[98] Blatov, V.A., Shevchenko, A.P., and Serezhkin, V.N. (1995). Crystal space analysis by means of Voronoi-Dirichlet polyhedra. Acta Crystallogr. A51: 909-916.

[99] Blatov, V.A. (2000). Search for isotypism in crystal structures by means of the graph theory. Acta Crystallogr. A56 (2): 178-188.

[100] Aman, F., Asiri, A.M., Siddiqui, W.A. et al. (2014). Multilevel topological description of molecular packings in 1,2-benzothiazines. CrystEngComm. 16: 1963-1970.

[101] Zolotarev, P.N., Arshad, M.N., Asiri, A.M. et al. (2014). A possible route toward expert systems in supramolecular chemistry: 2-periodic H-bond patterns in molecular crystals. Cryst. Growth Des. 14: 1938-1949.

[102] imperler, A., Foster, M.D., Delgado Friedrichs, O. et al. (2005). Hypothetical binodal zeolitic frameworks. Acta Crystallogr. B61: 263-279.

[103] Treacy, M.M.J., Rivin, I., Balkovsky, E. et al. (2004). Enumeration of periodic tetrahedral frameworks. II. Polynodal graphs. Microporous Mesoporous Mater. 74: 121-132. http://www.hypotheticalzeolites.net.

[104] Rivin, I. (2006). Geometric simulations: a lesson from virtual zeolites. Nat. Mater. 5: 931-932.

[105] Earl, D. J. and Deem, M. W. (2006). Toward a database of hypothetical zeolite structures. Ind. Eng. Chem. Res. 45: 5449-5454.

[106] Deem, M. W., Pophale, R., Cheeseman, P. A., and Earl, D. J. (2009). A databases of new zeolite-like materials. J. Phys. Chem. 113: 21353-21360.

[107] Wilmer, C. E., Kim, K. C., and Snurr, R. Q. (2012). An extended charge equilibration method. J. Phys. Chem. Lett. 3: 2506-2511.

[108] Wilmer, C. E., Leaf, M., Lee, C. Y. et al. (2012). Large-scale screening of hypothetical metal-organic frameworks. Nat. Chem. 4: 83-89.

[109] Lin, L.-C., Berger, A. H., Martin, R. L. et al. (2012). In silico screening of carbon-capture materials. Nat. Mater. 11: 633-641.

[110] Fernandez, M., Boyd, P. G., Daff, T. D. et al. (2014). Rapid and accurate machine learning recognition of high performing metal organic frameworks for CO_2 capture. J. Phys. Chem. Lett. 5: 3056-3060.

[111] Hoffmann, R., Kabanov, A. A., Golov, A. A., and Proserpio, D. M. (2016). Homo citans and carbon allotropes: for an ethics of citation. Angew. Chem. Int. Ed. 55: 2-17.

[112] Ramsden, S. J., Robins, V., and Hyde, S. T. (2009). Three-dimensional Euclidean nets from two-dimensional hyperbolic tilings: kaleidoscopic examples. Acta Crystallogr. A65: 81-108.

[113] Sikora, B. J., Wilmer, C. E., Greenfield, M. L., and Snurr, R. Q. (2012). Thermodynamic analysis of Xe/Kr selectivity in over 137000 hypothetical metal-organic frameworks. Chem. Sci. 3: 2217-2223.

[114] Simon, C. M., Mercado, R., Schnell, S. K. et al. (2015). Metal-organic framework with optimally selective xenon adsorption and separation. Chem. Mater. 27: 4459-4475.

[115] Simon, C. M., Kim, J., Gomez-Gualdron, D. A. et al. (2015). The materials genome in action: identifying the performance limits for methane storage. Energy Environ. Sci. 8: 1190-1199.

[116] Martin, R. L., Simon, C. M., Smit, B., and Haranczyk, M. (2014). In silico design of porous polymer networks: high-throughput screening for methane storage materials. J. Am. Chem. Soc. 136: 5006-5022.

[117] Kim, H., Samsonenko, D. G., Das, S. et al. (2009). Methane sorption and structural characterization of the sorption sites in Zn-2(bdc)(2)(dabco) by single crystal X-ray crystallography chemistry. Chem. Asian J. Chemistry 4: 886-891.

[118] Baburin, I. A., Blatov, V. A., Carlucci, L. et al. (2005). Interpenetrating metal-organic and inorganic 3D networks: a computer-aided systematic investigation. Part II. Analysis of the Inorganic Crystal Structure Database (ICSD). J. Solid State Chem. 178: 2452-2474.

[119] Baburin, I. A. and Blatov, V. A. (2007). Three-dimensional hydrogen-bonded frameworks in organic crystals: a topological study. Acta Crystallogr. B63: 791-802.

[120] Pankova, A. A., Blatov, V. A., Ilyushin, G. D., and Proserpio, D. M. (2013). γ-Brass

polyhedral core in intermetallics: The nanocluster model. Inorg. Chem. 52 (22): 13094-13107.

[121] Blatov, V. A. (2006). A method for hierarchical comparative analysis of crystal structures. Acta Crystallogr. A62: 356-364.

[122] Blatov, V. A. (2016). A method for topological analysis of rod packings. Struct. Chem. https://doi.org/10.1007/s11224-016-0774-1.

[123] Anurova, N. A., Blatov, V. A., Ilyushin, G. D. et al. (2008). Migration maps of Li+ cations in oxygen-containing compounds. Solid State Ionics 179: 2248-2254.

[124] Kostakis, G. E., Blatov, V. A., and Proserpio, D. M. (2012). A method for topological analysis of high nuclearity coordination clusters and its application to Mn coordination compounds. Dalton Trans. 41: 4634-4640.

[125] Kostakis, G. E., Perlepes, S. P., Blatov, V. A. et al. (2012). High-nuclearity cobalt coordination clusters: synthetic, topological and magnetic aspects. Coord. Chem. Rev. 256: 1246-1278.

[126] Wix, P., Kostakis, G. E., Blatov, V. A. et al. (2013). A database of topological representations of polynuclear nickel compounds. Eur. J. Inorg. Chem. (4): 520-526.

[127] Serezhkin, V. N., Vologzhanina, A. V., Serezhkina, L. B. et al. (2009). Crystallochemical formula as a tool for describing metal-ligand complexes – a pyridine-2,6-dicarboxylate example. Acta Crystallogr. B65: 45-53.

[128] Simsion, G. C. and Witt, G. C. (2005). Data Modeling Essentials, 3e, 560. Morgan Kaufmann.

[129] Hey, D. C. and Barker, R. (1996). Data Model Patterns: Conventions of Thought. Dorset House Publishing.

[130] Silverstone, L. and Agnew, P. (2009). The Data Model Resource Book, Universal Patterns for Data Modeling, vol. 3. Wiley.

[131] Ambler, S. and Sadalage, P. (2006). Refactoring Databases: Evolutionary Database Design, vol. 384. Addison-Wesley.

[132] Silverstone, L. (2001). The Data Model Resource Book, A Library of Universal Data Models for All Enterprises, vol. 1. Wiley.

[133] Fowler, M. (2003). Patterns of Enterprise Application Architecture, 736. Addison-esley.

[134] Öhrström, L. (2016). Designing, describing and disseminating new materials by using the network topology approach. Chem. Eur. J. 22: 1-7.

[135] Carlucci, L., Ciani, G., Proserpio, D. M. et al. (2014). Entangled two dimensional coordination networks: a general survey. Chem. Rev. 114 (15): 7557-7580.

[136] Blatov, V. A., Carlucci, L., Ciani, G., and Proserpio, D. M. (2004). Interpenetrating metal-organic and inorganic 3D networks: a computer-aided systematic investigation. Part I. Analysis of the Cambridge structural database. CrystEngComm 6: 377-395.

[137] Vologzhanina, A. V., Sokolov, A. V., Purygin, P. P. et al. (2016). Knowledge-based

approaches to H-bonding patterns in heterocycle-1-carbohydrazon-eamides. Cryst. Growth Des. https://doi.org/10.1021/acs.cgd.6b00990.

[138] Delori, A., Galek, P. T. A., Pidcock, E. et al. (2013). Knowledge-based hydrogen bond prediction and the synthesis of salts and cocrystals of the anti-malarial drug pyrimethamine with various drug and GRAS molecules. CrystEngComm 15: 2916.

[139] Wicker, J. G. P. and Cooper, R. I. (2015). Will it crystallise? Predicting crystallinity of molecular materials. CrystEngComm 17: 1927-1934.

[140] Csizmadia, I. G. (1976). Theory and Practice of MO Calculations on Organic Molecules. Amsterdam: Elsevier.

[141] Wood, P. A., Olsson, T. S. G., Cole, J. C. et al. (2013). Evaluation of molecular crystal structures using full interaction maps. CrystEngComm. 15: 65-72.

[142] Bruno, I. J., Cole, J. C., Lommerse, J. P. M. et al. (1997). IsoStar: a library of information about nonbonded interactions. J. Comput.-Aided Mol. Des. 11: 525-537.

[143] Haldoupis, E., Nair, S., and Sholl, D. S. (2010). Efficient calculation of diffusion limitations in metal organic framework materials: a tool for identifying materials for kinetic separations. J. Am. Chem. Soc. 132: 7528-7539.

[144] Eric, L. F. and Christodoulos, A. (2013). Floudas MOFomics: Computational pore characterization of metal-organic frameworks. Microporous Mesoporous Mater. 165: 32-39.

[145] First, E. L., Gounaris, C. E., and Floudas, C. A. (2013). Predictive framework for shape-selective separations in three-dimensional zeolites and metal-organic frameworks. Langmuir 29: 5599-5608.

[146] Colon, Y. J. and Snurr, R. Q. (2014). High-throughput computational screening of metal-organic frameworks. Chem. Soc. Rev. 43: 5735-5749.

[147] McDaniel, J. G., Li, S., Tylianakis, E. et al. (2015). Evaluation of force field performance for high-throughput screening of gas iptake in metal-organic frameworks. J. Phys. Chem. 119 (6): 3143-3152.

[148] Watanabe, T. and Sholl, D. S. (2012). Accelerating applications of metal-organic frameworks for gas adsorption and separation by computational screening of materials. Langmuir 28: 14114-14128.

[149] Erucar, I. and Keskin, S. (2011). Screening metal organic framework-based mixed-matrix membranes for CO_2/CH_4 separations. Ind. Eng. Chem. Res. 50: 12606-12616.

[150] Basdogan, Y., Sezginel, K. B., and Keskin, S. (2015). Identifying highly selective metal organic frameworks for CH_4/H_2 separations using computational tools. Ind. Eng. Chem. Res. 54 (34): 8479-8491.

[151] Gómez-Gualdrón, D. A., Wilmer, C. E., Farha, O. K. et al. (2014). Exploring the limits of methane storage and delivery in nanoporous materials. J. Phys. Chem. 118: 6941-6951.

[152] Peskov, M. V. and Schwingenschlögl, U. (2015). First-principles determination of the K-conductivity pathways in $KAlO_2$. J. Phys. Chem. C 119 (17): 9092-9098.

第5章 以AiiDA材料信息学平台和Pauling File无机材料数据库为参考的高通量计算研究

5.1 引言

需要注意的是,标题所描述概念的实现需要满足三个条件,以使研究过程得以进行。

(1)原型分类;

(2)不同相概念;

(3)存在完全标准化的无机材料数据库作为参考。

这3个条件在Pauling File数据库(http://www.paulingfile.com)中被严格地执行。

在这项工作中,我们使用Pauling File-二进制版作为起始和参考数据库,模拟大量的二元体系(无机材料)的晶体结构和各种物理性质。模拟结果(开放访问)和Pauling File-二进制版(专有)中来自文献的那些通过实验已确定的无机材料数据,将被连接起来创建一个材料性能补充数据集。这里的目标不仅是建立一个包括密度泛函理论(DFT)计算验证可靠实验数据的,参考数据库还要超越已知的结构,探索没有实验数据或没有报道过的物理性质的组成。

这些数据以一系列"概览图"的形式呈现,突出特定的性质,如晶体结构、物理性质、配位多面体等。示例如图5.1所示[1]。对于每种无机材料概览图,一个图形显示实验数据,另一个等效的图形显示模拟数据,以便用户一眼就能看到与实验数据是否一致,此方法还可以扩展到目前尚无实验数据的二元体系。

5.1.1 三大重要进展

过去几十年,三大重要进展带来了前所未有的机遇。

(1)硬件架构的高通量计算能力在过去30年里以每14个月为周期成倍增长。

(2)在计算材料科学方面,理论和算法的发展与复杂的模拟软件相结合,进一步提高了计算通量。特别是基于DFT的电子结构模拟目前已经非常成熟,可以从第一性原理(没有实验输入)预测晶体结构和无机材料的固有物理性质,计

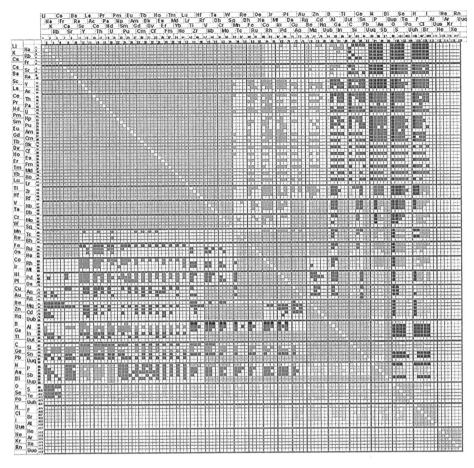

颜色												
CN AET	non-former	CN2, 1	CN2- 2	CN4, 3	CN 4	CN4- 5	CN2- 6	CN8, 7	CN9,1 8	CN1 9	CN12,1 10	CN12- 11	CN14,1 12

图 5.1 广义原子环境类型(配位多面体,AET)矩阵 PN_A 和 PN_B(PN,周期数)与无机材料中化学元素的化学计量和数量无关。占据 AET 中心的元素 A 在 y 轴上给出,坐标元素在 x 轴上给出。CN 代表配位数[1]

(注:彩色图片见附录。)

算结果可与实验数据相当,有时甚至优于实验数据(不可取的计算结果也有也很多,这突出了验证实验的重要性)。

(3)高带宽、低成本的通信使去中心化的计算和数据及知识交换成为可能。

5.1.2 较少的无机材料实验研究

尽管无机材料在工业化社会中的住房、能源、交通、土木工程、通信、食品和卫生等领域是极端重要的,但我们对无机材料的了解却很少。例如,在所有可能存在的三元化学体系中,只有不到16%的化学体系在整个组成和结构类型范围内进行了部分表征。对于含有四种或四种以上化学元素的无机材料,该分数降至0.6%或更低。事实上,先进无机材料在航空发动机、计算机处理器、磁记录设备或化学催化剂的开发方面取得的显著成就,都取决于对其固有物理性质的进一步认知。关于无机材料的唯一"可靠"的知识存在于二元体系中,而对于大约72%的二元体系,至少一些信息是实验已知的,因此这一个子集最适合开发量子模拟策略,可提供多种可能性交叉检查模拟数据与实验确定数据的可信度;反之亦然。

在这项工作中,虽然我们研究的重点在单相无机材料但该研究方法仍具有普适性。值得注意的是,一方面通过实验研究的无机材料的数量仍然很低,另一方面用量子模拟方法模拟无机材料的晶体结构及其固有物理性质的能力正在迅速增长。这两个事实促使我们探索建立一个数据库的新方法,该数据库由两个主要相互关联的部分组成:参考已发表的实验所确定的无机材料数据,并利用通过高通量模拟工具 AiiDA 材料信息学平台生成的高通量量子模拟数据库。

值得强调的是,工程材料通常是多相无机材料,它们的结构性能显而易见受缺陷、界面和微结构的影响。然而,这些工程材料的基本基础都是有序的单相无机材料。其中,二元一向是多元的起点。

5.2 自然定义的局限

下面概述大自然赋予我们的四个基本规律,它们一方面导致我们要面对无限多的化学元素组合(相当于潜在的无机材料),另一方面又提供了一个非常严格的约束条件系统框架。由于这些规律定量地反映了潜在的自然规律,理解并应用它们的普适性会产生更具有意义的、实际的影响,因此是开发高通量量子模拟最佳策略的理想选择。

(1)无限多的化学元素组合暗示了潜在的新型无机材料。大自然提供了大约100种化学元素及其组合。这项事实的直接后果是,一般来说,存在无限多的化学元素组合。此外,在特定的化学元素组合内(超过300个化学计量比),大自然"发现"了单相无机材料的各种可能成分。此外,大自然还实现了在这种单相无机材料中排列化学元素(原子)的大量三维方式(实验发现了36000多种不同的原型)。最后化学元素的磁矩还可以以四维的方式排列。

(2)哪些化学元素不能形成无机材料的定律。与无限多的化学元素组合相比,大自然对无机材料的形成有非常严格的限制:生成焓必须为负,否则化学元素的结合不会形成新的无机材料。此外,在恒定压力下,吉布斯(Gibbs)相律 $P=$

$C-F+1$ 定义了相数 P（这里是潜在的先进材料）、组元数 C（这里是化学元素）和强化特性的自由度数 F（这里是温度和成分）之间的关系。

(3)新型无机材料晶体结构中化学元素有序性的定律。当化学元素结合形成无机材料时，它们的晶体结构种类是非常丰富的，但这个过程遵循固定的模式。这个事实最显著的表现就是存在结晶无机材料原型，即大量无机材料的几何模板。例如，NaCl、cF8、225[原型、皮尔逊(Pearson)符号、空间群数量]原型目前有1300多种(无机材料)。换言之，相同原型的无机材料结晶的几何形状要么相同，要么非常相似。对已知无机材料的进一步研究表明，对于1000种最常见的原型，实际上目前只了解一个相对较小的子集，大多数的组合尚未被探索。

对晶体结构进行分类至少有两种可能性：一种基于其整体对称性（这导致了经典原型分类），另一种基于每一种原子环境，也称配位多面体[这导致了原子环境类型(AET)分类][2-3]。第一种分类要求发表的晶体学数据是完全标准化的，而这只在 Pauling File 数据库(http://www.paulingfile.com)[4-5]以及由此衍生的产品，如 Pearson's 晶体数据库[6]中能彻底实现。第二种分类在某些情况下涉及某种模糊性，以确定原子环境的截止点位于何处，特别是对于具有部分占用点集的原型。

(4)化学元素在周期表中的位置与其在新型无机材料原型中所占位置之间联系的定律。化学元素在周期表中的位置[控制因素或元素-性质参数，如原子序数(AN)、周期数(PN)①等]与特定晶体结构中的晶体学位置（以及其固有物理性质）之间存在直接的联系，而不仅仅由化学式给出。**正是这个事实赋予了我们预测和开发量子模拟策略来设计和发现新的无机材料的可能。**

5.3 第一、第二和第三科学范式

无论是新型无机材料的实验制备，还是量子模拟，都要从化学元素、组成、浓度、温度和压力等变量入手。通常，只能采用两种不同的方法。

第一种方法是基于实际的（实用层面）。目前在材料科学方面的大部分知识都是通过从文献中发表的无机材料的实验数据中以经验的方式收集其模式、规则或规律。格雷(Gray)称为科学的观察和实证科学分支，代表第一科学范式。

第二种方法是在尽可能接近实际条件下，用量子化学的方法模拟无机材料中原子的运动以及它们电子的相互作用。利用这些模拟可以从第一性原理尺

---

① PN 是一种不同的化学元素的枚举方式，它通过强调价电子的作用对它们进行分组。——译者注

度,理解晶体结构以及固有物理性质。基于这种认识,有可能通过计算机模拟产生新的无机材料,从而得到模拟的无机材料数据。格雷称为科学的理论分支和计算分支,分别代表第二科学范式和第三科学范式。

5.4 第四科学范式和第五科学范式实现的先决条件

5.4.1 原型分类的引入

第四科学范式和第五科学范式实现的**第一个要求是引入原型分类**。引入原型分类,必须以一种完全标准化的方式来完成,以便直接比较晶胞参数和原子坐标;否则,即使是不同组别生成的晶体学数据库也无法链接和比较。这也是第二个要求的先决条件。

5.4.2 相表概念的引入

相表概念是在 Pauling File 无机材料数据库[4-5]及其衍生产品[6-9]中引入的。相是由化学体系、化学公式及其晶体结构(使用原型分类)来定义的,并结合其化学式和改性相而被赋予独特的名称。在设计 Pauling File 数据库时,连接不同组数据的能力被认为是最重要的,因此,它被设计为使用关系数据库系统,面向相的无机材料数据库。这是通过创建一个单独的相表,以及所有必需的内部链接来实现的。实际上,这意味着每个化学体系都已经经过评估,并且不同的相是根据所有可用的信息确定的。最后,每个条目都与这样一个不同的相相关联。

5.4.3 以单相无机材料实验数据为参考的无机材料数据库

在全世界文献中,寻找实验测定的无机材料数据之间的模式和相关性,很大程度上取决于是否有足够数量、保证质量的无机材料数据。此外,由于相关的无机材料数据都存储在单独的、孤立的数据库中,因此调查研究工作通常是漫长而乏味的。在这种基本背景下,1994 年开始建立一个综合性数据库——Pauling File,它涵盖了所有无机材料,由三个相互关联的部分组成:晶体结构/衍射数据、相图和大量的物理性质。Pauling File 数据库内的数据经过仔细检查和完全标准化[10-11]。这个过程要求十分细致,因为未被识别的错误即使不会导致推导出错误的规则,至少也会混淆相关工具。Pauling File 无机材料数据库(http://www.paulingfile.com)[4-5]是 23 年前推出的,它是当时的同类数据库中唯一的数据库,拥有超过 50 万个无机材料数据集,总结了过去 100 年中超过 15 万份精选科学出版物。现在,可以把它作为无机材料参考数据库的起点。

5.5 第五科学范式的核心思想

对于前面所述的第一种方法(实用层面),核心思想是使用表中元素属性参数(或它们的组合)之间的链接,如 AN、PN 等。对于第二种方法(模拟层面),上述链接由量子力学定律体现(意味着 AN)。**对于这两种方法,最核心的要素是无机材料的晶体结构,这是我们观察特定单相无机材料中原子电子相互作用的"窗口"**。无机材料中有序性最显著的表现是存在无机材料晶体原型,它提供了一个基本的系统框架。如果没有这一个实验确定的事实,那么这两种方法取得成功的希望都很渺茫。

目前,有三类不交叉的数据库生产者。

(1)出版商。他们以同行评审的期刊或书籍的形式出版作者关于实验和/或模拟的原始资料。但这些复杂的科学事实对于机器来说是很难提取的。

(2)专业的数据专家。他们从可获得的同行评审数据原始资料中生成最高质量的数据集(实验和模拟)。

(3)计算科学家。他们通过进行具有实际意义的模拟产生数据集。由于专业的数据专家和计算科学家建立的数据库是关系数据库,因此科学数据可以多种不同的方式呈现,这对人们来说很好。原则上,它们应适用于机器询问,但遗憾的是,数据库字段"化学体系"和"化学公式"都无法链接不同种类的无机材料数据(这两个数据库字段存在于所有单相无机材料数据库中)。其主要原因是存在多晶无机材料、矿物和非定比化合物(在较宽的浓度范围内稳定的无机材料),它们占已知的超过 16.5 万种的不同无机材料实验总量的 50% 以上。这不仅会使其在将不同组别的无机材料数据库(如晶体结构数据库和相图数据库)链接起来时出现问题,而且在将不同专家群体制作的同一个类别的无机材料数据库连接起来时出现问题。这种情况的直接后果是,实际上不可能实现第四科学范式(图 5.2)。**它缺乏原型分类和不同相的概念,缺少链接不同数据库必须的"原型"和"不同相"这两个关键数据库字段**。因此,只遵循第四科学范式的方案肯定会失败。

此外,开展无机材料大规模计算研究的一个主要问题是,存在太多的化学元素组合,无法开展大量模拟。最重要的是,没有公开可用的、全面的、经过严格评估的、标准化的、允许访问原始数据的无机材料参考数据库(数据库管理系统,DBMS)。

第五科学范式提出的先决条件是无机材料数据库的可用性,该数据库包含实验确定的、具有原型分类的数据,实现了不同相的概念以及从 DBMS 中访问原始数据。我们将使用 Pauling File 作为最全面的无机材料数据库,因为数据库该满足这些前提条件,可作为起点(图 5.3)。

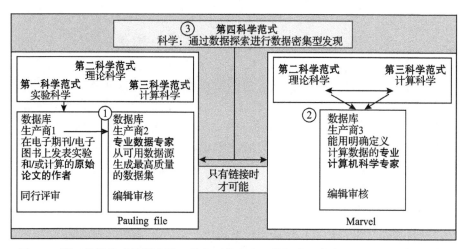

图 5.2 第四科学范式的概述及三种主要的不交叉数据库生产商 1~3。由于实际上这三者之间没有联系,因此计算机无法将它们整合起来。在实践中,通过数据探索进行密集的数据发现是不可能的

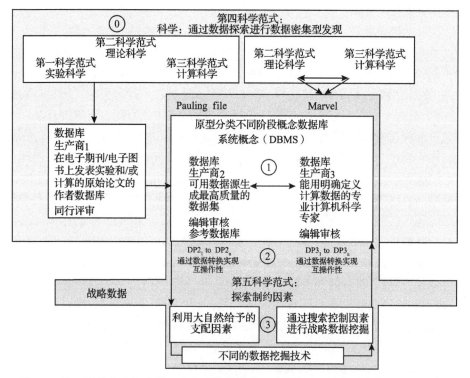

图 5.3 第五科学范式概述及三个主要的数据库生产商 1~3 在原型分类、不同阶段概念和数据库系统概念(DBMS)的帮助下相互关联。在最下面的两个模块中添加了"利用大自然提供的出色的系统框架"和"通过搜索控制因素进行战略数据探索"

现在与参考数据库系统并行开发一个使用 AiiDA 材料信息学平台的高通量模拟无机材料数据库是很简单的,两者是动态链接的。这两个系统将提供一个互补的"无机材料数据系统",该系统包含无机材料的晶体结构和基本的物理性质,从而使数量不断增加的无机材料具有持续不断提高的精度和可靠性。在这种情况下,最重要的是制定能够实现以下目标的方法,即**寻找控制因素,制定约束条件,形成战略性数据探索方法**。

这个框架同时开启了链接不同群体产生的无机材料数据库的可能性。

在现有数据的基础上使用控制因素和约束条件,应该可以将无限的化学元素组合的可能性减少到能够实现的模拟数量(估计仍然远远超过 10^{10} 个)。另一个最重要的研究方向是,使这些控制因素具有普适性。

5.6 "无机材料-控制因素相关性图"揭示的约束条件

通过选择、发现和设计的平衡结合,我们已经证明了从大量数千种到数万种不同无机材料的数据收集中获得有意义的知识是可能的[1, 12-14]。相对简单的概览图显示了明确定义的区域,提供了实验测定数据的浓缩概览,并揭示了约束条件。因此,它们具有预测能力。由此产生的约束条件(控制因素)表明,组成化学元素的原子性质参数[如 AN、PN、RE_a(AN,PN)和 SZ_a(AN,PN)]可以有效地用于无机材料固有物理性质的参数化。为了达到可视化的目的,在可能的情况下,将参数空间简化为二维概览图或控制因素图更为简便。

5.6.1 化合物形成图

图 5.4 给出了这种概览图的示例。在这里,我们使用从 35000 多份文献中提取的约 15500 个化学体系的实验数据,研究二元体系、三元体系和四元体系中无机材料是否存在[1]。

我们发现了几种有效的化合物形成图,可以清楚地将化合物分为两个不同的结构区域。这种区分支持了这样一个观点:无机材料的晶体结构可以用元素-性质参数来定量描述。这个结论对有计划地探索无机材料的结构敏感的固有物理性质是一个重要步骤。

在二维或三维无机材料图中,以 PN 为轴的元素-性质参数表达式,将形态和非形态分为不同的区域时精度已达到 98%。最重要的是,这些化合物的形成图使我们能够预测尚未经实验研究的化学体系中是否存在无机材料。

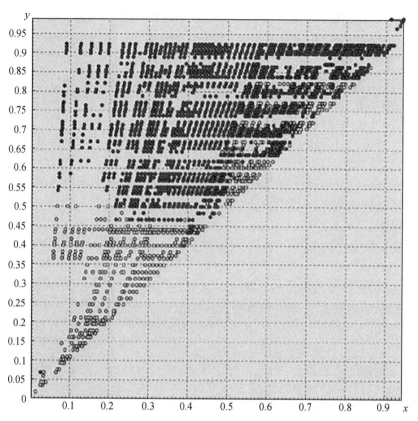

图 5.4 在一个化合物形成图中,将 2330 个二元系分为化合物形成物(蓝色)和非形成物(黄色),图中显示了 $\max[PN_A/PN_{max}, PN_B/PN_{max}]$($y$ 轴)与 $[PN_A/PN_{max} \times PN_B/PN_{max}]$($x$ 轴),式中 PN 是周期数(根据元素在门捷列夫周期系统中的位置分配的整数)

(注:彩色图片见附录。)

5.6.2 AB 型无机材料的原子环境类型稳定性图

AET,又称配位多面体,是由二元无机材料中的每种化学元素以等原子组成来实现的。采用一套全面的文献数据(8000 多份文献中约 2800 个二元系统)对 AET 进行了分析。

PN 用于化学体系的分类。AET 稳定性图以最大 PN 与最小 PN 和最大 PN 之比为坐标,证明可以有效地将化学体系细分为不同原子环境的不同稳定域(图 5.5)。相同的 AET 稳定性图显示出形成 AB 无机材料的化学体系(化学元素形成的不同晶体结构)和没有形成无机材料的化学体系之间有明显区分。AET 稳定性图使预测 AB 无机材料在特定原子环境中的存在成为可能。通过重点关注晶体对称性或原型分类,可以得到类似的结果。

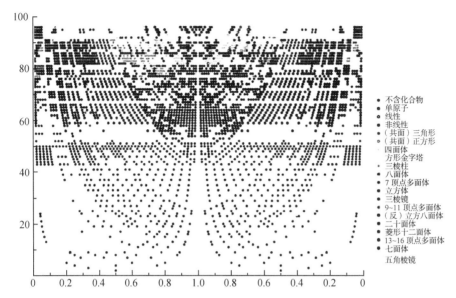

图 5.5 原子环境类型(AET)稳定性图,显示等原子 AB 无机材料的周期数 PN_{max}(y 轴)与 PN_{min}/PN_{max}(x 轴)。周期数最高的元素的 AET 在 $x=1$ 的左侧给出。同一行中同一种无机材料中周期数最低的元素的 AET 在右侧给出

(注:彩色图片见附录。)

5.6.3 材料科学的 12 条原则对自然定义基石的支持

在文献[14]中,我们确定了从无机材料数据库中阐明的 12 条原则,该数据库全面涵盖了世界上已有的文献。这些原则被认为具有普适性,使我们能够进行有效的实验和开展计算探索策略。下面通过实例来讨论其中的一个原则——"化学计量比条件原理"。

迄今为止,我们已经对 72% 的二元化合物体系进行了研究,从中发现 95% 的二元道尔顿无机材料晶体是以下 10 种化学计量比中的一种,AB_x:

$1:6,1:5,1:4,1:3,1:2,1:1.67,1:1.5,1:1.33,1:1.25$ 和 $1:1$

对于三元体系来说,23 年前,只能列出 7 种最常出现的化学计量比。同时,在 17083 种道尔顿碱性三元无机材料中,99% 的无机材料遵循以下三元化学计量比条件(图 5.6):AB_xC_y,其中 x 为上述 10 个化学计量比中的一个,y 等于 x,或 y 为等于或大于 x 的整数,或 y 为等于除以 2、3 或 4 且 y 大于 x 的整数。再加上活性组成范围原理,导致 ABC 的化学计量比为 1($x=y=1$),AB_xC_x($y=x$) 的化学计量比可能为 9,AB_xC_y(x 与 y 不同)的化学计量比可能为 819。

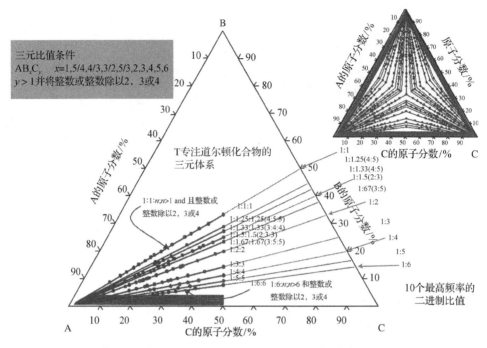

图5.6 三元体系($A_xB_yC_z, x<y<z, x+y+z=1$)中道尔顿无机材料的发生率与可用浓度范围。灰色区域显示没有出现三元无机材料的地方

5.7 量子模拟策略

该项目的成功取决于以下基本假设的有效性和普适性。

(1)采用的第一性原理方法无须可调整的参数,并且与代码无关(如量子ESPRESSO、VASP、CASTEP 等)。

(2)所选的 Pauling File 数据集是正确的,特别是其 Pauling File 结构/衍射数据,因为这些数据作为第一性原理模拟的起点[对于每种无机材料,如果同一种无机材料存在多个条目(来自不同的文献),则将选择"最佳"条目],如表5.1所列。

(3)Bill Pearson 提出的原型分类的正确性,以及 Erwin Parthé 提出的标准化扩展,是基于已确定的对称性空间群理论。LPF 不同相的概念完全依赖这个假设。

(4)LPF-S/D 和 LPF-C 提供了一个在统计上足够大而全面的起点,以以下数据为中心的观测完全依赖:①二元、三元和四元的原系统与非原系统图(PN 对 PN)。原系统至少有一种稳定的无机材料。PN 代表周期数(以数据为中心的事实,如图5.3所示[1])。②等化学计量结构图和原子环境图(PN 对 PN)(以数据为中心的事实,如图 5.4 所示[1, 12])。③在所有实验研究的无机材料中,有超过 2/3 的无机材料结晶是 1000 种最常见的原型中的一种。目前存在 36000 多个原型(以数据为中心的统计事实①)。

表 5.1　Pauling File 数据集

类别	二元化学体系
潜在系统的数量	4950
被调查的系统 LPF-S/D 的数量（结构）	2569
被调查系统 LPF-C 的数量（构成=相图）	2367
被调查系统 LPF-P 的数量（物理性质）	2332
LPF-S/D 条目数	52841
LPF-S/D 的相数	13331
LPF-S/D 每相的条目数	3.9

上面列出的三个以数据为中心的事实一般是从 Pauling File 数据库中的数据中推断出来的。

成功的一个关键要求是自信选择要执行的计算策略,因为即使仅有二元体系,也不可能模拟所有成分(考虑每种无机材料具有所有已知的 36000 个可能的原型)。

一般来说,有无限多的无机材料需要研究。但是,我们使用以下问题作为指南,集中研究范围,减少要进行的模拟数量。

(1)特定的化学体系是否包含无机材料?
(2)如果是,每个化学体系中存在多少无机材料?
(3)每种无机材料的化学计量组成是多少?
(4)在给定的条件下,它的稳定原型是什么?

对于问题(1),我们只用一个整数参数 PN,就发现了以数据为中心的强相关性(见上面的数据观测依赖①项)。由于问题(2)~问题(4)没有明确的答案,因此必须利用上面的数据观测,依赖②项和③项,以数据为中心的观察结果,开发一种"变通"的方法。我们知道,对于二元体系,95%的实验已知的无机材料的化学计量比在上述 10 种之中。并且,由于 55%的二元体系存在一个完全确定的相图,因此,我们知道在哪些化学计量比中会出现无机材料,在哪些化学计量比中不会出现无机材料。

如果没有细心选择模拟策略,我们就面临资源浪费的风险,例如模拟用未知

---

① 该文献在本书出版前还未出版。——译者注

化合物形成体系的潜在无机材料;或模拟已知化合物形成体系材料,但在特定的化学计量比下没有无机材料,或者用不太可能的原型模拟(并比较)潜在的无机材料(针对每个考虑中的化学体系)。考虑到这些因素,我们提出以下建议策略步骤。

第1步:从所有模拟中排除明显不可能形成的化学体系,并将重点放在二元体系上(在项目的第2步中扩展到三元体系和四元体系)。

第2步:排除10种最常见的等化学计量比(如 AB、AB_2)的所有化学体系(从其化合物形成的二元相图中,我们知道这种特定的等化学计量比无机材料并不存在)。

第3步:重点关注属于250个最常见的二元原型(1000个成员最多的原型的一部分)的无机材料,代表13331个不同的二元无机材料。对于具有几个独立的实验测定晶体结构的无机材料,首先关注被 LPF 编辑评为"最佳"的合格数据集(优化并分配)。此外,完全优化的数据集优先于分配的数据集。

第4步:对于250个成员最多的二元原型,创建点集 s-、p-、d- 和 f- 元素相关性(基于其已知相),并借助结构图(基于其已知原型)选择 5~10 个竞争原型。这就产生了大约 $250 \times 200 \times (5/10) = 250000/500000$(次)模拟,最终导致 $18000-13331=4669$(次)预测的被模拟无机材料(包括非成型体系)属于所选的竞争原型(目前完全没有相关资料)。

在这里,我们参考了一些已经出版发表的无机材料—概述—控制因素空间[1, 12-14]、元素周期表中化学元素的位置与其在考虑的晶体结构中的位置之间存在相关性,以及存在的原型分类等文献。这使每个原型都有可能用化学意义上的所有元素填充原子位置。

第5步:对于第3步中提到的每个化合物组,通过比较实验数据与模拟数据,以及与具有普适性的无机材料概览图的一致性来评估置信水平。使用只确定晶胞参数的无机材料,根据最稳定的模拟结构进行一致性检查。

第6步:对于具有不止一种改性方法的无机材料,模拟也将温度作为变量(在准谐波近似中),以确定其相变温度。

第7步:模拟已知无机材料和预测无机材料的各种固有物理性质,其中对材料的存在有很高的置信度。确定无机材料已发表数据的置信水平。

第8步:将模拟数据存储在与 Pauling File 数据库结构一致的关系数据库中,并创建动态链接,以便在发生任何变化或修正时自动重新计算模拟数据。

对模拟数据正确性的信任,主要取决于三个因素。

(1)实验的持续验证,特别是 LPF-S/D,因为它代表了模拟的起点。实验 LPF-S/D 数据集上的任何变化都会自动触发新的模拟程序。这种相互作用产生了模拟结构的"信任因素"。

(2)结构确定后,将模拟其固有的物理性质,并与现有的LPF-P(性质)和LPF-C(结构)进行比较。这种相互作用为模拟的性质数据生成一个"信任因素"。此外,可利用现有的11000多个实验确定的二元相图,特别是在这些化学体系中无机材料的化学计量比背景下。

(3)每个模拟结构将永久链接到相应的LPF-S(结构)数据集,作为起始值。这样做的目的是始终能够与相应的实验值进行比较。

5.8 基于AiiDA材料信息学平台的高通量计算工作流

量子力学方法的发展,特别是DFT的发展,使人为干预测定晶体结构及其性质越来越少,同时提升对许多(但绝非仅有)系统和性质的预测精度。这种易用性加上大型计算资源的日益可用性,使可执行的计算数量大幅增加。需要仔细选择计算参数的日子已经一去不复返,取而代之的是,许多计算可以相对容易地进行,以期找到可能进一步计算或用于实验研究重点的趋势。

进行高通量计算也会带来自身的问题,但最重要的两个方面是验证大量模拟的准确性和管理所产生的数据,以便进行进一步的科学研究。AiiDA材料信息学平台达成了这两个目标[15]。下面我们首先介绍AiiDA材料信息学平台,然后讨论进行可靠DFT计算的一个重要方面,即验证赝势计算,最后讨论AiiDA材料信息学平台中的工作流,这是实现高通量计算自动化的基本要素。

5.8.1 AiiDA材料信息学平台

AiiDA是一个用Python语言编写的软件平台,它通过对许多常规任务进行概念化,包括与远程计算机和调度器进行交互和运行代码,以及最重要的是组织和存储计算序列,来自动执行计算的重要方面。文献[15]对AiiDA材料信息学平台进行了全面介绍,这里将对一些最重要的方面进行概述。

AiiDA材料信息学平台的一个基本重点是基于开放源代码模型(open provenance model)的概念,保存导致任何结果的来源。实际上,这意味着AiiDA材料信息学平台维护一个数据库,其结构为有向无环图,由节点组成,代表数据和计算细节,以及编码之间关系的边。例如,所有输入数据节点都连接到它们所使用的计算细节。反过来,这些计算又有链接连接到它们产生的任何输出数据。图5.7显示物源图的一部分示例,其中先晶体结构弛豫,弛豫后的结构用于随后的DFT自洽场(SCF)计算。由于高通量计算产生大量数据,因此保留关于结果来源的资料对于保持可重复性和确保其有效性至关重要。

5.8.2 标准固体赝势库

高通量计算必然导致从单独分析所有计算结果到强调趋势和共同特征的研究的转变。要使这种转变成功,必须相信基础计算选择的理论框架内是正确的。这并不一定意味着计算结果完全反映研究系统的物理性质,因为可能存在忽略或错误地捕捉物理现象的近似值。但是,计算应该是正确的,在一定程度上,它们是完全收敛的,并给出了给定的一组近似值答案。因此,另一位科学家使用同样的近似值在另一个代码中应该得到相同的答案。最近在电子结构界的一项大型比较研究中已经解决了这个问题的一个重要方面[16-17]。

对于目前的项目,平面波 DFT 将是主要的工作手段。在进行这类计算时,一个常见的近似方法是用一个赝势来处理核心电子态,这个赝势应该正确地再现非键电子波函数的某些性质。求解赝势的方法有很多,不同的赝势可以有明显不同的收敛行为。为了对一系列赝势家族进行量化,I. Castelli 和他的同事们进行了一项研究[18],检查了作为平面波

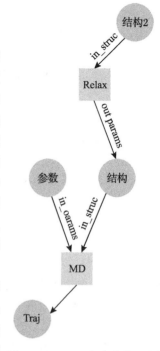

图 5.7 AiiDA 生成的物源图的一部分示例。计算结果显示为正方形,而数据显示为圆形

截止函数的收敛性,包括周期表中几乎所有相关元素的最大声子频率、固体形成能、压力和其他量。在这项工作中,我们将使用 Castelli 等提供的"有效"赝势集和相应的截止值。

5.8.3 工作流

进行高通量计算的另一个重要方面是,能够将科学知识和决策过程编码到工作流(workflows)中,从而自动执行一组计算,并根据之前计算步骤的结果作出决策。AiiDA 材料信息学平台有一个全面的工作流引擎,其设计是为了发挥易用性和灵活性,同时使工作流在出错时易排错。

AiiDA 材料信息学平台提供了两种编写工作流的方式:工作函数(workfunctions)和工作链(workchains)。

5.8.4 工作函数

工作函数本质上是带有装饰符@wf 的 Python 函数,其告诉 AiiDA 材料信息

学平台在调用函数时跟踪所有输入和输出的来源。图 5.8 给出了一个简单的工作流的示例,它将两个数字相加,然后将结果乘以第三个数字。图 5.8(b)中,我们可以看到生成的来源图,它不仅显示了通过工作流的数据流,还显示了用于指示工作函数需要调用的另一个链接。

工作函数的优点是易使用和调试,特别是对于那些已经有 Python 软件背景的用户来说。它们的主要缺点是,如果工作流被故意中断,或者由于故障或崩溃而中断,则无法从停止的位置重新启动,用户必须重新启动整个过程。对于上面的虚构示例,这不是问题;但是对于长时间运行的计算,如 DFT 运行崩溃,工作流重新启动,它将不知道从哪里离开,也不知道如何有效地重新运行所有计算,包括那些已经成功完成的计算。为了解决这些缺点,AiiDA 材料信息学平台支持如下所述的工作链。

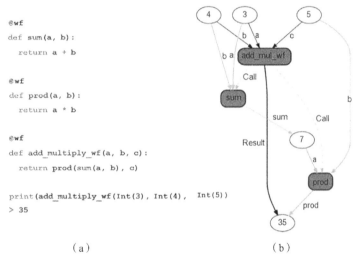

图 5.8 基于工作函数的简单工作流的定义(a)和执行工作流后生成的相应源代码图(b)

5.8.5 工作链

在图 5.9 中,展示了图 5.8 中的工作流,并将其拆分为成单独步骤。组成工作流的步骤序列是在"_define"函数中定义的。虽然这种方法需要更多的代码行数,但它有一个重要的优点,如果工作流因用户干预或错误而终止,则可以从中断的地方继续执行。对于这个假设的示例,这个功能显然是不必要的;但是在实际的工作流中,对于需要执行长时间运行的 DFT 计算的情况下,关闭本地计算机并从错误中恢复的能力是非常宝贵的。作为一个额外的好处,工作链允许用户(可选)以明确的方式指定预期的输入(输出)及数据类型。这可以作为工作流的机器可读描述。此外,AiiDA 工作流引擎将自动负责验证输入和输出。

```
class AddMultiplyWf(Workchain):
    @classmethod
    def _define(cls, spec): super(Workchain,
        cls)._define(spec)

        spec.input("a", valid_type=NumericType)
        spec.input("b", valid_type=NumericType)
        spec.input("c", valid_type=NumericType)
        spec.outline(
            cls.sum,
            cls.prod)

    def sum(self, ctx):
        ctx.sum = self.inputs.a + self.inputs.b

    def prod(self, ctx):
        self.out(ctx.sum * self.inputs.c)
```

图 5.9 工作链反映了图 5.8 中的工作流，并将其拆分为单独的步骤

5.8.6 工作流的应用

对于这个项目，我们使用了能量工作流，它采用带有基本的 DFT 参数输入结构，并试图对原子坐标和晶胞参数进行弛豫以找到局部最小值。这个工作流，如图 5.10 所示，负责在远程集群上提交计算，如果计算在结束前停止，通过重新启动计算来处理有限的时间分配。工作流也将从常见的故障中恢复，例如，当收敛速度太慢时、当对角化算法失败时，或者当弛豫过程以与初始结构截然不同的结构结束时。另外，临时无法向将集群提交计算时，也可以通过自动重新提交来处理。

此外，能量工作流将通过多次重新运行计算，尝试将体积收敛到阈值范围以内。尤其重要的一点是，如果在计算过程中出现很大的体积变化，就必须为新单元生成一个倒易空间向量 G 的新网格。最后，工作流也可以沿着结构倒易晶格的高对称性线准备并进行 Kohn-Sham 能带结构的计算。

如果没有类似能量工作流的东西，根本不可能进行如此大规模的研究，因为所需的人工干预量令人望而却步。

5.9 结论

利用第五科学范式，我们期望能够相比过去更有效地发现新型无机材料（例如，具有预期固有物理性质的），从而缩短从发现新型无机材料到其工业应用的时间。

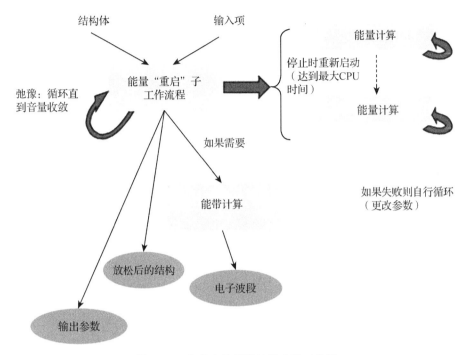

图 5.10 本书中使用的结构弛豫工作流

这种情况发生的时候,我们正在寻求解决现代社会的根本问题的方案,例如全球变暖和能源短缺(开发替代能源以及核能)。事实上,这些问题的解决方案与无机材料研究预测具有最佳特性的新材料的能力密切相关,应特别首要关注最有前途的新型无机材料,以发展加速发现材料的技巧:这是第五科学范式的主要目标。

总之,值得一提的是,单相无机材料的所有固有物理性质(如电子、磁性、超导、铁电性等)都与其晶体结构密切相关,突出了晶体结构分类的关键重要性。然而,我们必须认识到,某些原型是必要的,但并不足以实现单相无机材料预定义的固有物理性质。这种"非单向"条件必然使得,结构原型与固有物理性质的关系将变得复杂,而新的发现只会永远依赖科学家的聪明才智。

致 谢

我们要感谢 MDI 公司(法国/新墨西哥州)的 Erich Wimmer 博士和 Paul Saxe 博士、东北大学(日本仙台)的 Ying Chen、东京大学(日本东京)的 Shuichi Iwata 进行了有趣且富有启发性的讨论。

参考文献

[1] Villars, P., Daams, J., Shikata, Y. et al. (2008). Chem. Met. Alloys 1: 1-23. http://www.chemetal-journal.org.

[2] Daams, J. L. C., van Vucht, I. H. N., and Villars, P. (1992). J. Alloys Compd. 182: 1-33.

[3] Brunner, G. O. and Schwarzenbach, D. (1971). Z. Kristallogr. 133: 127-133.

[4] Villars, P., Cenzual, K., Hulliger, F. et al. (2002). PAULING FILE (LPF), Binaries Edition on CD-ROM. Materials Park, OH: ASM International.

[5] Villars, P., Onodera, N., and Iwata, S. (1998). J. Alloys Compd. 279: 1-7.

[6] Villars, P. and Cenzual, K. (2012/2013). Pearson's Crystal Data: Crystal Structure Database for Inorganic Compounds on CD-ROM, Release. Materials Park, OH: ASM International.

[7] Villars, P. (Editor-in-Chief), Okamoto, H. and Cenzual, K. (Section Editors) (2013). ASM Alloy Phase Diagrams Center. Materials Park, OH: ASM International. http://www.asminternational.org/AsmEnterprise/APD.

[8] (2013/2014). PDF-4$_+$ on CD-ROM, Release. Newtown Square, PA: International Centre for Diffraction Data (ICDD).

[9] Villars, P. (Editor-in-Chief), Hulliger, F., Okamoto, H., and Cenzual, K. (Section Editors) (2013). SpringerMaterials Online, PAULING FILE (LPF) part. Germany, Heidelberg: Springer Verlag. http://www.springerlink/SpringerMaterials.

[10] Cenzual, K., Berndt, M., Brandenburg, K., et al. (2000), ESDD software package, copyright Japan Science and Technology Corporation. JST, Tokyo, Japan.

[11] Parthé, E., Gelato, L., Chabot, B. et al. (1993/1994). Gmelin handbook of inorganic and organometallic chemistry, 8th Ed. In: TYPIX - Standardized Data and Crystal Chemical Characterization of Inorganic Structure Types, vol. 4. Heidelberg: Springer.

[12] Villars, P., Cenzual, K., Daams, J. et al. (2004). J. Alloys Compd. 317-318: 167-175.

[13] Villars, P., Daams, J., Shikata, Y. et al. (2008). Chem. Met. Alloys 1: 210-226. http://www.chemetal-journal.org.

[14] Villars, P. and Iwata, S. (2013). Chem. Met. Alloys 6: 81-108. http://www.chemetal-journal.org.

[15] Pizzi, G., Cepellotti, A., Sabatini, R. et al. (2016). Comput. Mater. Sci. 111: 218-230. https://doi.org/10.1016/j.commatsci.2015.09.013.

[16] Lejaeghere, K., Bihlmayer, G., Björkman, T. et al. (2016). Science 351 (6280): https://doi.org/10.1126/science.aad3000.

[17] Lejaeghere, K., Van Speybroeck, V., Van Oost, G., and Cottenier, S. (2014). Crit.

Rev. Solid State Mater. Sci. 39 (1): 1-24. https://doi.org/10.1080/10408436.2013.772503.

[18] Mounet, N., Gibertini, M., Schwaller, P. et al. (2018). Nature Nanotechnology 13: 246.

第6章 利用机器学习对材料量子特性建模

6.1 引言

基于量子化学计算的材料性能预测的机器学习(ML)模型作为一种新的高通量计算和材料信息学的工具被引入。ML够在几毫秒内估算出一个性质,而使用第一性原理方法需要几小时甚至几天,这对于组合筛选、迭代探索方法、材料设计或势能面的取样都很有吸引力。本章将总结和回顾最近引入的模型,重点在于材料应用和内核岭回归(KRR)的使用。

首先,本章简要介绍 KRR ML 模型的工作原理;其次,讨论使用 KRR 和传统拟合模型的区别,并为 KRR 在材料以及分子特性预测中的应用提供一些一般性指导;再次,从量化化学性质相似性的角度出发,讨论构成化合物的良好表示的标准;最后,对该领域的最新研究和进展进行了简要概述。

6.2 内核岭回归

KRR[1-4]是分子科学和材料科学中最常用的 ML 模型之一。KRR 是一种正则化回归[5],在预测松弛分子结构的性质[6-7]及组合筛选材料[8]方面显示出引人注目的前景。KRR 在核函数基集中扩展了这种性质,其中每个基函数(常为高斯函数、指数函数或多项式)都集中在训练实例上。KRR 既不需要事先定义固定的拟合函数形式,也不存在缺乏灵活性的问题:在零噪声的限制下,可将其简化为插值型重构核方法[9]。

查询材料 m 的属性 p 由训练集中 m 与所有材料 m_i^{train} 之间的加权核 $K(m, m_i^{\text{train}})$ 之和进行预测。

$$p(\boldsymbol{m}) = \sum_i^N \alpha_i K(\boldsymbol{m}, \boldsymbol{m}_i^{\text{train}}) \tag{6.1}$$

回归系数 α_i 是通过最小化训练集中所有分子的属性 $\boldsymbol{p}^{\text{train}}$ 与预测函数之间的欧氏距离(Euclidean distance)得到的,该函数具有一阶吉洪诺夫(Tikhonov)正则化[10-11]:

$$\min_{\boldsymbol{\alpha}} [\ \|\boldsymbol{p}_{\text{ref}}^{\text{train}} - \boldsymbol{p}_{\text{est}}^{\text{train}}\|_2^2 + \lambda \boldsymbol{\alpha}^t \boldsymbol{K} \boldsymbol{\alpha}]$$
$$= \min_{\boldsymbol{\alpha}} [(\boldsymbol{p} - \boldsymbol{K}\boldsymbol{\alpha})^t (\boldsymbol{p} - \boldsymbol{K}\boldsymbol{\alpha}) + \lambda \boldsymbol{\alpha}^t \boldsymbol{K} \boldsymbol{\alpha}]$$
(6.2)

式中：$\boldsymbol{K}$ 为内核矩阵，$K_{i,j} = K(\boldsymbol{m}_i^{\text{train}}, \boldsymbol{m}_j^{\text{train}})$；$(\cdot)^t$ 为矩阵转置；$\lambda \boldsymbol{\alpha}^t \boldsymbol{K} \boldsymbol{\alpha}$ 为 Tikhonov 正则化，它通过惩罚较大的 $\boldsymbol{\alpha}$ 值来防止过度拟合。正则化量用参数 λ 调整。

式（6.2）提出了一个凸优化问题，通过找到表达式为静止的 α 来求解：

$$\frac{\partial}{\partial \boldsymbol{\alpha}}[(\boldsymbol{p} - \boldsymbol{K}\boldsymbol{\alpha})^t (\boldsymbol{p} - \boldsymbol{K}\boldsymbol{\alpha}) + \lambda \boldsymbol{\alpha}^t \boldsymbol{K} \boldsymbol{\alpha}] = 0 \Leftrightarrow$$
$$2\boldsymbol{p}^t \boldsymbol{K} + 2\boldsymbol{\alpha}^t \boldsymbol{K}^2 + 2\lambda \boldsymbol{\alpha}^t \boldsymbol{K} = 0 \Leftrightarrow$$
$$\boldsymbol{p}\boldsymbol{K} = \boldsymbol{\alpha}(\boldsymbol{K} + \lambda \boldsymbol{I})\boldsymbol{K}$$
(6.3)

由于 $\boldsymbol{K}$ 是正定的，因此通过以下方式得到最小化等式（6.2）的 $\boldsymbol{\alpha}$：

$$\boldsymbol{p}(\boldsymbol{K} + \lambda \boldsymbol{I})^{-1} = \boldsymbol{\alpha}$$
(6.4)

图 6.1 显示了如何训练 KKR 模型并将其用于预测样品外化合物性质的示意图。

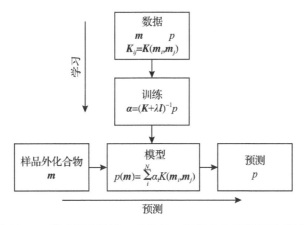

图 6.1　使用 KRR 模型描述材料 m 的特性 p 的训练和预测的流程图。水平流显示如何预测新的样本外材料的属性，垂直流显示如何使用 KRR 在现有数据上训练内核模型，训练系数是通过对正则化核矩阵 $(K+\lambda I)$ 求逆获得的

核函数 $K(\boldsymbol{m}_1, \boldsymbol{m}_2)$ 的最佳选择取决于描述符和实际问题。常用的核函数有线性核函数、高斯核函数和拉普拉斯核函数，它们形式分别是：

线性核函数：$K(\boldsymbol{m}_1, \boldsymbol{m}_2) = \boldsymbol{m}_1^t \boldsymbol{m}_2$

高斯核函数：$K(\boldsymbol{m}_1, \boldsymbol{m}_2) = \exp\left(-\frac{\|\boldsymbol{m}_1 - \boldsymbol{m}_2\|_2^2}{2\sigma^2}\right)$

拉普拉斯核函数：$K(\boldsymbol{m}_1, \boldsymbol{m}_2) = \exp\left(-\dfrac{\|\boldsymbol{m}_1 - \boldsymbol{m}_2\|_1}{\sigma}\right)$

式中：σ 为超参数，用于调整核的宽度。关于优化超参数的系统程序，如 σ 或 λ，在文献[12]中进行了讨论。

6.3 模型评估

显然，在所有的数据拟合工作中，训练数据的性能至少要与样本外测试数据的性能一样好。因此，永远不要仅仅使用训练集来评估模型的质量：它不能反映模型的实际准确性。相反，应该将数据集分为训练集和测试集。然后在训练集上对模型进行拟合，只在测试集上进行模型准确性的评估。当整体数据访问受到限制时，有很多成熟的方法来评估模型的性能，称为交叉验证。它们也可以用来降低统计噪声，文献[12]进行了详细描述。

6.3.1 学习曲线

使用传统拟合模型，例如在对力场进行参数化时，由于所假设的函数形式是固定的，不可避免地存在固有的局限性。因此，传统模型找到的仅仅是所设定结果行为的最佳拟合，如图 6.2 所示，即训练数据上的误差会随着训练集大小的增加而增加，而样本外误差会减小。两种误差都会向同一个有限残差收敛，当训练集上的误差与测试集上的误差近似相等时，该模型就被认为是完全训练过的；如图 6.3 所示。相比之下，KRR 模型的训练集误差仍然非常小——前提是机器的输入 m 满足 6.4 节讨论的某些标准。它不会随着训练数据集的增加而增加，同时避免了过度拟合的现象。因此，通过增加训练数据，可以系统地改善样本外预测的误差，模型可以达到任意高的样本外预测精度。

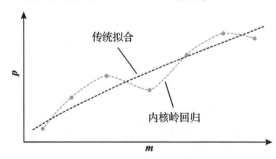

图 6.2 传统拟合模型和 KRR 之间差异的示意图。横轴表示描述符 m，纵轴表示属性 p，而点构成低噪声训练集数据。传统的拟合不足以精确地拟合数据。KRR 具有很高的灵活性，并且可以非常紧密地跨越所有数据点，从而模仿插值的行为

第6章 利用机器学习对材料量子特性建模

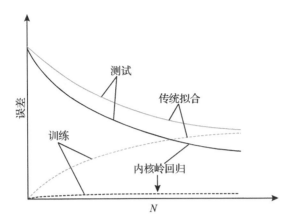

图 6.3 训练和测试集的示意性学习曲线,描绘了 KRR 和传统拟合模型之间的差异。纵轴表示模型的误差。横轴上可以看到训练模型的化合物数量。当使用传统的拟合模型时,测试集上的误差通常会收敛到训练集上的误差,而 KRR 模型中的训练集上的误差仍然很小

在水平轴和垂直轴上用对数坐标绘制样本外误差与训练集大小的关系图,为评估模型的质量提供了一种方便的方法。对于足够多的训练样本,一个好的模型的误差应该渐进地接近幂律递减[4,13]。学习曲线的初始值及其学习率(曲线的斜率)可以用来描述模型的工作情况。这也可用于指示达到目标精度所需的数据量,如图 6.4 所示。

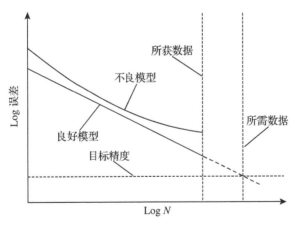

图 6.4 良好和不良 KRR 模型的学习曲线的示意图。垂直轴和水平轴以对数标度表示误差和训练集大小(N)。当以对数坐标绘制时,良好模型的学习曲线应随着 Log N 的增加而渐近线性减小。另一方面,不良 KRR 模型的学习率将会降低

6.3.2 效率提升

KRR 模型可以评估化合物的属性,其评估速度比密度泛函理论或其他平均场第一性原理模型快几个数量级。然而,为了进行公平的比较,我们需要考虑生成训练集所需的时间,以及模型可以预测多少化合物和几何形状。一个定量的测量指标是加速比 η:

$$\eta = \frac{t_{\text{tot}}}{t_{\text{train}} + t_{\text{ML}}} \tag{6.5}$$

式中:t_{tot} 为使用参考方法获得所有感兴趣化合物的性质所需的时间;t_{train} 为使用参考方法计算所有训练化合物(代表感兴趣化合物)的性质所需的时间;t_{ML} 为训练和应用 ML 模型预测所有感兴趣化合物所需的时间。显然,只有当 $\eta \geqslant 1$ 时,使用 ML 模型才有意义。在实际应用中,t_{ML} 比 t_{train} 小几个数量级,从而导致:

$$\eta \lesssim \frac{t_{\text{tot}}}{t_{\text{train}}} \tag{6.6}$$

请注意,t_{tot} 是依赖于问题的,可能很难计算。然而,当存在有限数量的感兴趣化合物时,在假设所有参考计算需要相同的 CPU 时间投入 τ 的情况下,可以进一步简化加速措施,t_{tot} 和 t_{train} 可以分别改写成 N_{tot} 和 N_{train},从而得出直接的公式:

$$\eta \lesssim \frac{N_{\text{tot}}}{N_{\text{train}}} \tag{6.7}$$

例如,在利用 ML[8] 预测 2M 钾冰晶石(elpasolite)晶体的形成能时,为了达到 DFT 的精度,ML 模型需要 1 万个晶体的训练集。结果,总体加速比为 $\eta \approx 200$。

6.4 表示方法

表示方法或描述符 m 是一个向量,它编码化合物的结构和化学信息,可作为 ML 模型的输入项。KRR 和其他大多数 ML 模型都是通过归纳得出的,并且假设所关注的相关化合物应具有与数据集中化合物类似的性质。因此,描述符应反映类似化合物的逐渐变化。描述符的选择对 ML 模型的工作效果起重要作用。本节将讨论一个好的描述符应该具备的性质。

在化合物和描述符之间应该有一个单射映射,即不同的化合物应用不同的描述符来表示。这一点至关重要,否则 ML 模型将无法区分化合物并产生相同的预测值。例如,仅由原子-原子成对特征组成的描述符是描述符和化合物之间具有非单射映射表示的一个典型例子,它将无法区分任意一对同质分子;示例如图 6.5 所示。另一个非单射描述符的例子是仅由共价键组成的分子图。根据构造,这样的描述符不会区分构象异构体,依赖这样的描述符的 ML 模型不能评估某些性质,如折叠。显然有必要使描述符成为一个满射映射,即每个描述符最多有一个化合物。如果一个描述符既是一个满射又是一个单射,那它是一个双射。这意味着每个化合物只有一个描述符。但实际情况并不一定如此。例如,当用完整的图来表示分子时,可以改变顶点的顺序,从而得到一个不同的图,而不改变化合物。施加双射条件可以确保减少了大量的多余信息。根据认识论经验法则,也就是通常所说的奥卡姆剃刀(Occam's razor),这是有利的。

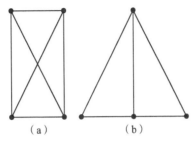

图 6.5 两个具有相同内部距离的同构分子(a)和(b);
因此,仅包含成对信息的描述符将无法区分(a)和(b)

描述符还应该考虑到目标属性函数上的已知约束和不变量,例如分子势能不变的分子平移或旋转。如果通过训练集的简单扩展,而不是通过适当的描述符来解释这些不变量,那么相应的学习曲线偏移量的增加约为 $b\log(k)$,其中 k 是原始训练集 N 必须乘的乘法因子,已获得涵盖了相关不变量维数的扩展训练集 N'。例如,将所有分子绕其 x 轴、y 轴、z 轴旋转 π 来计算旋转自由度,则 $k=3$。

$$\log(\text{Error}) = \log(a) - b\log(N') = \log(a) + b\log(k) - b\log(N) \tag{6.8}$$

因此,忽略不变量必然导致学习曲线表现不佳,即使描述符是唯一的。

特定性能的建模,如光滑势能面,可以用来对描述符的设计施加额外的约束。因此,从化合物到描述符及其逆的映射也可以是平滑的。这样的映射被称为微分同胚,而满足这项准则的基于描述符的度量对涉及差分的物理量(如力)建模是必要的。需要注意的是,当 ML 模型用于预测离散信息时,涉及微分同胚性的判据可以放宽,例如基态晶体结构的性质,因为该性质是离散的。

找到一个能满足大部分或全部标准的描述符不是一个小工程,目前仍在研究中。然而,通过将描述符限制在化学空间的一个子空间(所有可能的原子构型和化学组成),可以大幅简化这个过程。6.5 节将举例说明这一点,并讨论这一领域的进展和发展。还有所谓指纹描述符，它可以看作一种粗粒度的表示，不包含系统的所有信息。指纹图谱可用于测量化合物之间的相似性，并可以用于ML模型。但要，请注意，由于缺乏唯一性，指纹不会随着更多的数据而系统性地改进，并且会有很高的训练集误差，因为它们不能完全代表系统。

6.5 近期发展

本节将简要讨论过去几年的部分工作，包括一些形式的描述符开发和侧重于固体材料的ML。

Schütt等[14]提出使用部分径向分布函数(PRDF)表示化合物。PRDF考虑了原子种类之间成对的径向距离分布。它将该模型用于预测从无机晶体结构数据库中收集的结构的态密度[15-16]。随着训练数据的增加，该模型得到系统的改进。

在文献[17]中，人们试图将已被证明对分子非常有效的库仑矩阵描述符[18-19]推广到周期性系统。"周期化"库仑矩阵用于预测从材料项目数据库中收集的晶体的形成能[20]。随着数据的增加，这些模型得到系统性的改进。然而，学习速度相对较慢，为了达到理想的精度，需要具备大量的训练集。

文献[8]引入了另一种描述符，在不使用显式坐标的情况下，表示在给定晶体结构的每个位置都放了哪些元素。具有n个位置的结构由长度为n的元组来表示，其中元组中的每个位置对应晶体结构中的一个位置。每个元素又用周期表中的行和列来表示。ML模型根据对称性中完全松弛结构的性质进行训练，因此描述符总是指松弛的晶体，而不知道确切的坐标。该模型是在一个数据集上进行训练和测试的，该数据集由包括了到Bi的钾冰晶石晶体结构(ABC_2D_6原型)的主族元素排列组成。利用训练数据对模型进行了系统的改进，在训练集中有1万个晶体时，模型的平均绝对误差小于0.1eV/原子。在考虑该模型的准确率和学习率时，需要注意的是，跨不同组成的学习比跨不同配置的学习更困难。

许多用于材料的指纹描述符已经被开发出来。在文献[21]中，根据材料的密度和结构，提出了几种指纹图。文献[22]提出了另一种指纹，即用以原子为中心的高斯基集的重叠矩阵的特征值来表示结构。

在开发聚合物的描述符方面也取得了进展。文献[23]开发了一种指纹描述符，用于预测聚合物的电子介电常数、离子介电常数和禁带。该指纹包含了使用什么构件块、块对的关系以及三对块的关系等信息。这种指纹尽管不是唯一的，但显示了有前景的结果。

参考文献

[1] Müller, K. R., Mika, S., Rätsch, G. et al. (2001). An introduction to kernel-based learning algorithms. IEEE Trans. Neural Netw. 12 (2): 181-201.

[2] Schölkopf, B. and Smola, A. J. (2002). Learning with Kernels: Support Vector Machines, Regularization, Optimization, and Beyond. MIT Press.

[3] Vovk, V. (2013). Kernel Ridge Regression, 105-116. Berlin, Heidelberg: Springer-Verlag. https://doi.org/10.1007/978-3-642-41136-6_11.

[4] Hastie, T., Tibshirani, R., and Friedman, J. (2011). The Elements of Statistical Learning: Data Mining, Inference, and Prediction, 2e. New York: Springer.

[5] Hoerl, A. E. and Kennard, R. W. (2000). Ridge regression biased estimation for nonorthogonal problems. Technometrics 1: 80.

[6] Montavon, G., Rupp, M., Gobre, V. et al. (2013). Machine learning of molecular electronic properties in chemical compound space. New J. Phys. 15 (9): 095003. http://stacks.iop.org/1367-2630/15/i=9/a=095003.

[7] De, S., Bartók, A. P., Csányi, G., and Ceriotti, M. (2015). Comparing molecules and solids across structural and alchemical space. arXiv:1601.04077.

[8] Faber, F., Lindmaa, A., von Lilienfeld, O. A., and Armiento, R. (2016). Machine learning energies of 2 m elpasolite (abc2d6) crystals. Submitted. arXiv:1508.05315v2. References 179.

[9] Hollebeek, T., Ho, T. S., and Rabitz, H. (2016). A fingerprint based metric for measuring similarities of crystalline structures. J. Chem. Phys. 144 (3): 034203. https://doi.org/10.1063/1.4940026.

[10] Tikhonov, A. N. and Arsenin, V. Y. (1977). Solutions of Ill-Posed Problems. Washington, DC: V. H. Winston & Sons.

[11] Hansen, P. C. (2010). Discrete Inverse Problems: Insight and Algorithms, vol. 7. Philadelphia, PA: SIAM.

[12] Rupp, M. (2015). Machine learning for quantum mechanics in a nutshell. Int. J. Quantum Chem. 115 (16): 1058-1073. https://doi.org/10.1002/qua.24954.

[13] Müller, K. R., Finke, M., Murata, N. et al. (1996). A numerical study on learning curves in stochastic multilayer feedforward networks. Neural Comput. 8 (5): 1085-1106.

[14] Schütt, K. T., Glawe, H., Brockherde, F. et al. (2014). How to represent crystal structures for machine learning: towards fast prediction of electronic properties. Phys. Rev. B 89: 205118. https://doi.org/10.1103/PhysRevB.89.205118.

[15] Belsky, A., Hellenbrandt, M., Karen, V. L., and Luksch, P. (2002). New developments in the inorganic crystal structure database (ICSD): accessibility in support of materials research and design. Acta Crystallogr., Sect. B: Struct. Sci. 58 (3): 364-369. https://

doi. org/10. 1107/S0108768102006948.

[16] Bergerhoff, G. , Hundt, R. , Sievers, R. , and Brown, I. D. (1983). The inorganic crystal structure data base. J. Chem. Inf. Comput. Sci. 23 (2): 66-69. https://doi. org/10. 1021/ci00038a003.

[17] Faber, F. , Lindmaa, A. , von Lilienfeld, O. A. , and Armiento, R. (2015). Crystal structure representations for machine learning models of formation energies. Int. J. Quantum Chem. 115 (16): 1094-1101. https://doi. org/10. 1002/qua. 24917.

[18] Rupp, M. , Tkatchenko, A. , Müller, K. R. , and von Lilienfeld, O. A. (2012). Fast and accurate modeling of molecular atomization energies with machine learning. Phys. Rev. Lett. 108: 058301. https://doi. org/10. 1103/PhysRevLett. 108. 058301.

[19] Hansen, K. , Scheffler, M. , Tkatchenko, A. et al. (2013). Assessment and validation of machine learning methods for predicting molecular atomization energies. J. Chem. Theory Comput. 9 (8): 3404-3419. https://doi. org/10. 1021/ct400195d.

[20] Jain, A. , Ong, S. P. , Hautier, G. et al. (2013). Commentary: The materials project: a materials genome approach to accelerating materials innovation. APL Mater. 1 (1): 011002. https://doi. org/10. 1063/1. 4812323.

[21] Isayev, O. , Fourches, D. , Muratov, E. N. et al. (2015). Materials cartography: representing and mining materials space using structural and electronic fingerprints. Chem. Mater. 27 (3): 735-743. https://doi. org/10. 1021/cm503507h.

[22] Zhu, L. , Amsler, M. , Fuhrer, T. et al. (2016). A fingerprint based metric for measuring similarities of crystalline structures. J. Chem. Phys. 144 (3): 034203. https://doi. org/10. 1063/1. 4940026.

[23] Mannodi-Kanakkithodi, A. , Pilania, G. , Huan, T. D. et al. (2016). Machine learning strategy for accelerated design of polymer dielectrics. Sci. Rep. 6: 20952. https://doi. org/10. 1038/srep20952.

第7章 材料特性的自动化计算

7.1 引言

材料信息学的机器学习模型需要使用大量有关材料的性能和相互关系的数据进行训练。这种模式导致了需要制定用以指导合理的材料设计的描述符。生成计算材料性能的大型数据库需要强大的、集成的、自动化的框架[1]，其内置纠错和标准化的参数集能够在没有研究人员直接干预的情况下用于生成和分析数据。目前，这类框架的例子包括自动流(AFLOW)[2-10]、Materials Project[11-14]、开放量子材料数据库(OQMD)[15-17]、计算材料库[18]及其相关的脚本接口原子模拟环境(ASE)[19]、用于计算科学的自动交互式基础设施和数据库(如 AiiDA)[20-22]，以及开放材料数据库(https.openmaterialsdb.se)及其相关的高通量工具包(HTTK)。其他计算材料科学资源包括由新材料研发(NoMaD)实验室维护的聚合库[23]和理论晶体学开放数据库(TCOD)[24]。为了使这些数据能够被机器学习算法使用，必须将其组织到程序可访问的存储库中[4, 5, 7, 11-12, 15, 23]。这些框架还包含组合和分析来自各种计算数据的模块，以预测复杂的热力学现象，如晶格导热性和机械稳定性等。

计算策略在预测应用材料方面已经取得成功，包括光伏材料[25]、分水器材料[26]、碳捕获和气体储存材料[27-28]、核探测和闪烁体材料[29-32]、拓扑绝缘体材料[33-34]、压电材料[35-36]、热电材料[37-40]、催化[41]和电池阴极材料[42-44]等。目前，计算材料数据已经与机器学习方法结合，预测电性能和热力学性能[45-46]，并可识别超导材料[47]。用来描述无序材料形成的描述符也被构建，该描述符还在预测二元合金体系的玻璃形成能力(GFA)中被应用[48]。这些成功示例表明，通过将自主计算方法生成的结构化数据集、智能化描述符与机器学习相结合，可以加速材料设计。

7.2 自动化计算材料设计框架

材料数据的快速生成取决于自动化框架，如 AFLOW[2-6]、Materials Project 的

Pymatgen[13]和 Atomate[14]、OQMD[15-17]、ASE[19]和 AiiDA[21]。一般的自动化工作流程如图 7.1 所示。这些框架首先创建执行量子力学尺度计算的电子结构代码所需的输入文件,其中初始几何结构是通过优化结构原型获得的(图 7.1(a)、(b))。它们执行并监控这些计算,读取输入和输出文件的错误信息并判断是否为计算错误。根据错误的性质,这些框架配备了规定的解决方案目录,使它们能够调整到恰当的参数并重新开始计算(图 7.1(c))。在计算结束后,这些框架会对输出文件进行解析,提取如总能量、电子禁带和弛豫单元体积等相关材料数据。最后,对计算出的性能进行组织和格式化,以便导入机器可访问、可搜索和可排序的数据库中。

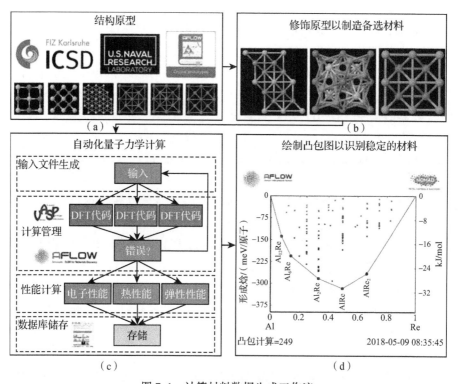

图 7.1 计算材料数据生成工作流

(a)晶体学原型是从 ICSD 或 NRL 晶体结构库等数据库中提取的,或者是通过枚举算法生成的,所示示例适用于岩盐、闪锌矿、纤锌矿、Heusler 合金、反 Heusler 合金和半 Heusler 合金结构;(b)通过改变原子位置上的元素种类来产生新的备选材料;(c)使用自动 DFT 计算来优化几何结构并计算能量、电子、热和弹性性能,监视计算以检测错误,调整输入参数以补偿问题,然后重新运行计算,结果被格式化并添加到在线数据存储库中,以方便程序访问;(d)计算得出的数据用于绘制每种合金系统的凸包相图,以识别稳定的化合物。

除了运行和管理量子力学尺度的计算,这些框架还应用于维护一个用于提取附加性能的大容量后处理库,如从弛豫原子坐标计算 X 射线衍射(XRD)光谱,以及用于凸壳分析以确定稳定化合物的形成焓(图7.1(d))。扭曲结构的计算结果可以合并起来计算热性能和弹性性能[2,49-51],不同成分和结构相的结果可以合并生成热力学相图。

7.2.1 用于新材料发现的数据库的生成和使用

高通量计算材料科学的一个主要目的是探索新的、热力学稳定的化合物。这就需要生成新的、以前没有在文献中报道过的材料结构以填充数据库。其中涉及结构集的分析,如用于确定热力学稳定性,其准确性取决于对各种可能性的充分探索。因此,自主材料设计框架(如 AFLOW)使用晶体学原型生成具有一致性和可重复性的新的材料条目。

晶体学原型是用于生成计算材料研发中涉及的各种材料条目的基本构件。这些原型基于:①自然界中常见的结构[52-53],如图 7.1(b)中所示的岩盐、闪锌矿、纤锌矿或 Heusler 结构;②假想的结构,如文献[54-55]中所述方法所列举的结构。AFLOW 晶体原型库也可在线获取(aflow.org/CrystalDatabase/)[53],用户可以从数百个参数可调的晶体原型中进行选择,也可以对其进行修饰以生成新的用于材料科学计算的输入结构。

然后,可以通过用不同的元素修饰晶体原型中的不同原子位置,生成新的材料。这些修饰后的原型作为从头计算的结构输入。随后对几何结构和能量进行弛豫模拟,构建用于稳定性分析的相。由此生成的材料数据存储在在线数据存储库中,供未来考虑。

给定合金体系的相图可以通过考虑低温极限来近似,在低温极限下,体系的行为由基态决定[56-57]。在组成空间中,下半凸壳定义了系统的最小能量面和基态构型。所有非基态化学计量学都是不稳定的,分解由其正下方的壳面描述。对于二元体系,该面是一条连接线,如图 7.2(a)所示。从这种分解中获得的能量在几何上用化合物与面的(垂直)距离来表示,并量化了形成这种化合物所涉及的激发能量。虽然最小势能面在有限温度下会发生变化(有利于无序结构)。

$T=0$ K 的激发能可以作为相对热力学稳定性的合理描述符[58]。这种分析产生了有价值的信息,如基态结构、激发能和相共存,并存储在在线数据存储库中。这种稳定性数据可以通过在线模块进行可视化和显示,例如由 AFLOW[58]、Materials Project[59]和 OQMD[16,60]开发的模块。图 7.2(b)为 AFLOW 的一个可视化示例。

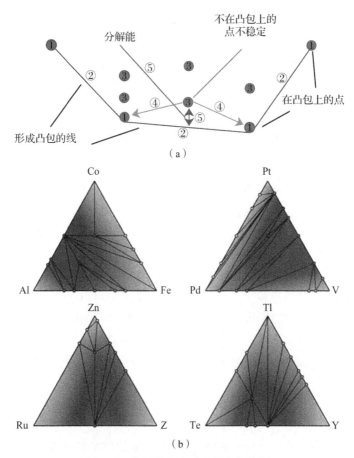

图 7.2 多组分合金系统的凸包相图

(a)图解说明一般二元合金系统 A_xB_{1-x} 的凸包结构,基态结构用红点①表示,最小能量面为蓝色勾勒线②,最小能量面是通过连接最低能量结构和形成凸包的系线形成的,不稳定结构以绿色③显示,分解反应用橙色箭头④表示,分解能用紫色⑤表示;(b)由 AFLOW 生成的三元凸包示例。(注:彩色图片见附录。)

凸壳相图已被用于在各种合金体系中发现新的热力学稳定化合物,包括含铪[61-62]、铑[63]、铼[64]、钌[65]和锝[66]在内的各种过渡金属,以及 Co-Pt 体系[67]。镁合金体系,如轻质 Li-Mg 体系[68]和其他 34 种 Mg 基体系[69]也已被研究。这种方法还用来计算元素在钛合金中的溶解度[70],研究氢对铁钒相分离的影响[71],以及寻找新的超硬氮化钨化合物[72]。这些数据被用来生成 HCP 金属的结构图[73],以及寻找具有 Pt_8Ti 相[74]和 L_{11}、L_{13} 晶体结构[75]的新的稳定化合物。需要注意的是,即使一个结构不位于基态凸壳上,也不能排除它的存在。它可能在特定的温度和压力条件下合成,但在通常环境条件下是亚稳态的。

7.2.2 自动化数据生成的标准化协议

标准计算协议和参数集[6]对于识别材料性能之间的趋势和相关性至关重要。计算量子力学解析材料性质的主要方法是密度泛函理论(DFT)。DFT基于霍恩伯格-科恩(Hohenberg-Kohn)定理[76],该定理认为对于基态系统,势能是密度的唯一函数$V(r)=V(\rho(r))$。这样就可以将电荷密度$\rho(r)$作为计算的中心变量,而不是多体波函数$\Psi(r_1,r_2,\cdots,r_N)$,从而大幅减少了计算的自由度数。

科恩-沈吕九方程(Kohn-Sham equation)[77]将n个相互作用粒子系统的n个耦合方程映射到n个非相互作用粒子的n个独立方程系统上。

$$\left[-\frac{\hbar^2}{2m}\nabla^2+V_s(r)\right]\phi_i(r)=\varepsilon_i\phi_i(r) \tag{7.1}$$

式中:$\phi_i(r)$为非交互的Kohn-Sham本征函数;ε_i为它们的能量本征值。$V_s(r)$为Kohn-Sham势。

$$V_s(r)=V(r)+\int e^2\frac{\rho_s(r')}{|r-r'|}\mathrm{d}^3r'+V_{\mathrm{XC}}[\rho_s(r)] \tag{7.2}$$

式中:$V(r)$为外部势(包括使用赝势时原子核、外加场和核心电子的影响);第二项是库仑势,$V_{\mathrm{XC}}[\rho_s(r)]$是交换关联势。

映射到n个非相互作用粒子系统上的代价是引入交换关联势$V_{\mathrm{XC}}[\rho_s(r)]$,其确切形式是未知的,必须对其做近似处理。最简单的近似是局部密度近似(LDA)[78],即假设空间中某一点的交换相关能的大小与空间中该点的密度大小成正比。尽管LDA很简单,但它能较为准确地描述多种体系的原子结构、弹性特性和振动特性。然而,它往往高估了材料的结合能,甚至将晶体体相按错误的能级顺序排列[79]。LDA的发展是广义梯度近似(GGA),其中交换相关项是电荷密度及其在空间每个点的梯度的函数。GGA有几种形式,包括Perdew、Burke、Ernzerhof(PBE[80])或Lee、Yang和Parr(LYP[81])开发的GGA。最近的发展是meta-GGA强约束-适当规范(SCAN)泛函[82],它满足所有17个已知交换关联函数的精确约束。

LDA和GGA的主要局限性包括由于泛函的局部和半局部性质,它们无法充分描述具有强相关或局域电子的系统。处理方法包括哈伯德U(Hubbard U)修正[83-84]、自相互作用修正[78]和混合函数,如Becke对LYP的三参数修正(B3LYP[85])及Heyd、Scuseria和Ernzerhof的修正(HSE[86])。

在从头算结构预测中,GGA-PBE是常用的标准,因为它往往能产生准确的几何构型和晶格常数[56]。对于强相关效应的计算,DFT+U计算方法[83-84]由于较低的计算成本,在大规模的自动数据库生成中经常受到青睐。然而,传统的 DFT+U 方法需要在势中加入经验因子[83-84]。最近,已经实现了从第一性原理自洽地计算 U 参数的方法,如 ACBN0 函数[87]。

DFT 也存在对激发态/未占据态描述不充分的问题,因为该理论从根本上说是基于基态的。描述激发态的扩展包括含时密度函数理论(TDDFT)[88]和 GW① 修正[89]。然而,这些方法通常比标准 DFT 要昂贵得多,一般不考虑用于生成大规模数据库。

在技术实现层面,有许多可用的 DFT 软件包,包括 VASP[90-93]、Quantum-ESPRESSO[94-95]、ABINIT[96-97]、FHI-AIMS[98]、SIESTA[99] 和 GAUSSIAN[100] 等。这些软件包通常通过基集来区分。有两种基本类型的基集:一种是平面波,其形式为 $\Psi(r) = \sum e^{ik \cdot r}$;另一种是由位于空间中特定点的局部的函数 $\phi_a(r)$ 求和形成的局域轨道,如高斯轨道或数值原子轨道[101]。基于平面波的软件包包括 VASP、QuantumESPRESSO 和 ABINIT,一般比较适合周期性系统,如块体无机材料。基于局部轨道的软件包包括 FHI-AIMS、SIESTA 和 GAUSSIAN,一般比较适合非周期性体系,如有机分子。在自动计算材料科学领域,平面波编码如 VASP 是首选:由于只需调整一个参数,即决定基集中平面波数量的截止能量,因此可以直接自动、系统地生成收敛性良好的数据集。局部轨道基集往往具有更多独立可调的自由度,如每个原子轨道的基轨道数以及它们各自的截止半径,使自动生成可靠的数据集更加困难。因此,典型的材料科学自动计算的标准化协议[6]依赖 VASP 软件包,该软件包的基集截止能量高于 VASP 势文件建议的基集截止能量,并可结合 GGA-PBE。

最后,有必要自动生成倒易空间中用于计算力、能量和电子能带结构的倒易 k 点网格和路径。一般来说,尽管不同的晶格类型已经计算出了优化的网格,并且可以在线获取[103],但 DFT 代码使用标准化方法,如 Monkhorst-Pack 方案[102],生成 k 点网格。优化 k 点网格密度是一个计算成本很高的过程,很难实现自动化,因此采用了基于"每倒易原子 k 点"(KPPRA)概念的标准化网格密度。选择的 KPPRA 值要足够大,以确保所有系统的收敛性。由于 KPPRA 使用的典型推荐值范围为 6000~10000[6],因此计算单元中含有两个原子的材料将具有至少 3000 个点的 k 点网格。如图 7.3 所示[3],倒易空间中的标准化路径也已被定义用于能带结构的计算。这些路径经过优化,包括了晶格的所有高对称性点。

---

① G 为格林函数,W 为动态屏幕库仑相互作用。——译者注

7.3 材料性能的综合计算

AFLOW 等自动化框架将对称性、电子结构、弹性和热行为等特性的计算分析结合到集成的工作流中。晶体对称性信息用于寻找原胞,以减少 DFT 计算量,确定用于在倒易空间中电子能带结构计算的合适路径(图 7.3[3]),以及确定声子和弹性计算时的不等效畸变集。材料的热性能和弹性性能对于预测结构相的热力学和力学稳定性[104-107]以及评估其在各种应用中的重要性具有重要意义。剪切模量和体积模量等弹塑性性质对于预测材料的硬度[108-109]以及材料的耐磨性和变形性非常重要。弹性模量可以用来预测复合材料的特性[110-111]。它们在地球物理学中也很重要,可用于模拟地震波的传播,以研究地质构造的矿物成分[105,112-113]。晶格导热系数 κ_L 是许多重要技术的关键设计参数,如开发新

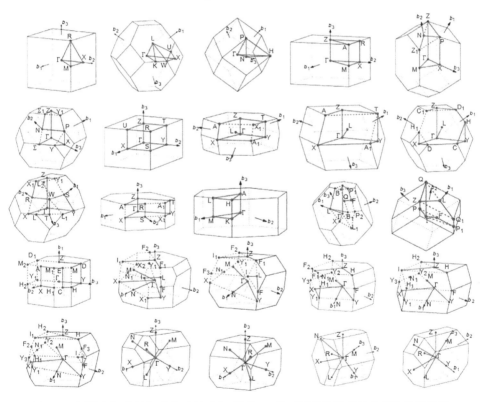

图 7.3 倒易空间中的标准化路径,用于计算 25 种不同晶格类型的电子能带结构[3]

(资料来源:Setyawan 和 Curtarolo 在 2010 发表的成果[3],经 Elsevier 许可复制)

型热电材料[39, 114-115],电子器件热管用散热材料[116]和可重写相变存储器[117]。高导热材料通常具有锌合金或类金刚石结构,是微电子和纳米电子器件中实现高效散热的必要条件[118],在过去几十年里,人们对这些材料进行了深入研究[119]。低导热材料是新一代热电材料和热障涂层的基础[120]。

热性能和弹性性能的计算为集成计算材料设计框架的强大功能提供了一个很好的例子。通过一个单一的输入文件,这些框架可以自动设置和运行不同畸变单元的计算,并结合所产生的能量和力来计算热性能和力学性能。

7.3.1 自主对称性

晶体分析的关键是准确确定对称性剖面。对称性的作用:①验证弹性常数和柔度张量,其中晶体对称性决定了特定张量元素的等价或缺失[50, 106, 121];②减少声子计算所需的从头算次数,其中,在有限位移法的情况下,通过因子群和格位对称性分析确定等效原子和畸变方向[122]。

弹性和振动表征的自主工作流需要相应的稳健对称性分析。不幸的是,标准的对称性软件包[123-126]为了满足不同的使用目的,依赖采取公差调整来克服数值不稳定性和修正非典型数据,而这些数据来自有限的温度测量和不确定的实验报告。这些公差负责验证映射和识别等距,如图7.4(a)中描述的n-倍运算符。一些标准软件包为空间、角度[126],甚至操作类型[123-125](如旋转与反转)定义了单独的公差。每个参数都引入了唯一输入的阶乘展开,这可能产生不同的对称性剖面,如图7.4(b)所示。通过改变空间公差ϵ,可以观察到AgBr的4个不同空间组[ICSD#56551(www.aflow.org/material.php?id=56551)]。在自动化框架中,若无法准确识别出对称性剖面的范围,且该范围内存在未被识别的间隔或空隙,可能会在后续分析中产生重要错误。

晶胞形状是难以确定图谱的原因之一。晶胞中的各向异性,如晶格向量的偏斜性,会导致分数和倒易空间的扭曲。笛卡儿空间中的均匀公差球体,其内部的点被认为是相互映射的,通常会扭曲成一个剪切球体,如图7.4(c)所示。因此,这些空间中的距离与方向有关,影响了快速确定的最小结构的完整性[127],并且通常需要昂贵的算法[128]。这种失效会导致不相称的对称性剖面,即实空间晶格轮廓(如bcc)与倒易空间(fcc)的不一致。

AFLOW中新的AFLOW-SYM模块[128]对公差进行了仔细处理,有广泛的验证方案,以减少上述挑战。尽管用户定义的公差输入仍然可用,但AFLOW默认了两个预定义的公差,即紧公差(标准公差)和松公差。如果发生任何差异,这些默认值都是大型公差扫描的起始值,如图7.4(b)所示。已经采用一些验证方案来捕捉这种差异。这些检查符合结晶学群论原则,验证操作类型和基数[129]。

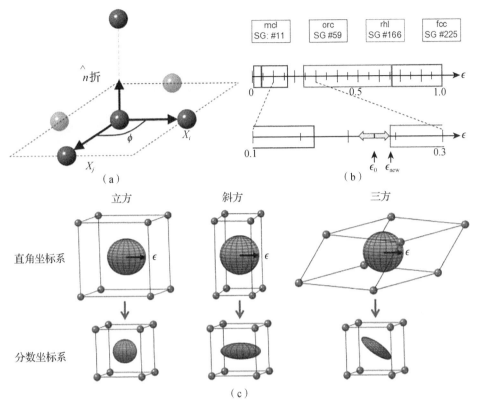

图 7.4 自主对称分析中的挑战

(a)一般 n 折对称操作的图示;(b)AgBr 的映射公差 ϵ(确定可能的空间群(ICSD#56551);
(c)将映射公差范围从直角坐标系转换为分数坐标系而变形。

从对不同极端单元形状的考虑出发,我们定义了一个启发式阈值,以根据偏斜度和映射公差对可能发生映射失败的情况进行分类。当对无机晶体结构数据库中超过 54000 个结构的标准软件包进行基准测试时,AFLOW-SYM 模块始终如一地解析出了与实验观测结果匹配的对称性特征[128]。

除了准确性,AFLOW-SYM 模块还提供了丰富的对称性和表征,以满足任何分析或工作流。在笛卡儿坐标和分数坐标下,矩阵、轴角、矩阵生成器和四元数具有完整的运算符集,包括点、因子、晶体学点、空间群和格点对称性。按对称性破坏程度组织的一系列表征,包括晶格、超晶格、晶体和晶体自旋。空间群和 Wyckoff 位置得到解析。完整的数据集以纯文本和 JSON 格式提供。

7.3.2 弹性常数

根据应力张量或总能量对施加应变的响应计算弹性常数[50-51, 130-132]有两种主要方法。这些方法的自动实现包含在 AFLOW(称为自动弹性库,AEL[51])和 Materials Project 框架[50]中。

为了计算弹性张量,应该在每个独立的方向上对计算单元施加几个不同的法向应变和剪切应变[50-51],如图 7.5(a) 所示。通过 DFT 计算单元上的方向力得到应力张量元素 σ_{ij},然后可以与施加的应变 ϵ_{ij} 进行拟合,以刚度张量的形式得到相应的弹性常数 c_{ij}:

$$\begin{pmatrix} \sigma_{11} \\ \sigma_{22} \\ \sigma_{33} \\ \sigma_{23} \\ \sigma_{13} \\ \sigma_{12} \end{pmatrix} = \begin{pmatrix} c_{11} & c_{12} & c_{13} & c_{14} & c_{15} & c_{16} \\ c_{12} & c_{22} & c_{23} & c_{24} & c_{25} & c_{26} \\ c_{13} & c_{23} & c_{33} & c_{34} & c_{35} & c_{36} \\ c_{14} & c_{24} & c_{34} & c_{44} & c_{45} & c_{46} \\ c_{15} & c_{25} & c_{35} & c_{45} & c_{55} & c_{56} \\ c_{16} & c_{26} & c_{36} & c_{46} & c_{56} & c_{66} \end{pmatrix} \begin{pmatrix} \epsilon_{11} \\ \epsilon_{22} \\ \epsilon_{33} \\ 2\epsilon_{23} \\ 2\epsilon_{13} \\ 2\epsilon_{12} \end{pmatrix} \quad (7.3)$$

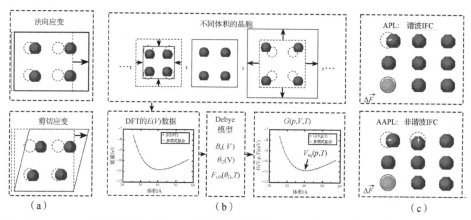

图 7.5 (a) AEL 对晶体结构施加一组独立的法向应变和剪切应变,以获得弹性常数。(b) AGL 对单位晶胞施加一组各向同性应变,以获取能量与体积的数据,通过多项式拟合该数据,以便计算体积模量与体积的函数 $B_S(V)$。使用 $B_S(V)$ 来计算狄拜(Debye)温度与体积的关系,从而计算出振动自由能与温度的关系。然后,对于每个压力和温度点,吉布斯自由能随体积的变化要最小化,以获得平衡体积和其他热力学性能。(c) APL 从超级单元计算中获得谐波原子间力常数(IFC),其中不等价原子沿不等方向位移,计算作用在其他原子上的力的变化。最后,将 IFC 用于构建动态矩阵,将其对角化以获得声子本征模。AAPL 通过执行超单元计算来计算三声子散射效应,其中成对的不等价原子在不等方向上位移,并且计算了在超单元中其他原子上的力的变化,从而获得了三阶非谐 IFC。

使用映射 11→1、22→2、33→3、23→4、13→5 和 12→6[105]，以 6×6 沃伊特（Voigt）符号编写。对称性分析，如 AFLOW-SYM 提供的对称性分析，在立方系统中可用于将所需计算的次数减少至 1/3，同时也可以用来验证计算出的张量[106]。

弹性常数可用于沃伊特或罗伊斯（Reuss）近似，对于多晶材料来说，这分别对应于假定均匀应变和均匀应力，并给出弹性模量的上下限。在 Voigt 近似中，体量模量表示为

$$B_{\text{Voigt}} = \frac{1}{9}[(c_{11}+c_{22}+c_{33})+2(c_{12}+c_{23}+c_{13})] \quad (7.4)$$

剪切模量表示为

$$G_{\text{Voigt}} = \frac{1}{15}[(c_{11}+c_{22}+c_{33})-(c_{12}+c_{23}+c_{13})]+\frac{1}{5}(c_{44}+c_{55}+c_{66}) \quad (7.5)$$

Reuss 近似使用顺应性张量 s_{ij} 元素（刚度张量的倒数）计算体积模量：

$$\frac{1}{B_{\text{Reuss}}} = (s_{11}+s_{22}+s_{33})+2(s_{12}+s_{23}+s_{13}) \quad (7.6)$$

而剪切模量公式为

$$\frac{15}{G_{\text{Reuss}}} = 4(s_{11}+s_{22}+s_{33})-4(s_{12}+s_{23}+s_{13})+3(s_{44}+s_{55}+s_{66}) \quad (7.7)$$

将这两个近似值结合起来，得到体积模量的 Voigt-Reuss-Hill（VRH）平均值[133]：

$$B_{\text{VRH}} = \frac{B_{\text{Voigt}}+B_{\text{Reuss}}}{2} \quad (7.8)$$

和剪切模量：

$$G_{\text{VRH}} = \frac{G_{\text{Voigt}}+G_{\text{Reuss}}}{2} \quad (7.9)$$

泊松比 ν 为

$$\nu = \frac{3B_{\text{VRH}}-2G_{\text{VRH}}}{6B_{\text{VRH}}+2G_{\text{VRH}}} \quad (7.10)$$

7.3.3 准谐波 Debye-Grüneisen 模型

热性能可以通过几种不同的方法来预测，如准谐波 Debe-Grüneisen 模型，该模型使用体积作为温度指标[49]，以及通过 IFC 动力学矩阵计算声子色散[122]。

从一组简单的静态晶胞计算得到的能量对体积的数据可以拟合到准谐波 Debe-Grüneisen 模型中，如 GIBBS 方法[49, 51, 134]，从而得到热性能，如图 7.5(b)所示。该方法已在 AFLOW 框架中以自动 GIBBS 库（AGL）的形式实现。

首先,绝热体积模量 BS 作为单元体积 V 的函数,可以通过两种方式获得:①将 $E_{DFT}(V)$ 数据拟合到状态方程(EOS)来获得;②采用 $E_{DFT}(V)$ 多项式拟合的数值二阶导数,得到静态体积模量 B_{static}:

$$B_S(V) \approx B_{static}(\boldsymbol{x}) \approx B_{static}(\boldsymbol{x}(V))$$
$$= V\frac{\partial^2 E(\boldsymbol{x}(V))}{\partial V^2} = V\frac{\partial^2 E(V)}{\partial V^2} \quad (7.11)$$

在 AGL 内已经采用了三种不同的经验 EOS:Birch-Murnaghan EOS[105, 134-135]、Vinet EOS[134, 136] 和 Baonza-Cáceres-Núñez spinodal EOS[134, 137]。然而,这些 EOS 通常会给计算结果带来额外的误差,因为它们是针对特定的系统和压力-温度体系进行校准的。最近的研究发现 B 的数值计算与经验 EOS 一样可靠[51]。因此,数值方法是自动生成 AFLOW 数据库热力学性能的默认方法。

体积模量可以用来计算作为体积函数的 Debye 温度:

$$\theta_D(V) = \frac{\hbar}{k_B}[6\pi^2 V^{\frac{1}{2}} n]^{\frac{1}{3}} f(\nu)\sqrt{\frac{B_S}{M}} \quad (7.12)$$

式中:M 为晶胞的质量;$f(\nu)$ 为泊松比 ν 的函数:

$$f(\nu) = \left\{3\times\left[2\times\left(\frac{2}{3}\cdot\frac{1+\nu}{1-2\nu}\right)^{\frac{3}{2}} + \left(\frac{1}{3}\cdot\frac{1+\nu}{1-\nu}\right)^{\frac{3}{2}}\right]^{-1}\right\}^{\frac{1}{3}} \quad (7.13)$$

AFLOW 框架提供的积分允许直接自动从 AEL 计算中获得表达式(7.10)所需的 ν 值。

为了获得特定 (p,T) 点的平衡体积,吉布斯(Gibbs)自由能与体积的关系应最小化。在准谐近似(QHA)中,自由能的振动分量 $F_{vib}(\boldsymbol{x};T)$ 为

$$F_{vib}(\boldsymbol{x};T) = \int_0^\infty \left[\frac{\hbar\omega}{2} + \frac{1}{\beta}\log(1-e^{-\beta\hbar\omega})\right]g(\boldsymbol{x};\omega)d\omega \quad (7.14)$$

式中:$\beta = (k_B T)-1$;$g(\boldsymbol{x};\omega)$ 为状态的声子密度,取决于系统几何形状 $\boldsymbol{x}$。在 Debye-Grüneisen 模型中,F_{vib} 可以写为

$$F_{vib}(\theta_D;T) = \frac{n}{\beta}\left[\frac{9}{8}\frac{\theta_D}{T} + 3\log(1-e^{\frac{-\theta_D}{T}}) - D\frac{\theta_D}{T}\right] \quad (7.15)$$

其中,$D(\theta_D/T)$ 为 Debye 积分:

$$D\left(\frac{\theta_D}{T}\right) = 3\left(\frac{T}{\theta_D}\right)^3 \int_0^{\frac{\theta_D}{T}} \frac{x^3}{e^x-1}dx \quad (7.16)$$

接下来,全 Gibbs 自由能作为温度和压力的函数,通过以下方式计算出来:

$$G(V;p,T) = E_{DFT}(V) + F_{vib}(\theta_D(V);T) + pV \quad (7.17)$$

并由 V 的多项式拟合,其最小值为平衡体积 V_{eq}。请注意,G 用于表示剪切模量,而 G 用于表示吉布斯自由能。然后,θ_D 由在 V_{eq} 处的数值确定,而其他热性能,

如 Grüneisen 参数,可以用表达式来计算:

$$\gamma = -\frac{V}{\theta_D}\frac{\partial \theta_D(V)}{\partial V} \tag{7.18}$$

恒定体积下的比热容表达式为

$$C_{V,\text{vib}} = 3nk_B\left[4D\frac{\theta_D}{T} - \frac{3\theta_D/T}{e^{\theta_D/T}-1}\right] \tag{7.19}$$

而恒定压力下的比热容公式为

$$C_{p,\text{vib}} = C_{V,\text{vib}}(1+\alpha\gamma T) \tag{7.20}$$

式中:α 为热膨胀系数。

$$\alpha = \frac{\gamma C_{V,\text{vib}}}{B_T V} \tag{7.21}$$

晶格导热系数可以用 Debye 温度和 Grüneisen 参数,以 Leibfried-Schlömann 方程[138-140]计算:

$$\kappa_L(\theta_a) = \frac{0.849 \times 3\sqrt[3]{4}}{20\pi^3(1-0.514\gamma_a^{-1}+0.228\gamma_a^{-2})} \times \left(\frac{k_B\theta_a}{\hbar}\right)^2 \frac{k_B m V^{\frac{1}{3}}}{\hbar\gamma_a^2} \tag{7.22}$$

式中:V 为单位晶胞体积;m 为平均原子质量;θ_a、γ_a 分别为仅考虑声学模式得到的声学 Debye 温度、Grüneisen 参数,条件是晶体中光学声子模式不促进热传输[139-140]。θ_a 和 γ_a 可以只考虑声学模式,直接从声子 DOS 中得出[139-141]。θ_a 也可以使用表达式 $\theta_a = \theta_D n^{-1/3}$,从传统的 Debye 温度 θ_D 中估算[139-140]。由于从传统的 Grüneisen 参数中提取 γ_a 没有简单的方法,因此在 AEL-AGL 方法中采用近似值 $\gamma_a = \gamma$ 来计算导热系数,用表达式 $\kappa_L(T) = \kappa_L(\theta_a)\theta_a/T$ [139-140,142]来估算除 θ_a 以外的其他温度下的导热系数。

7.3.4 谐波声子

热性质也可以通过直接从 IFC 的动力学矩阵计算声子色散来获得。该方法在 AFLOW 声子库(APL)中实现[2]。IFC 是根据一组超晶胞计算确定的,其中原子从其平衡位置移开[122],如图 7.5(c)所示。

IFC 来自晶体中原子平衡位置的势能 V 的泰勒(Taylor)展开式:

$$\begin{aligned} V = V\bigg|_{r(i,t)=0,\forall i} &+ \sum_{i,\alpha}\frac{\partial V}{\partial r(i,t)^\alpha}\bigg|_{r(i,t)=0,\forall i} r(i,t)^\alpha + \\ \frac{1}{2}\sum_{\substack{i,\alpha,\\j,\beta}}&\frac{\partial^2 V}{\partial r(i,t)^\alpha \partial r(j,t)^\beta}\bigg|_{r(i,t)=0,\forall i} r(i,t)^\alpha r(j,t)^\beta + \\ \cdots& \end{aligned} \tag{7.23}$$

式中:$r(i,t)^\alpha$ 为第 i 个原子关于平衡位置的随时间变化的原子位移 $r(t)$ 的 α-笛卡儿(Cartesian)分量($\alpha = x,y,z$);$V|r(i,t) = 0, \forall i$ 为晶体在平衡构型下的势能;$\partial V/\partial r(i,t)^\alpha|_{r(i,t)=0,\forall i}$ 为平衡构型中作用在原子 i 上的 α 方向的力的负值(定义为零),$\partial^2 V/\partial r(i,t)^\alpha \partial r(j,t)^\beta|_{r(i,t)=0,\forall i}$,构成 IFC $\phi(i,j)_{\alpha,\beta}$。在一阶近似下,$\phi(i,j)_{\alpha,\beta}$ 是在所有其他原子保持平衡位置的情况下,当 j 原子在 β 方向上发生位移时,在 α 方向上施加在 i 原子上的力的负值,如图 7.5(c)所示。在谐波近似中,所有的高阶项都被忽略了。

相应地,晶格的运动方程为

$$M(i)\ddot{r}(i,t)^\alpha = -\sum_{j,\beta} \phi(i,j)_{\alpha,\beta} r(j,t)^\beta \quad \forall i,\alpha \tag{7.24}$$

并且可以用平面波解的形式来求解:

$$r(i,t)^\alpha = \frac{\nu(i)^\alpha}{\sqrt{M(i)}} e^{i(q \cdot R_l - \omega t)} \tag{7.25}$$

式中:$\nu(i)^\alpha$ 为声子本征向量(极化向量);$M(i)$ 为第 i 个原子的质量;q 为波向量;R_l 为晶格点 l 的位置;ω 构成声子特征值(频率)。这种方法与周期势(Bloch 布洛赫波)中的电子所采取的方法几乎相同[143]。将此解插入运动方程[式(7.24)]中,可得到一组线性方程:

$$\omega^2 \nu(i)^\alpha = \sum_{j,\beta} D_{i,j}^{\alpha,\beta}(q) \nu(j)^\beta \quad \forall i,\alpha \tag{7.26}$$

其中,动力学矩阵 $D_{i,j}^{\alpha,\beta}(q)$ 定义为

$$D_{i,j}^{\alpha,\beta}(q) = \sum_l \frac{\phi(i,j)_{\alpha,\beta}}{\sqrt{M(i)M(j)}} e^{-iq \cdot (R_l - R_0)} \tag{7.27}$$

该问题可以用标准特征值方程等价地表示:

$$\omega^2 [\nu] = [D(q)][\nu] \tag{7.28}$$

其中,动力学矩阵和声子特征向量的维数分别为($3n_a \times 3n_a$)和($3n_a \times 1$),n_a 为晶胞中的原子数。因此,式(7.28)有 $3n_a$ 解/模,称为以 λ 为索引的分支。实际上,式(7.28)是对离散的 q 点集进行求解,以计算声子态密度(所有可能的 q 的网格)和色散(沿晶格的高对称路径[3])。因此,分别将声子本征值和特征向量表示为 $\omega_\lambda(q)$ 和 $\nu_\lambda(q)$。

与电子哈密顿(Hamiltonian)量相似,动力学矩阵是赫米特式(Hermitian),即 $D(q) = D^*(q)$。$\omega_\lambda^2(q)$ 必须是实数,$\omega_\lambda(q)$ 可以是实数,也可以是纯虚数。然而,纯虚频率对应的是晶格的振动运动,其振动运动随时间呈指数级增长。因此,虚频率,或者对应于软模式,表明该结构在动态上是不稳定的。在对称高温相的情况下,软模式表明存在一个稳定在 $T=0K$ 的低对称结构。

温度对声子频率的影响可以用以下方法建模：

$$\widetilde{\omega}_\lambda^2(\boldsymbol{q},T) = \omega_\lambda^2(\boldsymbol{q},T=0) + \eta T \tag{7.29}$$

式中：η 一般为正值。对称和稳定两种结构的不同之处在于这种冻结(非振动)模式所对应的失真。加热后，温度项增加，直到频率达到零，发生从稳定结构到对称结构的变化[144]。

实际上，软模式[145]可能表示以下情况：①结构在 T 处动态不稳定；②结构的对称性低于所考虑的对称性，可能是由于磁性；③强电子相关性；④长程相互作用发挥了重要作用，应考虑更大的超胞。

通过计算出的声子态密度，可以计算出以下热性质，内部振动能：

$$U_{\text{vib}}(\boldsymbol{x},T) = \int_0^\infty \left(\frac{1}{2} + \frac{1}{e^{(\beta\hbar\omega)} - 1}\right) \hbar\omega g(\boldsymbol{x};\omega) \mathrm{d}\omega \tag{7.30}$$

自由能 $F_{\text{vib}}(\boldsymbol{x};T)$ [式(7.14)] 的振动分量振动熵为

$$S_{\text{vib}}(\boldsymbol{x},T) = \frac{U_{\text{vib}}(\boldsymbol{x},T) - F_{\text{vib}}(\boldsymbol{x};T)}{T} \tag{7.31}$$

等比热容为

$$C_{V,\text{vib}}(\boldsymbol{x},T) = \int_0^\infty \frac{k_\text{B}(\beta\hbar\omega)^2 g(\boldsymbol{x};\omega)}{(1 - e^{-(\beta\hbar\omega)})(e^{(\beta\hbar\omega)} - 1)} d\omega \tag{7.32}$$

7.3.5 准谐声子

谐波近似不能描述声子-声子散射，因此不能用于计算热导率或热膨胀等性能。为了获得这些性能，可以使用准谐波近似(QHA)，或者对高阶非谐 IFC 进行完整的计算。QHA 是这两种方法中计算量较小的方法，它可以通过比较不同体积下的声子性质的谐波计算来预测谐波性质。不同体积的计算可以是上述谐波声子计算[146-147]或简单的静态晶胞计算[49, 134]。QHA 在 APL 内实施，称为 QHA-APL[49]。在准谐波声子计算的情况下，系统的非谐波性由模态解析的 Grüneisen 参数描述，该参数由声子频率随体积的变化给出：

$$\gamma_\lambda(\boldsymbol{q}) = -\frac{V}{\omega_\lambda(\boldsymbol{q})} \frac{\partial \omega_\lambda(\boldsymbol{q})}{\partial V} \tag{7.33}$$

式中：$\gamma_\lambda(\boldsymbol{q})$ 为波矢量 $\boldsymbol{q}$ 和 λ 阶模的声子色散参数。各模 C_V、$\lambda(\boldsymbol{q})$ 的比热容加权后的平均 $\gamma_\lambda(\boldsymbol{q})$ 值为平均 Grüneisen 参数。

$$\gamma = \frac{\sum_{\lambda,\vec{q}} \gamma_\lambda(\boldsymbol{q}) C_{V,\lambda}(\boldsymbol{q})}{C_V} \tag{7.34}$$

然后，可以使用类似于 7.3.3 节中描述的表达式，将比热容、Debye 温度和 Grüneisen 参数结合起来计算其他性质，如恒压下的比热容 C_p、热膨胀系数 α 和晶格导热系数 κ_L[147]。

7.3.6 非谐声子

非谐波 IFC 的完全计算需要进行超晶胞计算，其中成对的不等价原子在所有对不等价方向上需要考虑位移情况[148-157]，如图 7.5(c) 所示。然后，可以通过计算这些位移对所有其他原子的力的变化来获得三阶非谐 IFC。该方法之一已经在 AFLOW 框架中以全自动集成工作流的形式实现，称为 AFLOW 非谐声子库(AAPL)[157]。与精确的电子结构方法相结合，该方法可以提供非常精确的晶格热导率结果[157]，但对于具有多个不等价原子或低对称性的系统，这种方法很快就变得非常昂贵。因此，更简单的方法，如准谐波 Debye 模型往往用于初步的快速筛选[49,51]，而更精确和昂贵的方法用于表征有希望应用到特定工程的系统的性能。

7.4 在线数据库

要想让其他研究人员使用自动从头算框架生成的大量数据，需要超越传统的、以期刊文章形式传播科学成果的方法；相反，这些数据通常是在在线数据储存库中可用的数据，通常可以通过交互式网络门户手动访问，也可以通过应用程序编程接口(API)以编程方式访问。

7.4.1 计算材料数据门户网站

大多数计算数据储存库包含一个交互式网络门户前端，支持手动数据访问。这些网络门户通常包括在线应用程序，以方便数据检索和分析。图 7.6(a) 显示了 AFLOW 数据库的首页，主要功能包括一个搜索栏，可以在这里输入 ICSD 参考号、AFLOW 唯一标识符(AUID)或化学式等信息，以便检索特定的材料条目。下面是链接到几个不同的在线应用程序的按钮，如高级搜索功能、凸壳相图生成器、机器学习应用程序[45,158-159]和 AFLOW 在线数据分析工具。

高级搜索应用的链接由橙色方块高亮显示，应用程序页面如图 7.6(b) 所示。高级搜索应用程序允许用户搜索含有(或排除)特定元素或元素组的材料，还可以按照电子带结构能隙(在"电子"性能滤波器组下)和体积模量(在"机械"性能滤波器组下)等性能对搜索结果进行过滤和排序。这使得用户可以确定具有适合特定应用的候选材料。

AFLOW 门户网站上的另一个在线应用程序是凸壳相图生成器。该应用程序可以通过单击图 7.6(a)中橙色方块突出显示的按钮来访问,它将弹出一个周期表,允许用户选择两个或三个要生成凸壳的元素。然后,该应用程序将访问相关合金体系中材料条目的形成焓和化学计量学,并使用这些数据生成如图 7.6(c)所示的二维或三维凸壳相图。该应用是完全交互式的,用户可调整能量轴的比例,旋转图表从不同的方向查看,并选择特定的点来获得相应条目的更多信息。

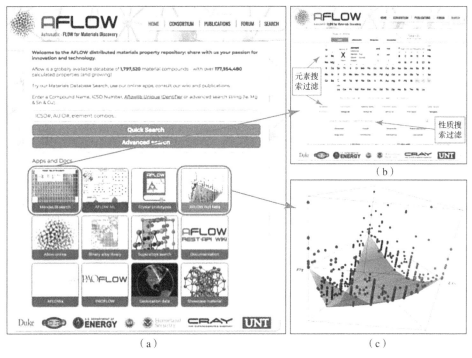

图 7.6 (a)AFLOW 在线数据存储库的首页,突出显示了指向(b)AFLOW 高级搜索应用程序的链接,该链接可简化复杂的搜索查询,包括通过化学成分和材料特性进行过滤,以及(c) AFLOW 交互式凸包生成器,显示了 Pt-Sc-Zn 三元合金系统的 3D 凸包

7.4.2 可编程访问的计算材料性能数据库

为了在机器学习算法中使用材料数据,应将其存储在结构化的在线数据库中,并通过表述性状态转移 API(REST API)以编程方式访问这些数据。在线材料数据库的例子包括 AFLOW[4-5]、Materials Project[11]和 OQMD[15],还有一些资源库将多个来源的结果汇总,如 NoMaD[23]和 Citrine[160]。

REST API 促进了数据库编程访问。典型的数据库如 AFLOW 是分层组织的,顶层对应项目或目录(如二元合金),下一层对应数据集(如特定合金体系的所有条目),底层对应特定材料条目,如图 7.7(a)所示。

以 AFLOW 数据库为例,目前有 4 个不同的项目,即"ICSD""LIB1""LIB2"和"LIB3"项目,还有 3 个正在建设的项目:"LIB4""LIB5"和"LIB6"。"ICSD"项目包含了以前观测到的化合物的计算数据[52],而其他 3 个项目分别包含了单元素、二元合金和三元合金的计算数据,

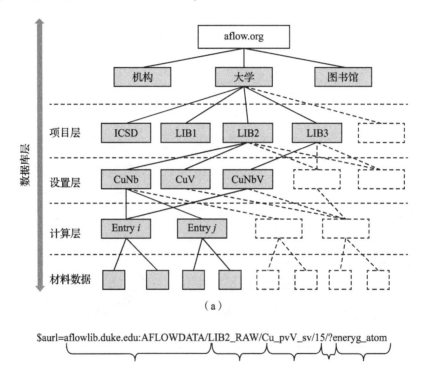

图 7.7 (a)AFLOW 数据库组织为多层系统;(b)一个 AURL 的示例,它可以直接通过编程方式访问 AFLOW 数据库中的特定物料输入属性

通过用不同元素的组合修饰原型结构构建数据库。在"LIB2"和"LIB3"中,有许多不同的数据集,每个数据集都对应着特定的二元合金体系或三元合金体系。集合中的每个条目都对应特定的原型结构和化学计量学。这些条目的材料属性值都是通过关键字进行编码的,数据可以通过由不同图层名和相应关键字构建的 URL 来访问。在 AFLOW 数据库的情况下,每个层和条目的位置由 AFLOW 统一资源定位器(AURL)[5]识别,该定位器可以转换为 URL,为特定层、

条目或属性提供绝对路径。AURL 采用的服务器形式为 AFLOWDATA/project/set/entry/? keywords,例如,flowlib.duke.edu:AFLOWDATA/LIB2_RAW/Cu_pvV_sv/15/? energy_atom,其中 aflowlib.duke.edu 为数据所在物理服务器的网址,LIB2_RAW 为二元合金项目层,Cu_pvV_sv 为包含二元合金体系 Cu-V 的集合,15 为四方晶格中成分为 Cu_3V 的具体条目,而 energy_atom 对应单位为 eV 的每个原子的能量属性关键字,如图 7.7(b) 所示。通过将服务器名称后的":"改为"/",可以将每个 AURL 转换为 Web URL,图 7.7(b) 中的 AURL 将成为:

URL aflowlib.duke.edu/FLOWDATA/LIB2_RAW/Cu_pvV_sv/15/? energy_atom

如果通过网络浏览器或使用 UNIX 工具(如 wget)查询,此 URL 返回 Cu-V 二元合金体系第 15 条目的原子平均能量(以 eV 为单位)。

除了 AURL,AFLOW 数据库中的每个条目还与一个 AUID[5] 相关联,AUID 是唯一的十六进制(以 16 为基数)数字,由该条目的 AFLOW 输出文件校验和构造而成。由于特定条目的 AUID 总是可以通过对输出文件应用的校验和程序来重建,因此它作为每次计算的永久的、唯一的说明符,而与数据存储的当前物理位置无关。这使其可以从不同的服务器上检索特定计算的结果,从而构建一个真正的分布式数据库,该数据库对物理硬件的故障或重新定位具有很强的鲁棒性。实际的数据库版本可以从用于解析计算输出文件和后处理结果以生成数据库条目的 AFLOW 版本中识别出来。这些信息可以使用关键字"aflowlib_version"来检索。

通过实现一个搜索 API,可以将前端门户的搜索和排序功能与 REST API 的编程数据访问功能结合。AFLUX Search-API 使用 LUX 语言支持在 URL 查询字符串中嵌入逻辑运算符[161]。例如,可以使用命令:aflowlib.duke.edu/search/API/? species((Cu:V),(!Ti)),Egap($2^*,^*5$),energy_atom 来检索 AFLOW 资源库中每个包含 Cu 或 V 元素(不包含 Ti 元素)电子带隙在 2~5eV 的条目的原子平均能量。在这个 AFLUX 搜索查询中,逗号","表示逻辑 AND 操作,冒号":"表示逻辑 OR 操作,感叹号"!"表示逻辑 NOT 操作,星号"*"表示定义搜索范围的"loose"(松散)操作。请注意,默认情况下,AFLUX 只返回与搜索查询匹配的前 64 个条目。可以通过将分页指令附加到搜索查询的末尾来控制条目数和集,如下所示:

aflowlib.duke.edu/search/API/? species((Cu:V),(!Ti)),Egap($2^*,^*5$),energy_atom,paging(0)

其中参数"0"调用分页指令将指示 AFLUX 返回所有匹配的条目(注意,这可能是大量数据,具体取决于搜索查询)。AFLUX Search-API 允许用户构建和检索自定义的数据集,用户可以将这些数据输入材料信息学机器学习包中,以识别趋势和相关性,并应用于合理的材料设计中。

使用 API 提供编程访问正在扩展到材料数据检索之外,以实现远程使用预先训练的机器学习算法。AFLOW-ML API[159] 有助于访问可在线提供(aflow.org/aflow-ml)的两个机器学习模型。该 API 允许用户使用 cURL 等实用工具提交感兴趣材料的结构数据,然后以 JSON 格式返回模型的预测结果。通过编程访问机器学习预测,可以将机器学习纳入材料设计工作流中,从而实现快速预筛选,自动选择有希望的候选材料进行进一步的研究。

7.5 应用

计算材料科学的自动化方法已应用于加速结构用材料(如金属玻璃和超合金)和功能材料(包括热电、磁体、催化剂、电池、光伏和超导体)的设计。

7.5.1 无序材料

7.2 节描述了如何利用计算材料数据库(如 AFLOW[2,4-6])中可用的形成焓生成的凸壳相图来预测有序化合物在温度为 0 K 下的热力学稳定性。然而,在有限温度下,热驱动造成的无序引起的熵变化很重要,会形成如金属玻璃和固体溶液等无序材料。在给定的温度和压力下,热力学上稳定相是吉布斯自由能最低的相。由于吉布斯自由能中的熵项与温度 T 相乘,因此温度越高,熵对吉布斯自由能的贡献越重要。材料的熵有两个主要部分:振动熵 S_{vib},可以根据 7.3 节中描述的声子色散或德拜模型计算;组态熵 S_{config},由于原子位置或位置的无序。构型熵源于化学无序,如所有原子都排列在规则晶格上的高熵合金(但特定晶格位置被不同的化学元素随机占据),或源于结构无序,如金属玻璃,其中原子不再占据规则晶格形成非晶材料。

1. 高熵材料

高熵材料显示出结构有序(所有原子都排列在周期性晶格上),但化学无序(这些晶格位点的实际占用是随机的)的特点[162]。

在理想的熵极限中,原子位点的占用是完全随机的,每个原子的构型熵由 $S_{config} = k_B \sum_i x_i \log_e(x_i)$ 给出[162],其中 x_i 是每个物种组分的分数组成。请注意,这个表达式的项随着物种数量的增加而增加,当 x_i 的所有数值都相等时,构型熵取最大值。

理想熵的表达式可与特殊准随机结构(SQS)[163] 的计算相结合,SQS 是一种特殊的结构构型,其中径向分布函数为模拟完全随机结构的关联函数,用来估算高熵合金的吉布斯自由能。这可以与从计算材料数据库(如 AFLOW[2, 4-6])中获得的有序相的能量结合起来使用,以生成作为温度和成分函数的结构相图,预测有序化合物、相分离区域和单相固溶体之间的相变边界[107, 164-165]。AFLOW 中计算出的有序结构能量还可以用来训练簇膨胀模型[166],预测大的构型集合的能量,该模型可结合热力学描述符来估计固溶体和高熵合金的转变温度和混溶间隙[167]。

熵稳定的概念最近已被扩展到金属合金之外,包括多组分陶瓷,如高熵氧化物[168-169]。高熵氧化物包括氧离子占据的有序阴离子亚晶格和被 5 种不同的金属离子(如 Co、Cu、Mg、Ni 和 Zn)随机占据的无序阳离子亚晶格[168-169]。氧离子相互屏蔽金属离子,降低了与形成金属离子随机配置相关的能量成本,使单相熵稳定陶瓷的形成成为可能。

2. 金属玻璃

金属玻璃是一种合金,其中的原子并不占据周期性晶格的位置,而是形成了结构无序的非晶相。这些材料因卓越的力学性能[170]和类似树脂的可加工性[171-173]而备受商业界和工业界关注[174-178]。为了理解金属玻璃的形成和预测不同合金成分的非晶形成能(GFA),人们已经做了一些尝试。这些尝试大多围绕使不同原子的堆积密度最大化[179]展开,而这需要具有不同原子半径范围的元素[180-184]。其他的方向是利用液相温度的相图数据来预测 GFA[185-187]。使用机器学习技术预测潜在的玻璃生成体的工作也在进行中[188]。

由于使用第一性原理技术执行非晶态结构建模困难,因此上述理论工作大多采用实验数据而不是从头算数据来预测新材料。然而,Perim 等[48]证明,不同结构相的能量可以组合成一个描述符来预测金属玻璃的形成。如果许多不同的结构相具有相似的形成焓,将在凝固过程中阻碍结晶,从而促进玻璃的形成[48]。这种阻碍可以通过使用计算材料数据库(如 AFLOW[2, 4-6])中的结构和能量信息来量化,从而为 GFA 制定一个光谱描述符。两种结构之间的几何差异通过描述每种结构的原子环境来量化[189-191],而各自结构之间的形成焓差用玻耳兹曼因子的形式表示。将能量和结构描述符与适当的归一化因子结合,形成 GFA 的光谱描述符,作为成分 x 的函数:GFA($\{x\}$)。可以使用与文献中可用的已知玻璃形成化合物的比较来定义阈值,如果 GFA($\{x\}$)超过该阈值,则该化合物 x 被认为可形成玻璃。GFA($\{x\}$)描述符已用于对来自 AFLOW 数据库的 1400 多个二元合金体系的 GFA 进行自动分析[48]。虽然超过半数的二元合金体系的 GFA 被预测为低于阈值,但仍有 17% 左右的合金体系的 GFA($\{x\}$)最大值大于 Cu-Zr 体系的最大值,其中 Cu-Zr 体系是一种著名的优质玻璃成形体。这当中包括一些合金体系,以前从未观察到或有时甚至从未对其进行研究,这表明仍有许多可能的玻璃形成成分有待发现。这项成功证明了将基于周期性晶相的易计算特性的描述符与大型预计算数据库相结合,用于预测复杂无序材料可合成性的能力。

3. 非化学计量比材料

在材料建模中,尽管很难,但考虑无序的影响是必要的。无序不仅是所有材料固有的,而且提供了一种增强甚至是无法实现的功能的途径,正如它在技术应用中的普遍存在所证明的那样。突出的例子有燃料电池[192]、高温超导体[193-194]和低热导率热电材料[195]。

具体来说,化学无序可以以掺杂、空位甚至是占用晶格位(随机)的形式出现,而这些本身就不能用周期性系统来模拟。对这种效应进行建模的一种方法包括SQS[163]。这些准随机近似在计算上非常有效,但是只提供了无序状态的单一表征,即具有最低位点相关性的表征。AFLOW将这类系统视为有序超晶胞的集合,而不是简化为单一的表征[196]。性能通过代表状态的系综平均值获得,并进行优化计算(通过超晶胞大小/位点误差)和调整探索的无序程度(通过参数T)。AFLOW部分占位模块(AFLOW-POCC)已经解决宽带隙半导体和磁性系统中重大的化学计量趋势,同时提供了对内在物理机制的更多见解。最终,由这些真正的热力学模型、描述符生成的筛选标准和性质预测正在加速新的、具有重要技术意义的材料的设计,包括先进陶瓷[197]和金属玻璃[48]等。

7.5.2 超级合金

超级合金具有特殊的力学性能,尤其是在接近熔点的温度下。这些性能使其成为航空航天和发电行业应用的理想候选材料。在常见的例子中,许多超级合金具有面心立方结构,基本元素为镍、钴和铁,镍基超级合金在市场上占主导地位。2006年发现了一种新型钴基超合金$Co_3(Al,W)$,其力学性能优于许多镍基超合金。这启发了对含有40种不同元素的合金进行彻底的计算研究,产生了2224个相关的三元体系[58]。这项研究提供了102个系统,结果表明:①这些系统比$Co_3[Al_{0.5},W_{0.5}]$更稳定,是之前热力学[198]描述的$L1_2$状随机结构,非常接近文献[199]报告的成分;②具有与宿主基体处于两相平衡的相关浓度($X_3[A_xB_{1-x}]$);③与宿主基体晶格的偏差很小(相对失配在5%以内)。

对于这102种候选材料,还提取了其他的相关性能,包括密度和体积模量(作为硬度的代表)。低密度材料是首选,以减轻涡轮机部件的应力。当在Pettifor尺度上与组件B一起绘制时,体积模量的显著趋势得到诠释:镍基材料的峰值小于或等于纯Ni的体积模量,而Co基材料单调递增。此外,与Ni基材料相比,Co基材料一般更耐压。

在102种候选材料中,有37种材料在标准数据库中没有报道过相图,因此预计是未开发或是新材料。根据组分毒性和(低)熔融温度进行的额外筛选,发现了6种需要进行实验验证的优先候选材料。

7.5.3 热电材料

热电材料在存在温度梯度时产生电压,在施加电压时也能产生温度梯度[200-201]。由于它们没有运动部件,因此具有可扩展性,这意味着它们能用在航天器发电、汽车和工业设施的废热能量回收[202-203],以及利用佩尔蒂尔(Peltier)冷却效应实现纳米电子器件的点状冷却方面具有潜在的应用价值[202-203]。然而,现有的大多数热电材料效率较低,仅能将现有热能的百分之几转化为电能。因此,开发具有较高热电效率的新材料是研究热电材料的一个主要目标。

材料的热电效率由功数 zT 决定,功数 zT 公式[200-201]如下:

$$zT = \frac{\sigma S^2 T}{\kappa_L + \kappa_e} \tag{7.35}$$

式中:S 为塞贝克(Seebeck)系数;σ 为电导率;κ_L 为晶格热导率;κ_e 为电子热导率。晶格热导率 κ_L 可以用7.3节所述方法计算。大多数电子热导率 κ_e 将直接取决于通过维德曼-弗兰兹(Wiedemann-Franz)定律[200]的电导率 σ,有

$$\kappa_e = L\sigma T \tag{7.36}$$

式中:L 为洛伦兹(Lorenz)因子,对于自由电子,其值为 $2.4\times10^{-8}\ \mathrm{J^2/(K^2 \cdot C^2)}$。塞贝克系数 S [200]为

$$S = \frac{8\pi^2 k_B^2}{3eh^2} m^* T \left(\frac{\pi}{3n}\right)^{\frac{2}{3}} \tag{7.37}$$

式中:n 为电荷载流子浓度;e 为电子电荷;m^* 为材料中电荷载流子的状态密度有效质量。有效质量张量 m_{ij} 可由电子能带结构色散的曲率 $E(\boldsymbol{k})$ 计算得到:

$$\boldsymbol{m}_{ij}^{-1} = \frac{1}{\hbar^2} \frac{\mathrm{d}^2 E}{\mathrm{d}k_i \mathrm{d}k_j} \tag{7.38}$$

式中:k_i 和 k_j 为波矢量 $\boldsymbol{k}$ 的分量。能带结构的曲率越大,有效质量越低,而越扁平的窄带往往导致越大的有效质量。随着有效质量的增加,电荷载流子的迁移率和导电率逐渐降低。但是,从式(7.37)中可以看出,塞贝克系数随有效质量的增加而增加,并且 κ_e 也随 σ 增加而增加。因此,为了优化器件的热电效率,应在有效质量最大化 S 和高电荷载流子迁移率之间找到一个折中点,以获得较高的 σ。

目前已经对热电材料进行了多种高通量搜索[37-40, 115, 204-206]。许多开发更

高效热电材料的研究都集中在降低晶格热导率 κ_L，或者寻找具有高度方向性电子特性的材料上，既允许窄的能带分布，又具有较低的有效质量，从而提高功率因数 σS^2。对低晶格热导率材料的高通量搜索主要集中在半霍伊斯勒（Heusler）结构[39-40,207]等材料上，由于这些材料的密度较低，因此热导率普遍低于全霍伊斯勒结构的热导率。其他有应用前途的材料包括包合物[208-212]和钴钟化矿物[206,213-215]等结构，这些结构含有中空的空隙，可以用"响尾蛇"原子填充来降低晶格导热率。特别是填充的 skutterudites，如 $R_xCo_4Sb_{12}$，由于存在一个带有 12 个导电电荷载流子袋的次级导带，因此其结合了高有效质量和高载流子迁移率，是一种优良的热电材料[206]。

搜索大型无机材料数据库以寻找新的热电材料，包括对 Materials Project 数据库[204]中 48000 种材料的研究，其中功率因数用 BoltzTraP 代码[216]计算，导热系数用 Clarke[217]和 Cahill-Pohl[218]模型估算。Garrity[115]对 ICSD 中的近 600 种氧化物、氮化物和硫化物进行了研究，在准谐波声子近似水平上计算了晶格热导率，特别注意导带最小值的简并性质，或具有强各向异性导带的材料，这些产生了一种有效低维导体，它的相应的功率因数增加。尽管在后来的实验测量中并没有发现这种化合物有很高的热电效率[219]，但热门热电材料 LiZnSb 是通过自动搜索 ICSD 中含锑（Sb）的 1640 种化合物的计算能带结构而提出的[38]。

提高功率因数的其他策略还包括通过合金化不同的材料来产生固溶体，例如 Mg_2Sn 的反萤石 Mg_2Si 和 Mg_2Ge，或 Ca_2Sn 的正交相 Ca_2Si 和 Ca_2Ge[221]，设计能带结构。调整合金成分也可以用来收敛价带和导带，使 $PbTe_{1-x}Se_x$ 合金等材料实现高谷简并[222]。固体溶液也会具有局部各向异性的结构无序，这增加了声子散射率，从而提高热电效率[223-224]。

此外，研究者还提出利用调幅分解等热力学现象来增强声子散射的自组装异质结构[225]，以提高热电器件的效率。在这种方法中，像 PbSe 和 PbTe 等材料，在高温下是可混合的，混合物缓慢冷却时会发生相分离，在不同组分之间形成一个具有边界网络的层状异质结构，这种结构可以散射声子，从而抑制热导率。这些概念还被扩展到其他纳米技术应用中，例如，将导电纳米线网络以拓扑保护界面状态的形式嵌入绝缘基质中[226]。

为了最大限度地提高热电效率，必须对不同材料的特性进行优化组合，这突出了 AFLOW 这样的集成框架的重要性，它可以自动计算不同类型的材料特性，如热导率和电子能带结构。将这些电性能和热性能计算出来并提供给一个集成的、可搜索的、可分类的数据资源库（如 AFLOW.org），可以加速新型高效热电材料的设计。

7.5.4 磁性材料

尽管磁性系统在现代技术中无处不在,但寻找新的磁性系统仍然是一个长期的挑战[227]。磁性对电子构型、键长/角和磁离子价态等多种性质表现出显著的敏感性,它的存在是相当罕见和难以预测的。事实上,在已知的无机化合物[52]中,只有2%的化合物表现出磁性。实际应用对磁体提出了附加的使用限制,目前全球市场上实际只有24种磁性化合物。这些障碍促使我们使用AFLOW进行大规模计算搜索,在Heusler结构家族中寻找新的磁体。Heusler结构之所以引起人们的特别关注,是因为:①有几种是已知的高性能磁体;②不同化合物的广度提供了Heusler结构极好的发现机会;③完整的材料集合可能会包括其他类型备受关注的材料(除了磁体);④它们是金属的,用DFT能很好地描述。Heusler结构有三种类型,即正-Heuslers X_2YZ(Cu_2MnAl型)、反-Heuslers $(XY)XZ$(Hg_2CuTi型)和半-Heuslers XYZ($MgCuSb$型)。用55种元素的三元组合来描述这些原型,共生成了236115种化合物,并将其添加到AFLOW.org资源库中。

作为第一次尝试,分析仅限于含有3d、4d和5d轨道元素的Heuslers,即36540种化合物的子集。其中,有248种化合物被确定为热力学稳定,22种化合物具有与所考虑的单位晶胞兼容的磁性基态。在这22种磁性基态化合物中,可以识别一些重要的类别,包括Co_2YZ和Mn_2YZ。经过对这些类别的进一步分析发现,有4类材料特别值得关注。在第一类Co_2YZ中,已经存在25种已知的化合物,它们都位于Slater-Pauling曲线(单位分子的磁矩与价电子数之比)上[228]。回归分析预测,Co_2MnTi居里转变温度T_C高达940K,这个特性只有24种已知的磁体所共有。第二类Mn_2YZ由于高T_C和潜在的大磁晶各向异性而备受关注[229]。这一类的两个已知例子Mn_2VAl和Mn_2VGa,显示出铁磁有序性,匹配了22个候选者中Mn_2PtCo和Mn_2PtV。还有一种化合物是为了满足严格的热力学约束。Mn_2PdPt至少在30meV的范围内稳定,这个标准来自稳定相与忽略它的伪凸包之间的距离。该准则量化了结构对最小能面的影响。

尝试合成这4种候选化合物,结果两种化合物(Co_2MnTi和Mn_2PtPd)成功合成,另外两种被分解成二元化合物。事实上,Co_2MnTi的T_C值为938K,几乎与Slater-Pauling曲线所预测的完全一致。令人惊讶的是,Mn_2PdPt表现出反铁磁有序性和四方畸变($c/a \approx 1.8$),这个结果在进一步分析计算中得到证实。除了这两种体系的合成,这项研究还提供了一条新的、加速材料发现的途径,而不是通过传统的试错法。

7.6 结论

自动化计算材料设计框架可以快速生成材料数据,而无须人工干预。它们正被应用于构建大型的程序化材料属性库,以标准化、一致的方式进行计算整理,以便识别趋势和训练机器学习模型,并预测电性能、热性能和力学性能。当与物理模型和智能化描述符相结合时,这些数据将在高温超合金到热电材料和磁体的应用范围中,成为加速发现新材料的强有力工具。

致 谢

我们感谢 S. Barzilai、Y. Lederer、O. Levy、F. 等对本章内容进行深入的讨论。这项工作得到 DOD-ONR(N00014-16-1-2326,N00014-16-1-2583,N00014-17-1-2090,N00014-17-1-2876)、NSF(DMR-1436151)和杜克大学-材料基因组中心的支持。特别感谢亚历山大·冯·洪堡基金的支持。共同感谢来 NSF 研究生研究奖学金#DGF1106401 的支持。

参考文献

[1] Curtarolo, S., Hart, G.L.W., Buongiorno Nardelli, M. et al. (2013). The high-throughput highway to computational materials design. Nat. Mater. 12: 191-201.

[2] Curtarolo, S., Setyawan, W., Hart, G.L.W. et al. (2012). AFLOW: an automatic framework for high-throughput materials discovery. Comput. Mater. Sci. 58: 218-226.

[3] Setyawan, W. and Curtarolo, S. (2010). High-throughput electronic band structure calculations: challenges and tools. Comput. Mater. Sci. 49: 299-312.

[4] Curtarolo, S., Setyawan, W., Wang, S. et al. (2012). AFLOWLIB.ORG: a distributed materials properties repository from high-throughput ab initio calculations. Comput. Mater. Sci. 58: 227-235.

[5] Taylor, R.H., Rose, F., Toher, C. et al. (2014). A RESTful API for exchanging materials data in the AFLOWLIB.org consortium. Comput. Mater. Sci. 93: 178-192.

[6] Calderon, C.E., Plata, J.J., Toher, C. et al. (2015). The AFLOW standard for high-throughput materials science calculations. Comput. Mater. Sci. 108 Pt. A: 233-238.

[7] Setyawan, W. and Curtarolo, S. (2011). AflowLib: Ab-initio electronic structure library database. http://www.aflow.org (accessed 17 April 2019).

[8] Toher, C., Oses, C., Hicks, D. et al. (2018). The AFLOW Fleet for Materials Discovery. In: Handbook of Materials Modeling (ed. W. Andreoni and S. Yip), 1-28 Cham, Switz-

erland: Springer International Publishing. doi: 10.1007/978-3-319-42913-7_63-1.

[9] Supka, A. R., Lyons, T. E., Liyanage, L. S. I. et al. (2017). AFLOWπ: a minimalist approach to high-throughput ab initio calculations including the generation of tight-binding hamiltonians. Comput. Mater. Sci. 136: 76-84.

[10] Buongiorno Nardelli, M., Cerasoli, F. T., Costa, M. et al. (2017). PAOFLOW: a utility to construct and operate on ab initio Hamiltonians from the projections of electronic wavefunctions on atomic orbital bases, including characterization of topological materials. Comput. Mater. Sci. 143: 462-472.

[11] Jain, A., Hautier, G., Moore, C. J. et al. (2011). A high-throughput infrastructure for density functional theory calculations. Comput. Mater. Sci. 50: 2295-2310.

[12] Jain, A., Ong, S. P., Hautier, G. et al. (2013). Commentary: The Materials Project: A materials genome approach to accelerating materials innovation. APL Mater. 1: 011002.

[13] Ong, S. P., Richards, W. D., Jain, A. et al. (2013). Python Materials Genomics (pymatgen): a robust, open-source python library for materials analysis. Comput. Mater. Sci. 68: 314-319.

[14] Mathew, K., Montoya, J. H., Faghaninia, A. et al. (2017). Atomate: a high-level interface to generate, execute, and analyze computational materials science workflows. Comput. Mater. Sci. 139: 140-152.

[15] Saal, J. E., Kirklin, S., Aykol, M. et al. (2013). Materials design and discovery with high-throughput density functional theory: the Open Quantum Materials Database (OQMD). JOM 65: 1501-1509.

[16] Kirklin, S., Meredig, B., and Wolverton, C. (2013). High-throughput computational screening of new Li-Ion battery anode materials. Adv. Energy Mater. 3: 252-262.

[17] Kirklin, S., Saal, J. E., Hegde, V. I., and Wolverton, C. (2016). High-throughput computational search for strengthening precipitates in alloys. Acta Mater. 102: 125-135.

[18] Landis, D. D., Hummelshøj, J. S., Nestorov, S. et al. (2012). The computational materials repository. Comput. Sci. Eng. 14: 51-57.

[19] Bahn, S. R. and Jacobsen, K. W. (2002). An object-oriented scripting interface to a legacy electronic structure code. Comput. Sci. Eng. 4: 56-66.

[20] Pizzi, G., Cepellotti, A., Sabatini, R. et al. (2016). AiiDA. http://www.aiida.net (accessed 17 April 2019).

[21] Pizzi, G., Cepellotti, A., Sabatini, R. et al. (2016). AiiDA: automated interactive infrastructure and database for computational science. Comput. Mater. Sci. 111: 218-230.

[22] Mounet, N., Gibertini, M., Schwaller, P. et al. (2018). Two-dimensional materials from high-throughput computational exfoliation of experimentally known compounds. Nat. Nanotechnol. 13: 246-252.

[23] Scheffler, M. and Draxl, C. (2014). Computer Center of the Max-Planck Society. Garch-

ing: The NoMaD Repository. http://nomad-repository.eu.

[24] Merkys, A., Mounet, N., Cepellotti, A. et al. (2017). A posteriori metadata from automated provenance tracking: integration of AiiDA and TCOD. J. Cheminform 9: 56.

[25] Yu, L. and Zunger, A. (2012). Identification of potential photovoltaic absorbers based on first-principles spectroscopic screening of materials. Phys. Rev. Lett. 108: 068701.

[26] Castelli, I. E., Olsen, T., Datta, S. et al. (2012). Computational screening of perovskite metal oxides for optimal solar light capture. Energy Environ. Sci. 5: 5814–5819.

[27] Lin, L.-C., Berger, A. H., Martin, R. L. et al. (2012). In silico screening of carbon-capture materials. Nat. Mater. 11: 633–641.

[28] Alapati, S. V., Johnson, J. K., and Sholl, D. S. (2008). Large-scale screening of metal hydride mixtures for high-capacity hydrogen storage from firstprinciples calculations. J. Phys. Chem. C 112: 5258–5262.

[29] Derenzo, S., Bizarri, G., Borade, R. et al. (2011). New scintillators discovered by high-throughput screening. Nucl. Inst. Methods Phys. Res. A 652: 247–250.

[30] Ortiz, C., Eriksson, O., and Klintenberg, M. (2009). Data mining and accelerated electronic structure theory as a tool in the search for new functional materials. Comput. Mater. Sci. 44: 1042–1049.

[31] Setyawan, W., Gaumé, R. M., Lam, S. et al. (2011). High-throughput combinatorial database of electronic band structures for inorganic scintillator materials. ACS Comb. Sci. 13: 382–390.

[32] Setyawan, W., Gaumé, R. M., Feigelson, R. S., and Curtarolo, S. (2009). Comparative study of nonproportionality and electronic band structures features in scintillator materials. IEEE Trans. Nucl. Sci. 56: 2989–2996.

[33] Yang, K., Setyawan, W., Wang, S. et al. (2012). A search model for topological insulators with high-throughput robustness descriptors. Nat. Mater. 11: 614–619.

[34] Lin, H., Wray, L. A., Xia, Y. et al. (2010). Half-Heusler ternary compounds as new multifunctional experimental platforms for topological quantum phenomena. Nat. Mater. 9: 546–549.

[35] Armiento, R., Kozinsky, B., Fornari, M., and Ceder, G. (2011). Screening for high-performance piezoelectrics using high-throughput density functional theory. Phys. Rev. B 84: 014103.

[36] Roy, A., Bennett, J. W., Rabe, K. M., and Vanderbilt, D. (2012). Half-Heusler semiconductors as piezoelectrics. Phys. Rev. Lett. 109: 037602.

[37] Wang, S., Wang, Z., Setyawan, W. et al. (2011). Assessing the thermoelectric properties of sintered compounds via high-throughput Ab-Initio calculations. Phys. Rev. X 1: 021012.

[38] Madsen, G. K. H. (2006). Automated search for new thermoelectric materials: the case of LiZnSb. J. Am. Chem. Soc. 128: 12140–12146.

[39] Carrete, J., Li, W., Mingo, N. et al. (2014). Finding unprecedentedly low-thermal-conductivity half-Heusler semiconductors via high-throughput materials modeling. Phys. Rev. X 4: 011019.

[40] Carrete, J., Mingo, N., Wang, S., and Curtarolo, S. (2014). Nanograined half-Heusler semiconductors as advanced thermoelectrics: An Ab initio high-throughput statistical study. Adv. Funct. Mater. 24: 7427-7432.

[41] Nørskov, J. K., Bligaard, T., Rossmeisel, J., and Christensen, C. H. (2009). Towards the computational design of solid catalysts. Nat. Chem. 1: 37-46.

[42] Hautier, G., Jain, A., Chen, H. et al. (2011). Novel mixed polyanions lithium-ion batery cathode materials predicted by high-throughput. Ab initio computations. J. Mater. Chem. 21: 17147-17153.

[43] Hautier, G., Jain, A., Ong, S. P. et al. (2011). Phosphates as lithium-ion battery cathodes: an evaluation based on high-throughput ab initio calculations. Chem. Mater. 23: 3495-3508.

[44] Mueller, T., Hautier, G., Jain, A., and Ceder, G. (2011). Evaluation of tavorite-structured cathode materials for lithium-ion batteries using high-throughput computing. Chem. Mater. 23: 3854-3862.

[45] Isayev, O., Oses, C., Toher, C. et al. (2017). Universal fragment descriptors for predicting properties of inorganic crystals. Nat. Commun. 8: 15679.

[46] de Jong, M., Chen, W., Notestine, R. et al. (2016). A statistical learning framework for materials science: application to elastic moduli of k-nary inorganic polycrystalline compounds. Sci. Rep. 6: 34256.

[47] Isayev, O., Fourches, D., Muratov, E. N. et al. (2015). Materials cartography: representing and mining materials space using structural and electronic fingerprints. Chem. Mater. 27: 735-743.

[48] Perim, E., Lee, D., Liu, Y. et al. (2016). Spectral descriptors for bulk metallic glasses based on the thermodynamics of competing crystalline phases. Nat. Commun. 7: 12315.

[49] Toher, C., Plata, J. J., Levy, O. et al. (2014). High-throughput computational screening of thermal conductivity, Debye temperature, and Grüneisen parameter using a quasiharmonic Debye model. Phys. Rev. B 90: 174107.

[50] de Jong, M., Chen, W., Angsten, T. et al. (2015). Charting the complete elastic properties of inorganic crystalline compounds. Sci. Data 2: 150009.

[51] Toher, C., Oses, C., Plata, J. J. et al. (2017). Combining the AFLOW GIBBS and elastic libraries to efficiently and robustly screen thermomechanical properties of solids. Phys. Rev. Mater. 1: 015401.

[52] Bergerhoff, G., Hundt, R., Sievers, R., and Brown, I. D. (1983). The inorganic crystal structure data base. J. Chem. Inf. Comput. Sci. 23: 66-69.

[53] Mehl, M. J., Hicks, D., Toher, C. et al. (2017). The AFLOW Library of Crystallographic

Prototypes: Part 1. Comput. Mater. Sci. 136: S1-S828.

[54] Hart, G. L. W. and Forcade, R. W. (2008). Algorithm for generating derivative structures. Phys. Rev. B 77: 224115.

[55] Hart, G. L. W. and Forcade, R. W. (2009). Generating derivative structures from multilattices: algorithm and application to HCP alloys. Phys. Rev. B 80: 014120.

[56] Curtarolo, S., Morgan, D., and Ceder, G. (2005). Accuracy of ab initio methods in predicting the crystal structures of metals: a review of 80 binary alloys. Calphad 29: 163-211.

[57] Hart, G. L. W., Curtarolo, S., Massalski, T. B., and Levy, O. (2013). Comprehensive search for new phases and compounds in binary alloy systems based on Platinum-Group metals, using a computational first-principles approach. Phys. Rev. X 3: 041035.

[58] Nyshadham, C., Oses, C., Hansen, J. E. et al. (2017). A computational high-throughput search for new ternary superalloys. Acta Mater. 122: 438-447.

[59] Ong, S. P., Wang, L., Kang, B., and Ceder, G. (2008). Li-Fe-P-O2 phase diagram from first principles calculations. Chem. Mater. 20: 1798-1807.

[60] Akbarzadeh, A. R., Ozoli, nš, V., and Wolverton, C. (2007). First-principles determination of multicomponent hydride phase diagrams: application to the Li-Mg-N-H system. Adv. Mater. 19: 3233-3239.

[61] Levy, O., Hart, G. L. W., and Curtarolo, S. (2010). Uncovering compounds by synergy of cluster expansion and high-throughput methods. J. Am. Chem. Soc. 132: 4830-4833.

[62] Levy, O., Hart, G. L. W., and Curtarolo, S. (2010). Hafnium binary alloys from experiments and first principles. Acta Mater. 58: 2887-2897.

[63] Levy, O., Chepulskii, R. V., Hart, G. L. W., and Curtarolo, S. (2010). The new face of rhodium alloys: revealing ordered structures from first principles. J. Am. Chem. Soc. 132: 833-837.

[64] Levy, O., Jahnátek, M., Chepulskii, R. V. et al. (2011). Ordered structures inrhenium binary alloys from first-principles calculations. J. Am. Chem. Soc. 133: 158-163.

[65] Jahnátek, M., Levy, O., Hart, G. L. W. et al. (2011). Ordered phases in ruthenium binary alloys from high-throughput first-principles calculations. Phys. Rev. B 84: 214110.

[66] Levy, O., Xue, J., Wang, S. et al. (2012). Stable ordered structures of binary technetium alloys from first principles. Phys. Rev. B 85: 012201.

[67] Chepulskii, R. V. and Curtarolo, S. (2011). Revealing low-temperature atomic ordering in bulk Co-Pt with the high-throughput ab-initio method. Appl. Phys. Lett. 99: 261902.

[68] Taylor, R. H., Curtarolo, S., and Hart, G. L. W. (2010). Ordered magnesiumlithium alloys: first-principles predictions. Phys. Rev. B 81: 024112.

[69] Taylor, R. H., Curtarolo, S., and Hart, G. L. W. (2011). Guiding the experimental discovery of magnesium alloys. Phys. Rev. B 84: 084101.

[70] Chepulskii, R. V. and Curtarolo, S. (2009). Calculation of solubility in titanium alloys from

first principles. Acta Mater. 57: 5314-5323.

[71] Bloch, J., Levy, O., Pejova, B. et al. (2012). Prediction and hydrogen acceleration of ordering in iron-vanadium alloys. Phys. Rev. Lett. 108: 215503.

[72] Mehl, M. J., Finkenstadt, D., Dane, C. et al. (2015). Finding the stable structures of N1-xWx with an ab initio high-throughput approach. Phys. Rev. B 91: 184110.

[73] Levy, O., Hart, G. L. W., and Curtarolo, S. (2010). Structure maps for hcp metals from first-principles calculations. Phys. Rev. B 81: 174106.

[74] Taylor, R. H., Curtarolo, S., and Hart, G. L. W. (2010). Predictions of the Pt8Ti phase in unexpected systems. J. Am. Chem. Soc. 132: 6851-6854.

[75] Nelson, L. J., Hart, G. L. W., and Curtarolo, S. (2012). Ground-state characterizations of systems predicted to exhibit L11 or L13 crystal structures. Phys. Rev. B 85: 054203.

[76] Hohenberg, P. and Kohn, W. (1964). Inhomogeneous electron gas. Phys. Rev. 136: B864-B871.

[77] Kohn, W. and Sham, L. J. (1965). Self-consistent equations including exchange and correlation effects. Phys. Rev. 140: A1133.

[78] Perdew, J. P. and Zunger, A. (1981). Self-interaction correction to densityfunctional approximations for many-electron systems. Phys. Rev. B 23: 5048-5079.

[79] Zupan, A., Blaha, P., Schwarz, K., and Perdew, J. P. (1998). Pressure-induced phase transitions in solid Si, SiO_2, and Fe: performance of local-spin-density and generalized-gradient-approximation density functionals. Phys. Rev. B 58: 11266.

[80] Perdew, J. P., Burke, K., and Ernzerhof, M. (1996). Generalized gradient approximation made simple. Phys. Rev. Lett. 77: 3865-3868.

[81] Lee, C., Yang, W., and Parr, R. G. (1988). Development of the Colle-Salvetti correlation-energy formula into a functional of the electron density. Phys. Rev. B 37: 785.

[82] Sun, J., Ruzsinszky, A., and Perdew, J. P. (2015). Strongly constrained and appropriately normed semilocal density functional. Phys. Rev. Lett. 115: 036402.

[83] Liechtenstein, A. I., Anisimov, V. I., and Zaanen, J. (1995). Density-functional theory and strong interactions: orbital ordering in Mott – Hubbard insulators. Phys. Rev. B 52: R5467.

[84] Dudarev, S. L., Botton, G. A., Savrasov, S. Y. et al. (1998). Electron-energy-loss spectra and the structural stability of nickel oxide: an LSDA + U study. Phys. Rev. B 57: 1505-1509.

[85] Becke, A. D. (1993). Density – functional thermochemistry. III. The role of exact exchange. J. Chem. Phys 98: 5648.

[86] Heyd, J., Scuseria, G. E., and Ernzerhof, M. (2003). Hybrid functionals based on a screened Coulomb potential. J. Chem. Phys. 118: 8207-8215.

[87] Agapito, L. A., Curtarolo, S., and Buongiorno Nardelli, M. (2015). Reformulation of DFT + U as a pseudohybrid Hubbard density functional for accelerated materials

discovery. Phys. Rev. X 5: 011006.

[88] Hedin, L. (1965). New method for calculating the one-particle Green's function with application to the electron-gas problem. Phys. Rev. 139: A796-A823.

[89] Aryasetiawan, F. and Gunnarsson, O. (1998). The GW method. Rep. Prog. Phys. 61: 237.

[90] Kresse, G. and Hafner, J. (1993). Ab initio molecular dynamics for liquid metals. Phys. Rev. B 47: 558-561.

[91] Kresse, G. and Furthmüller, J. (1996). Efficient iterative schemes for ab initio total-energy calculations using a plane-wave basis set. Phys. Rev. B 54: 11169-11186.

[92] Kresse, G. and Furthmüller, J. (1996). Efficiency of ab-initio total energy calculations for metals and semiconductors using a plane-wave basis set. Comput. Mater. Sci. 6: 15-50.

[93] Kresse, G. and Joubert, D. (1999). From ultrasoft pseudopotentials to the projector augmented-wave method. Phys. Rev. B 59: 1758-1775.

[94] Giannozzi, P., Baroni, S., Bonini, N. et al. (2009). QUANTUM ESPRESSO: a modular and open-source software project for quantum simulations of materials. J. Phys. Condens. Matter 21: 395502.

[95] Giannozzi, P., Andreussi, O., Brumme, T. et al. (2017). Advanced capabilities for materials modelling with QUANTUM ESPRESSO. J. Phys. Condens. Matter 29: 465901.

[96] Gonze, X., Beuken, J.-M., Caracas, R. et al. (2002). First-principles computation of material properties: the ABINIT software project. Comput. Mater. Sci. 25: 478-492.

[97] Gonze, X., Amadon, B., Anglade, P.-M. et al. (2009). ABINIT: first-principles approach to materials and nanosystem properties. Comput. Phys. Commun. 180: 2582-2615.

[98] Blum, V., Gehrke, R., Hanke, F. et al. (2009). Ab initio molecular simulations with numeric atom-centered orbitals. Comput. Phys. Commun. 180: 2175-2196.

[99] Soler, J.M., Artacho, E., Gale, J.D. et al. (2002). The SIESTA method for ab initio order-N materials simulation. J. Phys. Condens. Matter 14: 2745.

[100] Frisch, M.J., Trucks, G.W., Schlegel, H.B. et al. (2009). Gaussian09 Revision D.01. Wallingford, CT: Gaussian, Inc.

[101] Hehre, W.J., Stewart, R.F., and Pople, J.A. (1969). Self-consistent molecularorbital methods. I. Use of Gaussian expansions of slater-type atomic orbitals. J. Chem. Phys. 51: 2657-2664.

[102] Monkhorst, H.J. and Pack, J.D. (1976). Special points for Brillouin-zone integrations. Phys. Rev. B 13: 5188.

[103] Wisesa, P., McGill, K.A., and Mueller, T. (2016). Efficient generation of generalized Monkhorst-Pack grids through the use of informatics. Phys. Rev. B 93: 155109.

[104] Greaves, G.N., Greer, A.L., Lakes, R.S., and Rouxel, T. (2011). Poisson's ratio and modern materials. Nat. Mater. 10: 823-837.

[105] Poirier, J.-P. (2000). Introduction to the Physics of the Earth's Interior, 2e. Cambridge

University Press.

[106] Mouhat, F. and Coudert, F.-X. (2014). Necessary and sufficient elastic stability conditions in various crystal systems. Phys. Rev. B 90: 224104.

[107] Barzilai, S., Toher, C., Curtarolo, S., and Levy, O. (2016). Evaluation of the tantalum-titanium phase diagram from ab-initio calculations. Acta Mater. 120: 255–263.

[108] Chen, X.-Q., Niu, H., Li, D., and Li, Y. (2011). Modeling hardness of polycrystalline materials and bulk metallic glasses. Intermetallics 19: 1275–1281.

[109] Teter, D. M. (1998). Computational alchemy: the search for new superhard materials. MRS Bull. 23: 22–27.

[110] Hashin, Z. and Shtrikman, S. (1963). A variational approach to the theory of the elastic behaviour of multiphase materials. J. Mech. Phys. Solids 11: 127–140.

[111] Zohdi, T. I. and Wriggers, P. (2001). Aspects of the computational testing of the mechanical properties of microheterogeneous material samples. Int. J. Numer. Methods Eng. 50: 2573–2599.

[112] Anderson, O. L., Schreiber, E., Liebermann, R. C., and Soga, N. (1968). Some elastic constant data on minerals relevant to geophysics. Rev. Geophys. 6: 491–524.

[113] Karki, B. B., Stixrude, L., and Wentzcovitch, R. M. (2001). High-pressure elastic properties of major materials of Earth's mantle from first principles. Rev. Geophys. 39: 507–534.

[114] Zebarjadi, M., Esfarjani, K., Dresselhaus, M. S. et al. (2012). Perspectives on thermoelectrics: from fundamentals to device applications. Energy Environ. Sci. 5: 5147–5162.

[115] Garrity, K. F. (2016). First principles search for n-type oxide, nitride and sulfide thermoelectrics. Phys. Rev. B 94: 045122.

[116] Yeh, L.-T. and Chu, R. C. (2002). Thermal Management of Microloectronic Equipment: Heat Transfer Theory, Analysis Methods, and Design Practices. ASME Press.

[117] Wright, C. D., Wang, L., Shah, P. et al. (2011). The design of rewritable ultrahigh density scanning-probe phase-change memories. IEEE Trans. Nanotechnol. 10: 900–912.

[118] Watari, K. and Shinde, S. L. (2001). High thermal conductivity materials. MRS Bull. 26: 440–444.

[119] Slack, G. A., Tanzilli, R. A., Pohl, R. O., and Vandersande, J. W. (1987). The intrinsic thermal conductivity of AlN. J. Phys. Chem. Solids 48: 641–647.

[120] Toberer, E. S., Zevalkink, A., and Snyder, G. J. (2011). Phonon engineering through crystal chemistry. J. Mater. Chem. 21: 15843–15852.

[121] Nye, J. F. (1985). Physical Properties of Crystals: Their Representation by Tensors and Matrices. Oxford Science Publications (Clarendon Press).

[122] Maradudin, A. A., Montroll, E. W., Weiss, G. H., and Ipatova, I. P. (1971). Theory of Lattice Dynamics in the Harmonic Approximation. New York: Academic Press.

[123] Stokes, H. T. and Hatch, D. M. (2005). FINDSYM: program for identifying the space

group symmetry of a crystal. J. Appl. Crystallogr. 38: 237-238.

[124] Stokes, H. T. (1995). Using symmetry in frozen phonon calculations. Ferroelectrics 164: 183-188.

[125] Spek, A. L. (2003). Single-crystal structure validation with the program PLATON. J. Appl. Crystallogr. 36: 7-13.

[126] Togo, A. and Tanaka, I. (2017). Spglib: a software library for crystal symmetry search. https://atztogo.github.io/spglib/ (accessed 17 April 2019).

[127] Hloucha, M. and Deiters, U. K. (1998). Fast coding of the minimum image convention. Mol. Simul. 20: 239-244.

[128] Hicks, D., Oses, C., Gossett, E. et al. (2018). AFLOW-SYM: platform for the complete, automatic and self-consistent symmetry analysis of crystals. Acta Crystallogr., Sect. A: Found. Adv. 74: 184-203.

[129] Hahn, T. (ed.) (2002). International Tables of Crystallography. Volume A: Space-Group Symmetry. Chester, England: Kluwer Academic publishers, International Union of Crystallography.

[130] Golesorkhtabar, R., Pavone, P., Spitaler, J. et al. (2013). ElaStic: a tool for calculating second-order elastic constants from first principles. Comput. Phys. Commun. 184: 1861-1873.

[131] da Silveira, P. R. C., da Silva, C. R. S., and Wentzcovitch, R. M. (2008). Metadata management for distributed first principles calculations in VLab-A collaborative cyberinfrastructure for materials computation. Comput. Phys. Commun. 178: 186-198.

[132] da Silva, C. R. S., da Silveira, P. R. C., Karki, B. et al. (2007). Virtual laboratory for planetary materials: system service architecture overview. Phys. Earth Planet. Inter. 163: 321-332.

[133] Hill, R. (1952). The elastic behaviour of a crystalline aggregate. Proc. Phys. Soc., Sect. A 65: 349.

[134] Blanco, M. A., Francisco, E., and Luaña, V. (2004). GIBBS: isothermal-isobaric thermodynamics of solids from energy curves using a quasi-harmonic Debye model. Comput. Phys. Commun. 158: 57-72.

[135] Birch, F. (1938). The effect of pressure upon the elastic parameters of isotropic solids, according to Murnaghan's theory of finite strain. J. Appl. Phys. 9: 279.

[136] Vinet, P., Rose, J. H., Ferrante, J., and Smith, J. R. (1989). Universal features of the equation of state of solids. J. Phys. Condens. Matter 1: 1941-1963.

[137] Baonza, V. G., Cáceres, M., Núñez, J. (1995). Universal compressibility behavior of dense phases. Phys. Rev. B 51: 28-37.

[138] Leibfried, G. and Schlömann, E. (1954). Wärmeleitung in elektrisch isolierenden Kristallen, Nachrichten d. Akadd. Wiss. in Göttingen. Math.-physik. Kl. 2a. Math.-physik.-chem. Abt Vandenhoeck & Ruprecht.

[139] Slack, G. A. (1979). The thermal conductivity of nonmetallic crystals. In: Solid State Physics, vol. 34 (ed. H. Ehrenreich, F. Seitz, and D. Turnbull), 1–71. New York: Academic Press.

[140] Morelli, D. T. and Slack, G. A. (2006). High lattice thermal conductivity solids. In: High Thermal Conductivity Materials (ed. S. L. Shinde and J. S. Goela), 37–68. New York, NY: Springer.

[141] Wee, D., Kozinsky, B., Pavan, B., and Fornari, M. (2012). Quasiharmonic vibrational properties of TiNiSn from ab-initio phonons. J. Electron. Mater. 41: 977–983.

[142] Bjerg, L., Iversen, B. B., and Madsen, G. K. H. (2014). Modeling the thermal conductivities of the zinc antimonides ZnSb and Zn4Sb3. Phys. Rev. B 89: 024304.

[143] Ashcroft, N. W. and Mermin, N. D. (1976). Solid State Physics. Philadelphia, PA: Holt-Saunders.

[144] Dove, M. T. (1993). Introduction to Lattice Dynamics, Cambridge Topics in Mineral Physics and Chemistry. Cambridge University Press.

[145] Parlinski, K. (2010). Computing for materials: phonon software. http://www.computingformaterials.com/phoncfm/3faq/100softmode1.html.

[146] Nath, P., Plata, J. J., Usanmaz, D. et al. (2016). High-throughput prediction of finite-temperature properties using the quasi-harmonic approximation. Comput. Mater. Sci. 125: 82–91.

[147] Nath, P., Plata, J. J., Usanmaz, D. et al. (2017). High throughput combinatorial method for fast and robust prediction of lattice thermal conductivity. Scr. Mater. 129: 88–93.

[148] Broido, D. A., Malorny, M., Birner, G. et al. (2007). Intrinsic lattice thermal conductivity of semiconductors from first principles. Appl. Phys. Lett. 91: 231922.

[149] Li, W., Mingo, N., Lindsay, L. et al. (2012). Thermal conductivity of diamond nanowires from first principles. Phys. Rev. B 85: 195436.

[150] Ward, A., Broido, D. A., Stewart, D. A., and Deinzer, G. (2009). Ab initio theory of the lattice thermal conductivity in diamond. Phys. Rev. B 80: 125203.

[151] Ward, A. and Broido, D. A. (2010). Intrinsic phonon relaxation times from first-principles studies of the thermal conductivities of Si and Ge. Phys. Rev. B 81: 085205.

[152] Zhang, Q., Cao, F., Lukas, K. et al. (2012). Study of the thermoelectric properties of lead selenide doped with boron, gallium, indium, or thallium. J. Am. Chem. Soc. 134: 17731–17738.

[153] Li, W., Lindsay, L., Broido, D. A. et al. (2012). Thermal conductivity of bulk and nanowire Mg2SixSn1−x alloys from first principles. Phys. Rev. B 86: 174307.

[154] Lindsay, L., Broido, D. A., and Reinecke, T. L. (2013). First-principles determination of ultrahigh thermal conductivity of boron arsenide: a competitor for diamond? . Phys. Rev. Lett. 111: 025901.

[155] Lindsay, L., Broido, D. A., and Reinecke, T. L. (2013). Ab initio thermal transport in

compound semiconductors. Phys. Rev. B 87: 165201.

[156] Li, W., Carrete, J., Katcho, N. A., and Mingo, N. (2014). ShengBTE: a solver of the Boltzmann transport equation for phonons. Comput. Phys. Commun. 185: 1747-1758.

[157] Plata, J. J., Nath, P., Usanmaz, D. et al. (2017). An efficient and accurate framework for calculating lattice thermal conductivity of solids: AFLOWAAPL Automatic Anharmonic Phonon Library. NPJ Comput. Mater. 3: 45.

[158] Legrain, F., Carrete, J., van Roekeghem, A. et al. (2017). How chemical composition alone can predict vibrational free energies and entropies of solids. Chem. Mater. 29: 6220-6227.

[159] Gossett, E., Toher, C., Oses, C. et al. (2018). AFLOW-ML: a RESTful API for machine-learning predictions of materials properties. Comput. Mater. Sci. 152: 134-145.

[160] Meredig, B. and Mulholland, G. (2015). Citrine informatics. http://www.citrine.io (accessed 17 April 2019).

[161] Rose, F., Toher, C., Gossett, E. et al. (2017). AFLUX: the LUX materials search API for the AFLOW data repositories. Comput. Mater. Sci. 137: 362-370.

[162] Widom, M. (2016). Prediction of structure and phase transformations. In: High-Entropy Alloys: Fundamentals and Applications, Chapter 8 (ed. M. C. Gao, J.-W. Yeh, P. K. Liaw, and Y. Zhang). Cham: Springer 267-298.

[163] Zunger, A., Wei, S.-H., Ferreira, L. G., and Bernard, J. E. (1990). Special quasirandom structures. Phys. Rev. Lett. 65: 353-356.

[164] Barzilai, S., Toher, C., Curtarolo, S., and Levy, O. (2017). The effect of lattice stability determination on the computational phase diagrams of intermetallic alloys. J. Alloys Compd. 728: 314-321.

[165] Barzilai, S., Toher, C., Curtarolo, S., and Levy, O. (2017). Molybdenum-titanium phase diagram evaluated from ab initio calculations. Phys. Rev. Mater. 1: 023604.

[166] van de Walle, A., Asta, M. D., and Ceder, G. (2002). The alloy theoretic automated toolkit: a user guide. Calphad 26: 539-553.

[167] Lederer, Y., Toher, C., Vecchio, K. S., and Curtarolo, S. (2018). The search for high entropy alloys: a high-throughput ab-initio approach, Acta Mater. 159: 364-383.

[168] Rost, C. M., Sachet, E., Borman, T. et al. (2015). Entropy-stabilized oxides. Nat. Commun. 6: 8485.

[169] Rak, Z., Rost, C. M., Lim, M. et al. (2016). Charge compensation and electrostatic transferability in three entropy-stabilized oxides: results from density functional theory calculations. J. Appl. Phys. 120: 095105.

[170] Chen, W., Ketkaew, J., Liu, Z. et al. (2015). Does the fracture toughness of bulk metallic glasses scatter? Scr. Mater. 107: 1-4.

[171] Schroers, J. and Paton, N. (2006). Amorphous metal alloys form like plastics. Adv. Mater. Processes 164: 61.

[172] Schroers, J., Hodges, T. M., Kumar, G. et al. (2011). Thermoplastic blow molding of metals. Mater. Today 14: 14-19.

[173] Kaltenboeck, G., Demetriou, M. D., Roberts, S., and Johnson, W. L. (2016). Shaping metallic glasses by electromagnetic pulsing. Nat. Commun. 7: 10576.

[174] Johnson, W. L. (1999). Bulk glass-forming metallic alloys: science and technology. MRS Bull. 24: 42-56.

[175] Greer, A. L. (2009). Metallic glasses···on the threshold. Mater. Today 12: 14-22.

[176] Schroers, J. (2010). Processing of bulk metallic glass. Adv. Mater. 22: 1566-1597.

[177] Johnson, W. L., Na, J. H., and Demetriou, M. D. (2016). Quantifying the origin of metallic glass formation. Nat. Commun. 7: 10313.

[178] Ashby, M. F. and Greer, A. L. (2006). Metallic glasses as structural materials. Scr. Mater. 54: 321-326.

[179] Miracle, D. B. (2004). A structural model for metallic glasses. Nat. Mater. 3: 697-702.

[180] Egami, T. and Waseda, Y. (1984). Atomic size effect on the formability of metallic glasses. J. Non-Cryst. Solids 64: 113-134.

[181] Greer, A. L. (1993). Confusion by design. Nature 366: 303-304.

[182] Egami, T. (2003). Atomistic mechanism of bulk metallic glass formation. J. Non-Cryst. Solids 317: 30-33.

[183] Lee, H.-J., Cagin, T., Johnson, W. L., and Goddard, W. A. III (2003). Criteria for formation of metallic glasses: the role of atomic size ratio. J. Chem. Phys. 119: 9858-9870.

[184] Zhang, K., Dice, B., Liu, Y. et al. (2015). On the origin of multi-component bulk metallic glasses: atomic size mismatches and de-mixing. J. Chem. Phys. 143: 054501.

[185] Cheney, J. and Vecchio, K. (2009). Evaluation of glass-forming ability in metals using multi-model techniques. J. Alloys Compd. 471: 222-240.

[186] Cheney, J. and Vecchio, K. (2007). Prediction of glass-forming compositions using liquidus temperature calculations. Mater. Sci. Eng., A 471: 135-143.

[187] Lu, Z. P. and Liu, C. T. (2002). A new glass-forming ability criterion for bulk metallic glasses. Acta Mater. 50: 3501-3512.

[188] Ward, L., Agrawal, A., Choudhary, A., and Wolverton, C. (2016). A generalpurpose machine learning framework for predicting properties of inorganic materials. NPJ Comput. Mater. 2: 16028.

[189] Villars, P. (2000). Factors governing crystal structures. In: Crystal Structures of Intermetallic Compounds (ed. J. H. Westbrook and R. L. Fleisher), 1-49. New York: Wiley.

[190] Daams, J. L. C. (2000). Atomic environments in some related intermetallic structure types. In: Crystal Structures of Intermetallic Compounds (ed. J. H. Westbrook and R. L. Fleisher), 139-159. New York: Wiley.

[191] Daams, J. L. C. and Villars, P. (2000). Atomic environments in relation to compound prediction. Eng. Appl. Artif. Intell. 13: 507-511.

[192] Xie, L., Brault, P., Coutanceau, C. et al. (2015). Efficient amorphous platinum catalyst cluster growth on porous carbon: a combined molecular dynamics and experimental study. Appl. Catal. B 162: 21-26.

[193] Bednorz, J. G. and Müller, K. A. (1986). Possible high Tc superconductivity in the Ba-La-Cu-O system. Z. Phys. B: Condens. Matter 64: 189-193.

[194] Maeno, Y., Hashimoto, H., Yoshida, K. et al. (1994). Superconductivity in a layered perovskite without copper. Nature 372: 532-534.

[195] Winter, M. R. and Clarke, D. R. (2007). Oxide materials with low thermal conductivity. J. Am. Ceram. Soc. 90: 533-540.

[196] Yang, K., Oses, C., and Curtarolo, S. (2016). Modeling off-stoichiometry materials with a high-throughput Ab-Initio approach. Chem. Mater. 28: 6484-6492.

[197] Rohrer, G. S., Affatigato, M., Backhaus, M. et al. (2012). Challenges in ceramic science: a report from the workshop on emerging research areas in ceramic science. J. Am. Ceram. Soc. 95: 3699-3712.

[198] Saal, J. E. and Wolverton, C. (2013). Thermodynamic stability of Co-Al-WL12γ'. Acta Mater. 61: 2330-2338.

[199] Sato, J., Omori, T., Oikawa, K. et al. (2006). Cobalt-Base High-Temperature Alloys. Science 312: 90-91.

[200] Snyder, G. J. and Toberer, E. S. (2008). Complex thermoelectric materials. Nat. Mater. 7: 105-114.

[201] Nolas, G. S., Sharp, J., and Goldsmid, H. J. (2001). Thermoelectrics: Basic Principles and New Materials Developments. Springer-Verlag.

[202] Bell, L. E. (2008). Cooling, heating, generating power, and recovering waste heat with thermoelectric systems. Science 321: 1457-1461.

[203] DiSalvo, F. J. (1999). Thermoelectric cooling and power generation. Science 285: 703-706.

[204] Chen, W., Pöhls, J.-H., Hautier, G. et al. (2016). Understanding thermoelectric properties from high-throughput calculations: trends, insights, and comparisons with experiment. J. Mater. Chem. C 4: 4414-4426.

[205] Zhu, H., Hautier, G., Aydemir, U. et al. (2015). Computational and experimental investigation of TmAgTe2 and XYZ2compounds, a new group References 221 of thermoelectric materials identified by first-principles high-throughput screening. J. Mater. Chem. C 3: 10554-10565.

[206] Tang, Y., Gibbs, Z. M., Agapito, L. A. et al. (2015). Convergence of multi-valley bands as the electronic origin of high thermoelectric performance in CoSb3 skutterudites. Nat. Mater. 14: 1223-1228.

[207] Zeier, W. G., Schmitt, J., Hautier, G. et al. (2016). Engineering half-Heusler thermoelectric materials using Zintl chemistry. Nat. Rev. Mater. 1: 16032.

[208] Shi, X., Yang, J., Bai, S. et al. (2010). On the design of high-efficiency thermoelectric clathrates through a systematic cross-substitution of framework elements. Adv. Func. Mater. 20: 755-763.

[209] Zhang, H., Borrmann, H., Oeschler, N. et al. (2011). Atomic interactions in the p-type clathrate I Ba8Au5.3Ge40.7. Inorg. Chem. 50: 1250-1257.

[210] Saiga, Y., Du, B., Deng, S.K. et al. (2012). Thermoelectric properties of type-VIII clathrate Ba8Ga16Sn30 doped with Cu. J. Alloys Compd. 537: 303-307.

[211] Christensen, M., Johnsen, S., and Iversen, B.B. (2010). Thermoelectric clathrates of type I. Dalton Trans. 39: 978-992.

[212] Madsen, G.K.H., Katre, A., and Bera, C. (2016). Calculating the thermal conductivity of the silicon clathrates using the quasi-harmonic approximation. Phys. Status Solidi A 213: 802-807.

[213] Sales, B.C., Mandrus, D., and Williams, R.K. (1996). Filled skutterudite antimonides: a new class of thermoelectric materials. Science 272: 1325-1328.

[214] Bai, S.Q., Pei, Y.Z., Chen, L.D. et al. (2009). Enhanced thermoelectric performance of dual-element-filled skutterudites BaxCeyCo4Sb12. Acta Mater. 57: 3135-3139.

[215] Yang, J., Qiu, P., Liu, R. et al. (2011). Trends in electrical transport of p-type skutterudites RFe4Sb12 (R=Na, K, Ca, Sr, Ba, La, Ce, Pr, Yb) from first-principles calculations and Boltzmann transport theory. Phys. Rev. B 84:235205.

[216] Madsen, G.K.H. and Singh, D.J. (2006). BoltzTraP. A code for calculating band-structure dependent quantities. Comput. Phys. Commun. 175: 67-71.

[217] Clarke, D.R. (2003). Materials selection guidelines for low thermal conductivity thermal barrier coatings. Surf. Coat. Technol. 163-164: 67-74.

[218] Cahill, D.G., Braun, P.V., Chen, G. et al. (2014). Nanoscale thermal transport. II. 2003-2012. Appl. Phys. Rev. 1: 011305.

[219] Toberer, E.S., May, A.F., Scanlon, C.J., and Snyder, G.J. (2009). Thermoelectric properties of p-type LiZnSb: Assessment of ab initio calculations. J. Appl. Phys. 105: 063701.

[220] Pei, Y., Wang, H., and Snyder, G.J. (2012). Band engineering of thermoelectric materials. Adv. Mater. 24: 6125-6135.

[221] Bhattacharya, S. and Madsen, G.K.H. (2015). High-throughput exploration of alloying as design strategy for thermoelectrics. Phys. Rev. B 92: 085205.

[222] Pei, Y., Shi, X., LaLonde, A. et al. (2011). Convergence of electronic bands for high performance bulk thermoelectrics. Nature 473: 66-69.

[223] Zeier, W.G., LaLonde, A., Gibbs, Z.M. et al. (2012). Influence of a nano phase segre-

gation on the thermoelectric properties of the p-type doped stannite compound $Cu_{2+x}Zn_{1-x}GeSe_4$. J. Am. Chem. Soc. 134: 7147-7154.

[224] Zeier, W. G., Pei, Y., Pomrehn, G. et al. (2012). Phonon scattering through a local anisotropic structural disorder in the thermoelectric solid solution Cu2Zn1-xFexGeSe4. J. Am. Chem. Soc. 135: 726-732.

[225] Usanmaz, D., Nath, P., Plata, J. J. et al. (2016). First principles thermodynamical modeling of the binodal and spinodal curves in lead chalcogenides. Phys. Chem. Chem. Phys. 18: 5005-5011.

[226] Usanmaz, D., Nath, P., Toher, C. et al. (2018). Spinodal superlattices of topological insulators. Chem. Mater. 30: 2331-2340.

[227] Sanvito, S., Oses, C., Xue, J. et al. (2017). Accelerated discovery of new magnets in the Heusler alloy family. Sci. Adv. 3: e1602241.

[228] Graf, T., Felser, C., and Parkin, S. S. P. (2011). Simple rules for the understanding of Heusler compounds. Prog. Solid State Chem. 39: 1-50.

[229] Kreiner, G., Kalache, A., Hausdorf, S. et al. (2014). New Mn2-based Heusler compounds. Z. Anorg. Allg. Chem. 640: 738-752.

第8章 认知化学-机器学习与化学结合加速发现新材料

8.1 引言

化学领域的研究数据极其丰富,并且正在成倍增长。据估计,稳定的小分子(有时称为化学空间[1])的数量大于 10^{60}[2]。虽然最近化合物发现的速度受到实验人力和财力成本的限制,通过传统的印刷传播成果的方式也相对缓慢。但是,计算技术的进步使得虚拟模拟实验成为可能,互联网的迅速兴起使化学知识得以实时传播,我们已步入一个新时代:数据收集工作不再如往日般充满挑战,关键问题转向了如何对这些数据进行有效处理。如今,单凭一位研究人员掌握全面的领域知识不仅不切实际,甚至不可能实现。面对这样的现实,我们下一个研究任务就是开发出能够模拟这种全面知识能力的计算机系统。

鉴于化学科学领域的发现并未停滞不前,实际上,这个领域正在加速发展,也可以说,掌握完整的领域知识并不是必要的;相反,"诀窍"是能够运用已掌握的知识做出明智的决策。同时,机器学习通过建立具体、快速、准确的模型辅助决策,通过建立算法搜索分子空间。实现现有知识的利用与化学空间新区域的探索的平衡,是有效定位未来材料的关键。

本章将分为三个主要部分。首先,将探讨如何以机器学习算法能够理解的形式表示化学知识——通常称为分子指纹。我们将描绘它们的发展历程,从手动制作的片段数据集,到表示学习生成的指纹,其中分子的表示是直接从数据中学习得到的。其次,将讨论如何利用机器学习从数据中建立快速和准确的模型,这包括实验数据和模拟数据,以及如何在这些不同类型数据之间实现鲁棒转换。最后,将探讨如何利用机器学习在发现过程中作出决策,在建立候选分子的富集库的同时,确定筛选富集库中分子的优先级。在本章中,随着相关技术的展开介绍,将对这些进行详细的讨论。

8.2 机器学习算法的分子描述

当利用机器学习技术发现新材料时,遇到的第一个问题是如何以算法能够理解的方式描绘信息。对于一些实体,如分子,做到这一点并非易事。一般来说,对于如何处理这个问题,有两种方法。

(1)将尽可能多的现有知识引入这种"指纹"技术中,通过构建特征建立表示,其中包括你认为对任务很重要的特征。这通常称为"手动制作"特征集。

(2)假设所有重要的关系都包含在数据中,则使用无监督技术直接从数据中建立一个表示。这种方法更接近大脑的实际学习方式,但训练效率可能很低。

存在一组介于这两种方法之间的中间地带的方法。在这组方法中,需要向算法提供一个超级特征集,然后该算法将利用数据本身来判断哪些特征与当前的问题相关。在本节中,我们将对这3种技术进行研究,并讨论它们的利弊。

由于分子是很难进行比较的,因此已经有很多人尝试将它们转换成我们已有的数学构造形式[3-7]来进行比较。如前面所述,手动制作特征表示是一种可行的方法,通常的做法是,基于值得注意的化学片段是否存在进行判断,从而将分子转化成一种描述性向量[8-11]。如果你已经知道,或者相信哪些特征对你的模型很重要,哪些不重要,这种方法可以提供一种强大的手段来确保这些知识在你的模型中得到体现。然而,手动制作特征表示的优势也是它们出现主要缺点的一个原因,因为它很容易意外地(或以其他方式)将特征表示创建者的偏见引入特征表示中,这可能会产生深远的(通常是难以注意的)影响。

在制作特征表示时,最常见的设想是忽略你可能拥有的三维信息,并将分子作为一个图,原子作为节点,键作为边[12]。由于不同类别的键在这个概念中是无法区分的,因此通常会在原子描述中加入一些这样的信息。其中一个例子是将芳香族和脂肪族的碳原子分成不同的类别。

在二维指纹中建立化学直觉的一种常见方法是识别片段集,这些片段被认为与理想的特性表示相关。

最常用的指纹是分子ACCess系统(MACCS)键[11]。这种指纹技术是通过报告一组布尔响应实现的,其中1代表片段存在于结构中,0代表其不存在。图8.1展示了常见药物材料安定分子的情况。虽然MACCS键已经得到广泛应用并取得一定的成功,但其主要的局限性在于查询不灵活。有166个MACCS键[11],它们所代表的筛选方式已经针对药物材料进行了调整。在使用这种指纹技术描述分子时,尤其是在制药领域之外,应该特别注意这一点。

概括来说,MACCS方法的一般化是扩展的连接性指纹方法[10]。这种方法并不是使用一组固定的筛选方式,而是通过系统地筛选分子内包含的原子环境,根据从每个节点(原子)出发的一定数量的边(键)所包含的信息建立描述来生成指纹。这是用以下过程进行的。

(1)原子类型的初始分配:在这个过程中,给原子分配一个描述符,这个描

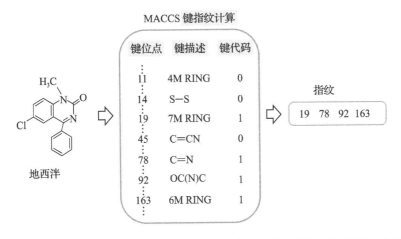

图 8.1　MACCS 编码安定分子的过程示例(对分子图进行关键查询,并将正响应编码用稀疏矩阵表示)

(资料来源:Vilar 等,2014[13],经 Springer Nature 许可复制)

述符能充分地描述它。该描述符可以包含原子数、连通性或其他一些理想的属性信息,与构造力场原子类型的方式基本相同。

(2)环境描述的迭代生成:在这个阶段,分别考虑连接一个键、两个键、三个键的原子,并将一系列的表示添加到一个列表中,生成额外的描述。如果这个迭代更新的过程是使用摩根算法[14]进行的,那么这个指纹一般被称为摩根环形指纹。

使用这个过程,每个环境可以用下列两种方式之一来描述:使用二进制描述(一系列的表示要么出现在分子中,要么不出现),或者存储每个片段出现次数的计数。如果使用二进制描述,那么生成的环境列表会通过去除重复的部分还原成一个集合;否则就会对每个环境的重复次数进行统计,并对照描述进行存储。生成的集合可以认为是描述大量潜在环境的极长向量的稀疏矩阵表示。为了使其对机器学习更有用,通常的做法是将这种描述转化为更合理的、固定长度的向量。这通常使用折叠算法实现。

尤其需要记住的是,这些方法是单向函数;由于存在位碰撞的可能性(多个特征在同一位上切换),因此环境不可能从分子的指纹中再生(图 8.2)。

对于某些任务来说,将提交给算法的信息扩展到包括原子位置等细节是最佳选择。这样的做法不仅增加了描述的复杂性,而且给生成该指纹的算法带来了额外的复杂性。这些三维特征表示必备的关键属性是平移和旋转不变性,因为在空间中平移或旋转分子不应影响其属性。此外,生成固定长度表示的要求仍然强烈,并且包含了一些非常微妙的含义:虽然通过限制搜索到的片段数量来限制基于片段的指纹的长度是很容易的,但是在笛卡儿空间上进行这样的枚举

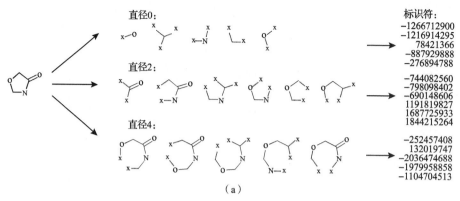

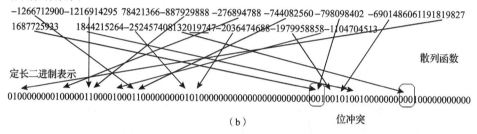

图8.2 关于分子图的碎裂生成圆形(扩展连通性)指纹的描述。生成不超过所需直径大小的第一个碎片,并识别其相应的二进制位(a);然后,将这种稀疏矩阵表示形式散列为固定长度向量(b)。由于位碰撞是可能发生的,因此这是严格的单向过程

(资料来源:https://docs.chemaxon.com/pages/viewpage.action? pageId = 41129785)

是不太容易实现的。此外,必须仔细考虑通过增加空向量("零填充")来固定表征长度的影响。

库仑矩阵由 Von Lilienfeld 小组开发,是一种由原子的核电荷和相应的笛卡儿坐标得出的分子表示方法[15]。库仑矩阵可以描述为

$$C_{ij} = \begin{cases} 0.5 Z_i^{2.4}, & \forall i = j \\ \dfrac{Z_i Z_j}{|R_i - R_j|}, & \forall i \neq j \end{cases} \quad (8.1)$$

式中:Z 为原子电荷;R 为三维空间的坐标。通过采用一系列的排序算法[15]使库仑矩阵变成一个不变量。

这种方法已经被扩展到周期性结构[16],以允许计算晶体材料的指纹。虽然库仑矩阵已经被广泛应用,并取得一些成功[17-20],但它也有一些缺点。例如,它不能区分分子的全局手性。此外,与所有的三维指纹技术一样,它需要有关分子的分子几何形状。由于获取分子几何形状的成本昂贵,库仑矩阵等技术更适用于从一个理论层次到另一个理论层次的引导(有时被称为Δ-机器学习[21]),而

不是促进材料发现中使用的高通量筛选技术发展。另外,还应该记住,这些技术的成功也取决于分子几何本身和用于生成几何的技术(构象生成器)的质量。

最近,一种基于空间(或球体)填充曲线几何原理的技术被用作生成分子和周期性结构指纹的替代方法[22]。空间填充曲线是一种常用的 N 维空间索引技术,在有关空间中放置一条曲线,并确定空间内物体与曲线的交点。最简单的,也是最常用的空间填充曲线被称为莫顿(Morton)曲线,因为它在二维空间中表示时的形状,有时也被称为 Z 曲线(图 8.3)。

		0	1	2	3
		00	01	10	11
0	00	0000	0001	0100	0101
1	01	0010	0011	0110	0111
2	10	1000	1001	1100	1101
3	11	1010	1011	1110	1111

图 8.3 通过使用 Morton 空间填充曲线对 3D 笛卡儿空间进行展平的图形表示。为了构造曲线,将每个单元格的二进制表示进行交错,结果表示拥有保留原始输入局部性的特性
(注:彩色图片见附录。)

为了构造莫顿指数,我们对每个坐标的二进制表示进行交错。通过对每个点(例如,分子中的原子)进行这种操作,得到的索引集合表示点与填充空间的 Z 形曲线之间的交点的集合。在更高的维度上,这可以被视为当一个 N 维网格覆盖所讨论的对象时,非空 N 维单元格的列表。这一系列技术的 N 维单元格的一个优点是,它可以将额外的化学信息编码到"备用"维度。最近将这些技术应用于描述晶体材料的研究工作,使用了一系列潜在的值,包括原子序数和编码原子局部键合环境的统计数据。这种方法的一个潜在缺点是,为了获得原子分辨率,所需的单元格导致这一系列潜在的值分布稀疏。虽然有办法解决这个问题,但如果没有某种形式的维度降低,这些方法的直接使用确实被限制了。

手动制作描述符的另一种方法是让数据本身决定描述符。这种方法在图像识别的许多领域都被证明是有效的,包括 MNIST 手写数字问题,这些描述符的性能经常优于其手动制作的替代方法。受限玻耳兹曼机(RBM)已经被用来执行这项任务。将 RBM 概念化的一个方便的方法是将其视为一个两层人工神经网络,有一个可见层和一个隐藏层。RBM 的"受限"部分来源于这样一个事实:RBM 中的神经元必须形成一个二维图。也就是说,同一层内的神经元之间没有连接。RBM 通过能量函数,从一组输入中预测概率分布。

$$E(\nu, h) = -a^{\mathrm{T}}\nu - b^{\mathrm{T}}h - \nu^{\mathrm{T}}Wh \tag{8.2}$$

它与概率分布的关系如下：

$$P(v,h) = \frac{1}{Z}e^{-E(v,h)} \tag{8.3}$$

式中：Z 为一个归一化系数，以保证 $P(v,h)$ 的和为 1。

如果将一系列的 RBM 堆叠在一起，就有可能创建一个称为深度自动编码器的实体[23]。在这种模式中，RBM 被用来预训练权重，通过训练堆叠的 RBM，这些 RBM 的大小随着层($n+1$)的输入由层 n 的输出提供而减小。解开这些 RBM 会得到漏斗形确定性神经网络的初始权重矩阵，然后可以使用某种反向传播算法的众多变体之一对其进行微调[23]。通过将这个神经网络分割成编码器/解码器组件，我们可以使用这个模型来有效降低维度。

深度自动编码器已经被用于从直接输入（在这种情况下是图像）到自动识别手写数字，并取得巨大的成功，不难想象同样能把它应用于材料发现。Pyzer-Knapp、Hernandez-Lobato 等已经使用这些技术将环形指纹压缩到二维，用于信息景观[24]的构建，从而可以更容易地解释化学库的多样性，这可以使搜索筛选技术合理化。这一点将在 8.4 节中详细介绍。

除了深度自动编码器外，卷积神经网络和循环神经网络也可以用来生成能够接受原始输入的模型，在这里，原始输入指的是分子图。卷积神经网络与标准（确定性、前馈）神经网络非常相似，但具有额外的层类型（除了传统神经网络的全连接层），并且在布局上需考虑数据的空间结构。为了实现这个目标，卷积网络由小的神经元集合组成，每个集合都是图像的一部分，这些输出的神经元被平铺到输入的部分并与之吻合。这种设置使网络对输入转换有一定的容忍度。传统网络架构的问题之一是维度诅咒，即模型的预测能力往往会随着维度的增加而降低[25]，这是由模型的全连接性造成的。在某些任务中，例如图像识别，由于图像中一个极端的像素与另一个极端的像素关联性通常较低，因此全连接的网络结构可能并不是最有效的方法。这种情况可以延伸到化学领域，例如，在分子的某一个部位存在一个特定的官能团并不影响发生在分子另一较远部分上的化学反应。再如，三键和四键对某一个化学基团的核磁共振谱（NMR）移位的贡献减弱。这通过感受野的模式编码成卷积网络。在这个模式中，卷积网络采用了一种局部结构，只允许神经元与前一层的小部分神经元连接（图 8.4）。

除了感受野，卷积网络与传统的神经网络还有几个关键的不同点。首先，神经元有一个与权重矩阵相关的深度。这可以看作每层潜在过滤器的数量。处于同一个深度通道的神经元也会共享权重。这是为减少网络自由度的数量而采用的一种策略，并使其对过拟合更具弹性。权重共享是基于这样的假设，即在一个接受场中捕获的特征很可能与在另一个接受场中是相关的。这意味着我们不需要为图像中可能出现的边缘设置过滤器。其次，在图像处理中，我们通常可以添

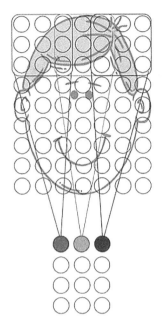

图 8.4 演示了卷积网络中神经元的局部性概念。在这里,隐藏层中的每个神经元只与输入的一个小子集相连。每个接受域重叠的大小和数量是用超参数设定的,这些超参数本身是可以优化的

(注:彩色图片见附录。)

加填充(padding)来控制输出的空间大小。这种方法在图像处理中很常见,但由于分子结构的特殊性,分子堆积方式可能在化学应用中具有不同的物理意义。最后,卷积网络有一个池化层,它可以看作简化卷积层输出的机制。简单地说,池化层会选择每个过滤器(深度层)输出中响应最强烈的结果。在池化过程中,一些位置信息可能会被忽略,这种做法是合理的,因为关键不在于检测到特征的位置,而在于它是否存在,以及在近似的附近有哪些(如果有)特征。

Duvenaud 等利用卷积网络生成了分子神经指纹,作为经典指纹技术的数据驱动替代品[26]。作者表明,通过卷积网络,可以生成数据驱动的通用指纹(图8.5),这种有预测性能的技术具有竞争优势。

与传统指纹技术相比,神经指纹具有一些关键优势。首先,作为一种数据驱动的技术,它能够相对容易地为特定任务生成一个定制的指纹。尽管在过去人们非常重视方法的可移植性,但在处理数据丰富的环境中的问题时,可以为了性能牺牲大量的可移植性(只要避免严重的过拟合)。这种做法的合理性在于特定的工具是为特定的任务制作的,而不需要将其复制在不适合的任务(通常是对分子力学力场等参数化方法的批评[27])。其次,与传统的一系列技术不同,例如环形指纹中使用的一系列技术,神经指纹的生成可以通过逆向工程定位图中与某些所

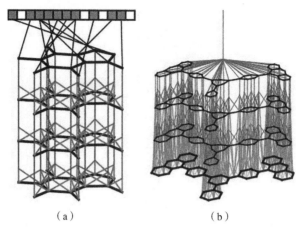

图 8.5 （a）通过散列函数，索引和最终位设置构造圆形指纹的图形描述，以及（b）在散列函数被神经网络替代的神经中，信息流如何在神经网络中扩散，通过 softmax 操作进行索引以及通过求和进行位设置操作

（资料来源：Duvenaud 等 2015 发表的成果[26]）

需特征表达密切相关的部分。这对于一直在寻找实现"逆向设计问题"技术的材料发现领域来说，显然有很大的用处。最后，对神经指纹的初步研究表明，当暴露于相同的预测模型时，神经指纹比其他指纹技术具有更强的预测性能[26]。

使用神经网络生成指纹的另一种方法是使用循环神经网络（RNN）。这些网络在分析和预测文本序列方面取得了显著成功，因为它们实际上是将分子视为复杂的原子序列来应用的。就像卷积网络能利用空间信息来体现出优势一样，当存在相当程度的序列信息时，循环神经网络比传统网络更有优势。这种方法区别于其他神经网络方法的一个关键优势是，RNN 不依赖固定大小的输入。该方法的另一个关键优势在于分子通常以长度可变的方式表示。需要注意的是，当输入是固定长度时，RNN 仍然可以发挥巨大的作用[28-29]。

循环神经网络的一个关键特征是它的神经记忆。这使它可以在迄今为止所看到的序列的背景中应用、更新。这可以被认为是在其邻居的背景中看到一个原子——这是手动制作指纹的核心概念。在 RNN 中，时间 t 的隐藏层是 t 时的输入和前一个隐藏层的值的组合。不幸的是，当构建正确的框架所需的记忆长度增加时，简单 RNN 中的神经记忆做得很差，这对化学问题来说可能是一个问题。

这一点可以从图 8.6 中看出，该图展示了神经记忆如何受到隐藏层大小的限制。在这个例子中，网络将在序列的第五个成员被摄入后开始遗忘。此时，网络开始学习哪些是重要的记忆，哪些是可以忘记的。

RNN 学习的另一个问题发生在误差反向传播的过程中[30]。由于网络的循环行为意味着连接输入到隐藏层的权重矩阵成倍地扩大（实际上是使用的时间

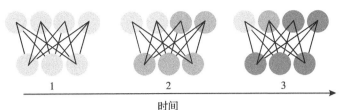

时间

图 8.6　如何在循环神经网络中存储顺序信息的示例。可以看出，隐藏层包含来自每个先前时间步的信息。由于隐藏层中只有 4 个神经元，因此当到达第五步时，神经记忆将充满，必须决定忘记什么

(注:彩色图片见附录。)

步数)，如果权重矩阵的前导特征值小于 1，那么梯度将很快消失变为零；相反，如果权重矩阵的前导特征值大于 1，那么权重矩阵中元素的幅度将迅速增大。这两种行为在学习时都会产生很大的不利影响，并且很难理解到数据集内的长期依赖性。在简单 RNN 上的一个变种——长短时记忆(LSTM)网络，包含一个更复杂的更新机制来对抗这种影响，并被广泛用于替代简单 RNN[31]。

与 Duvenaud 等的想法类似，Lusci 等也使用 RNN 直接从分子图中生成机器学习的特征[32]。传统上，RNN 的图形输入是有向无环图，图中没有循环连接，其中边的方向意味着节点之间的某种因果关系或时间关系。虽然这些方法已经被应用于蛋白质结构预测等任务中并取得一定的成功[33]，但由于小分子存在循环连接的概率很高，而且节点之间的连接没有明显的方向性，尚不清楚这些方法是否适用于小分子。因此，Lusci 等对该框架进行了调整，将这些无向的分子图转化为有向无环图，以便用 RNN 进行处理。由于小分子图的尺寸相对较小且连通性较低，可以通过采集所有可能的非循环方向，将其呈现为有向无环图的集合。图 8.7 是一个示例。

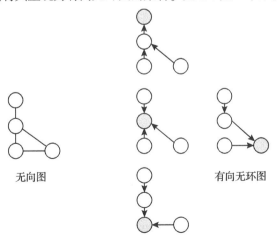

无向图　　　　　　　　　　　　　　有向无环图

图 8.7　从无向图的输入生成有向无环图的集合的示例。尽管这是一项潜在的昂贵任务，但典型的小分子的大小和连通性使该方法在计算上易处理

(资料来源：改编自 Ref.[32]的成果)

由于在每个有向无环图内,每个原子和图的根节点之间都存在一条路径,这呈现出一个以根节点为起点的分子"视图",因此认为这个集合从组成原子上讲可以代表分子。如前所述,训练 RNN 会受到梯度消失或梯度激增的困扰,由于大量的矩阵变换操作,当使用深度架构时,这个问题会更加严重。为了在这种方法中控制维度的大小,Lusci 压缩了一些存在于分子无向图中的环。这是通过从图中选择一系列最小的环,并将这些环压缩为一个节点来实现的。通过对一系列与溶解度测量和计算有关问题的实验的研究,Lusci 发现,这种基于 RNN 的方法得出的描述至少与传统的指纹技术效果相当,有时甚至优于传统的指纹技术(图 8.8)。

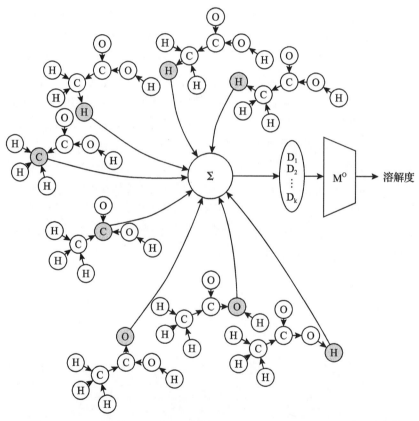

图 8.8 基于 Lusci 等的循环神经网络方法的深层指纹。将有向无环图的集合相加在一起,以产生循环神经网络体系结构的输入,然后使用反向传播对其进行训练,以预测一些有用的目标,上图为溶解度

(资料来源:Lusci 等在 2013 发表的成果[32],经美国化学会许可复制)

这里所描述的技术主要集中在手动制作或直接解释的分子图形结构上;然而,在使用其他描述符,如电子结构[34-35]或其他与化学性质相关的分子描述符[36-38]方面也同样有重要研究支撑。由于这里讨论的基本原理适用范围很广,如果读者需要更多的信息,请参考关于这个主题的相关文献[39-40]。

8.3 利用机器学习建立快速、准确的模型

随着对新材料需求的增大,新材料的研发时间(通常是被要求的)越来越短。许多研究人员正在转向高通量虚拟筛选(HTVS)的模式[41],以缩短研发时间,提高他们的工作效率[42-44]。HTVS中一个流行的设想是计算漏斗。在这种模式中,会采用一种廉价的方法筛选大量的分子,不合适的分子会从库中删除。随着分子数量的减少,可使用更昂贵的方法来区分分子,过滤出更多的候选分子。最终剩下的分子数量足够少,可以通过实验进行筛选,这些结果反馈到库的生成过程中,进行新的分子集筛选。显然,在这样的计算漏斗中,过滤器的效率取决于两个主要标准:速度(限制了构成初始集的分子数量)和准确度(决定了可以筛选出多少候选分子)。由于机器学习势提供一个准确的模型,这很有可能在这个领域发挥重要作用,一旦模型被训练,机器学习的执行速度就可以比当前的方法有数量级的提升。

在这种环境下部署机器学习的一个特别有吸引力的方法是采用深度神经网络。虽然神经网络的基本原理已经被人们很好地理解了一段时间,但由于担心过拟合(制作一个记忆训练数据的模型,而不是学习其模式)和大型网络收敛缓慢[45],神经网络在材料设计界的受欢迎程度有所下降。然而,最近在改进的训练方法和计算硬件方面的发展已经解决这些问题,并使它们的部署取得巨大的成功。

基本的神经网络算法非常简单。一般来说,一个网络是由输入节点、隐藏节点和输出节点组成的。X作为网络的输入,是一个大小为v_1乘v_2的向量,其中v_1是训练集中数据点的数量,v_2是描述每个数据点的描述符数量。网络的输入通过一个权重矩阵w_1连接到每个隐藏神经元(这被称为全连接系统),该矩阵的尺寸为v_2乘h_1,其中h_1是第一隐藏层中隐藏神经元的数量。简单起见,我们将假设只有一个隐藏层。隐藏层的神经元通过一个权重矩阵w_2与输出层的神经元相连,该矩阵的大小为h_1乘o_1,其中o_1是输出层的神经元数量。在确定了网络的连接方式后,接下来的任务就是在这个网络中传播信号。w_1和w_2的初始值是随机产生的,第一个隐藏层的信号是通过输入神经元和w_1之间的点积之和形成的。每个隐藏层的激活量是用一个sigmoid函数计算出来的,该函数将输

出平坦分布在0和1之间,典型的sigmoid函数有tanh函数,或者logistic函数$1/1+\exp(-x)$。隐藏层的输出被传递到输出层,在输出层它们被组合成一个值,即目标。将这个预测值与真实值进行比较,并计算出预测值的误差。最常见的训练形式是将这个误差通过节点向后传播,这个过程称为反向传播。这允许网络更新权重矩阵,以最小化目标和预测值之间的误差。

过拟合是处理神经网络时的一个关键问题。模型(实际上是通用逼近器[46])具有纯粹灵活性,同时全连接网络中自由度数量会随着神经元数量的增加而快速增长,意味着在训练模型时必须采取措施以确保不会发生过拟合。一种简单但往往不合理的有效技术被称为早停(early stopping)[47]。用这种技术,从训练集中随机选择一个小集(测试集),可避免这个小集出现在训练中。然后根据这个小集来验证每次训练确定的参数,如果在这个集上的误差增加(这里通常应用一个阈值标准),那么训练会停止。另一种更复杂的避免过拟合的技术称为随机关闭(dropout)[48]。这种技术通过随机关闭(drop out)神经元及其连接,使其信号对模型没有贡献,从而避免了在训练过程中采用神经元之间复杂的共轭关系。通过这种方式,神经元不能保证与其他神经元的连接,限制了它们形成相互依赖的能力。换个角度思考,drop out是为用户提供一种同时训练大量模型的方法,以及有能力将这些子模型的预测合并起来。原文中对此有如下描述:

在具有N个单位的单层隐藏层和计算分类标签概率的"softmax"输出层的网络中,使用均值网络完全等同于取所有2^N个可能网络预测标签上概率分布的几何平均值。[48]

当通过drop out网络传播信号时(在训练过程中,由于预测总是通过使用整个网络来执行),通常会根据活跃的神经元数量缩放信号。这意味着,无论忽略的神经元数量是多少,信号的强度都保持不变。drop out是一种非常流行的神经网络正则化方法,在一定程度上是由于其便于实现,几乎不需要对现有代码进行调整。该操作的伪代码如算法1所示。

算法1 神经网络某层的dropout伪代码实现。通常情况下,为了确保信号强度与dropout无关,会将输出按预期dropout的量进行缩放,但为了清楚,这里没有显示。

```
def dropout_layer(X, probability):
if rand(0, 1) > probability:
return activation(X)
else:
return 0
```

在使用神经网络进行新材料研发时,为了加快对大型数据集的训练,必须超越在线训练的范式,即必须在更新权重之前,通过神经网络处理所有数据。实现这个目标的一种常用方法称为迷你批处理的随机梯度下降方法。用这种方法,每次可以选择较小的数据集,通过网络传播,对权重矩阵进行部分的、有噪声的更新,每遍数据可以被如此划分的数量定义为

$$|Y|/N_{\text{batch}} \tag{8.4}$$

即数据的总条数除以批次的大小(batch size)。使用小批量(mini-batch)的原因在于,对于大型数据集,预计存在合理的数据冗余量,因此,如果在一半的数据上进行训练,返回的权重矩阵应该与在全集上进行训练的权重矩阵大致相同。因此,为了降低成本,你可以有根据地预设什么值是合理的权重矩阵。

Dahl 等使用了另外一种巧妙的正则化方法,即多目标拟合[49]。在这种方法中,网络被训练成同时学习将同一输入回归到多个属性。由于同时对多个目标进行过度拟合非常困难,这种方法在训练中引入了一个隐性的正则化方法。Dahl 等认为,当使用合适的正则化方法时,激进的特征选择是没有必要的,而这种激进的特征选择策略通常被认为是降低模型复杂性的必要步骤(存在过拟合的危险)。当特征从 3764 个减少到 2500 个、2000 个、1500 个、1000 个、500 个或 100 个最有信息量的输入特征时,其正则化神经网络对验证集的性能有显著的下降趋势(图 8.9),由此,他们证实了上述观点。

调整学习率是神经网络高效收敛的关键。学习率类似于传统几何优化中的步长大小,因此固定的学习率(通常的实现方式)并不是一个最优的解决方案。直观的解决方案是在训练过程中改变学习率。这可以通过"冷却机制"来实现,其中学习速率是被设定的,随着时间的推移而降低,然而,更稳健的方法是根据每个权重的梯度信息调整学习速率。这意味着算法将在权重快速移动(大梯度)的方向上采取较大的步长,在权重移动缓慢的方向上采取较小的步长。这使通过多维训练面的下降路线更加有效,从而使网络的收敛速度更快。

Pyzer-Knapp 等利用神经网络从环形指纹中回归 HOMO、LUMO 和能量转换效率值,以加速有机光伏分子的发现[50]。在本章研究中,使用 20 万个 1024b 的摩根环形指纹[10]来训练网络,以便一次同时学习所有属性(多目标伪正则化,如文献[49])。过拟合问题可以通过早停策略[47]来处理,该策略涉及跟踪所有属性的均方误差,并使用 RMSProp[51]优化算法来加速权重的收敛,根据训练集的大小,采用 Hogwild 算法[52]来并行化随机梯度下降。Hogwild 是一个异步随机梯度下降求解器,在训练过程中,中央权重参数存储以非固定的方式更新。由于权重更新是交替的,因此这些更新的处理顺序并不重要。此外,在竞争条件下发生的迭代产生的噪声实际上起平滑作用,这在一定程度上促进了算法的收敛,尽管这一点还未得到证明[50]。在本章研究中,在验证下发现所有属性的预测都达到

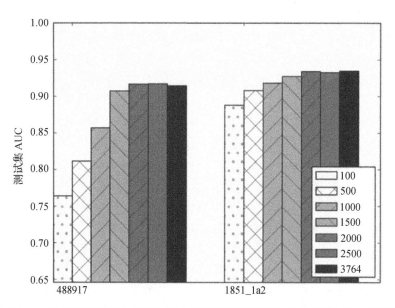

图8.9 Dahl等研究的两个关键分析中使用的特征数量的精度(接收器工作特性曲线下的区域)。ROC是衡量二进制分类器性能的常用指标,当特征数量减少时,ROC会受到很大的负面影响

了最高的精度,HOMO值和LUMO值的预测在1×10^{-4}量级,能量转换效率达到0.27%。对于50000个分子的验证库,其中不包含网络训练过的分子,即使是使用保守的能量转换效率小于8%进行筛选(10%通常被认为是高性能材料的理想目标),也能去除99%的分子,这清楚地证实了神经网络作为计算筛选器的能力。

如果你确信有一种方法可以将输入相互联系起来(通过取距离),就可以采用基于内核的方法来建立模型。虽然有许多不同类型的内核方法,但这里最相关的两种方法是支持向量机(SVM)和高斯过程(GP)。

SVM已经应用于回归和分类问题,但它也最适合做分类,所以在这里重点介绍。在一个简单SVM中,我们寻求找到$P-1$维的超平面,它能将P点最佳地分离成两个类:A和B,可以标记为1和-1。在一种简单的情况下,数据是可线性分离的,我们可以定义两个平行的超平面,定义每个类的边界——间距(margin),然后最大化它们之间的距离。将这些间距定义为

$$\begin{cases} \boldsymbol{\omega} \cdot \boldsymbol{x} - b = 1 \\ \boldsymbol{\omega} \cdot \boldsymbol{x} - b = -1 \end{cases} \quad (8.5)$$

很明显,为了使$\boldsymbol{\omega}$、$\boldsymbol{x}$这两个向量之间的距离最大化,必须使$||-\boldsymbol{\omega}||$的值最小化。我们可以施加约束,使得在这个最小化过程中,数据点不落在两个边缘

之间：
$$y_i(\boldsymbol{\omega} \cdot \boldsymbol{x}_i - b) \geq 1 \tag{8.6}$$

式中：y_i 为数据点 i 的类别（这里是 1 或 -1）。

因此，SVM 的训练可以写为
$$\underset{y_i(\boldsymbol{\omega} \cdot \boldsymbol{x} - b) \geq 1}{\arg \min} \; (\|\boldsymbol{\omega}\|) \tag{8.7}$$

其中显示了训练 SVM 的约束条件下，最小化 $\|\boldsymbol{\omega}\|$ 的表达式。

也可以将这种硬约束变成软约束，将存在于边距之间的点按其与边距的最小距离比例进行惩罚：
$$\max(0, y_i(\boldsymbol{\omega} \cdot \boldsymbol{x}_i - b)) \tag{8.8}$$

式(8.8)显示了一个软约束，可以应用于对数据进行 SVM 的训练，该数据是不可线性分的。

因此，现在的最小化表示为
$$\min \left[\frac{1}{n} \sum_{i=1}^{n} \max(0, y_i(\boldsymbol{\omega} \cdot \boldsymbol{x}_i - b)) \right] + \lambda \|\boldsymbol{\omega}\|^2 \tag{8.9}$$

其中，参数 λ 决定了约束的"软度"。

虽然这种方法适用于线性可分的数据，但在许多领域（包括化学），并不能保证合适的分离面完全是线性的。为了解决这个问题，可以引用一种通常称为核技巧的技术。这种技术通过将数据映射到一个线性可分空间中来实现，而这个映射过程是使用核来完成的。这个"技巧"之所以有效，是因为在核是正半定型的条件下，我们只需知道变换空间中点与点之间的距离，而不必显式地变换坐标，甚至不必知道变换矩阵，通常称为 ϕ。

经常使用的核有很多不同类型，核的选择对建模的成功是不可或缺的。其中最常用的两种内核如下所述。

8.3.1 平方指数核

$$k_{\text{SE}}(x, x') = \sigma^2 \exp\left(-\frac{(x - x')^2}{2l^2}\right) \tag{8.10}$$

式(8.10)所示为平方指数核。

这个内核已经成为许多机器学习任务的默认内核，部分原因是它是通用的，便于针对大多数有用的函数进行整合。它只有两个参数需要调整，即 l 和 σ^*，分别表示函数的长度和方差。

8.3.2 二次有理核

$$k_{\mathrm{RQ}}(x,x') = \sigma^2 \left(1 + \frac{(x-x')^2}{2\alpha l^2}\right)^{-\alpha} \tag{8.11}$$

式(8.11)显示了有理二次型核。

这种核可以被认为是一组平方指数核的总和,值为 l。因此,如果你想建立的函数在其他多个长度尺度上有变化,那么这种核是一个不错的选择。

虽然这两个核是最常用的,但仍有许多其他的核可用。

David Duvenaud 的内核指南给出了关于核的一个非常好的介绍,此书可以在 http://www.cs.toronto.edu/~duvenaud/cookbook/index.html 中找到。

SVM 已经在化学领域得到广泛应用,它们不但可以用于回归,还在 QSAR 分类问题中构建分类器方面具有极其广泛的应用。对于有兴趣的读者,可以在文献[53-54]中找到专门讨论 SVM 在化学和材料研究中的应用。

与 SVM 相似,高斯过程是一种基于核的方法,它可以应用于分类和回归任务。高斯过程是高斯(正态)分布的泛化——分布管理的变量(标量或向量)属性,随机过程管理的函数属性。虽然从技术上讲,高斯过程是由它的均值函数和协方差函数定义的,但通常的做法是假设均值为 0,因此高斯过程仅由协方差函数 K 决定(因此,它的核为 $k(x, x')$):

$$\begin{bmatrix} f \\ f* \end{bmatrix} \sim \mathcal{N}\left(0, \begin{bmatrix} K(X,X) & K(X,X_*) \\ K(X_*,X) & K(X_*,X_*) \end{bmatrix}\right) \tag{8.12}$$

其中

$$K(X,X) = K = \begin{bmatrix} k(x_1,x_1) & \cdots & k(x_1,x_n) \\ \vdots & \ddots & \vdots \\ k(x_n,x_1) & \cdots & k(x_n,x_n) \end{bmatrix}$$

$$K(X,X_*) = K_* = [k(x_1,x_*) \cdots k(x_n,x_1)]$$

$$K(X_*,X_*) = K_{**} = k(x_*,x_*)$$

式(8.12)显示了一个仅用内核函数 $k(x, x')$ 表示的零均值高斯过程。因此,我们可以将贝叶斯预测任务 $y_* | y$ 描述为

$$y_* | y \sim \mathcal{N}(K_* K_y^{-1}, K_{**} - K_* K^{-1} K_*^{\mathrm{T}}) \tag{8.13}$$

其中显示了使用高斯过程方法对给定一组已知目标 y 的新目标 y_* 的预测。这种贝叶斯范式的优势可以从式(8.13)中看出。预测不仅返回一个值($K_* K_y^{-1}$),也返回不确定性($K_{**} - K_* K^{-1} K_*^{\mathrm{T}}$),这对于警告用户使用不适当的先验(例如,将高斯过程模型用于它没有被设计解决的问题)非常有价值,同时也对贝叶斯优化实践产生了影响,这将在 8.4 节中详细讨论。

Schwaighofer 等提供了一个在化学环境中使用 GP 进行电解质溶解度预测的强力支撑[55]。事实上,在这篇论文中,作者强调了包括不确定性在内的贝叶斯方法的优势,并以此作为这种方法优于 SVM 模型的理由——概念上更简单的 SVM 模型无法提供有根据的误差条。在这项研究中,研究人员使用了一套简单修改过的 Dragon[56]描述符来构建一个既能提供信息又能在计算上易处理的特征向量。此外,使用以下标准将高斯噪声建立到模型中。

-有一种实验测量结果可用(2532 个化合物):噪声 std σ_1 = 0.46。

-有两种实验测量结果(1160 种化合物):噪声 std σ_2 = 0.15。

-有三种实验测量结果(242 种化合物):噪声 sdt σ_3 = 0.026。

其中,σ_1、σ_2 和 σ_3 的值是使用梯度下降法优化边际似然函数确定的。通过在 GP 模型的先验中建立噪声,Schwaighofer 等允许模型承认这种类型测量的必然噪声性质。

在高斯过程的环境中,这相当于将矩阵 $K(X,X)$ 用其噪声版本代替

$$K(X,X) + \sigma_n^2 I = K_{\text{noise}}$$
$$= \begin{bmatrix} k(x_1,x_1) + \sigma_n^2 \delta_{1,1} & \cdots & k(x_1,x_n) + \sigma_n^2 \delta_{1,n} \\ \vdots & \ddots & \vdots \\ k(x_n,x_1) + \sigma_n^2 \delta_{n,1} & \cdots & k(x_n,x_n) + \sigma_n^2 \delta_{n,n} \end{bmatrix} \quad (8.14)$$

其中

$$\delta_{pq} = \begin{cases} 1, p = q \\ 0, p \neq q \end{cases}$$

由于利用噪声方差 σ_n^2 设定噪声的大小,因此现在的预测任务就是

$$\begin{bmatrix} f_{\text{noise}} \\ f* \end{bmatrix} \sim \mathcal{N}\left(0, \begin{bmatrix} K(X,X) + \sigma_n^2 I & K(X,X_*) \\ K(X_*,X) & K(X_*,X_*) \end{bmatrix}\right) \quad (8.15)$$

式(8.15)显示了在核函数中加入噪声时表示的高斯过程回归任务。Schwaighofer 等将他们的方法与广泛测试的 Huuskonen[57]测量溶解度数据集的其他数据进行比较时发现,他们的方法优于所有已报告的均方根误差(RMSE)。同时,当 r^2 被用作标准时,他们的方法是具有领先优势的[55]。此外,他们还指出,在预测的同时报告不确定性的能力是其他任何方法都无法比拟的。

除了能够建立高度精确的模型,机器学习还提供了调整这些模型输出的能力,使其可以关联额外的任务。前面提到的 Δ-ML 方法[21]旨在使用机器学习的方法,把廉价的低级计算引导到高阶计算。研究表明,该方法针对一系列有机分子,可以实现对各种性质的极高准确度模拟,同时显著降低所需的计算负担(图 8.10)。

在一组从 GDB-9 数据集[58]中选取 13.4 万个最多包含 9 个 C、N、O 或 F 原

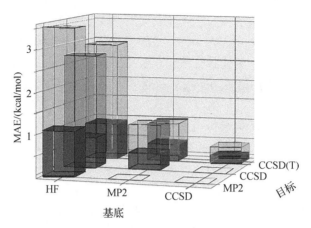

图8.10 在量子化学方法中使用Δ-ML方法(深色)对于等效未校正误差(浅色)的优势。例如,在HF/MP2结果中,深色条表示修正版本HF与MP2计算之间的均方误差,而浅色条表示HF本身与MP2之间的均方误差

(资料来源:Ramakrishnan等在2015发表的成果[21]。)

子的分子上,使用Δ-ML方法从PM7基线预测B3LYP原子化能。使用1000分子的训练集,平均绝对误差(MAE)为4.8 kcal/mol,当训练集增加到1万分子时,平均绝对误差(MAE)可降低到3.0 kcal/mol。

作者指出,由于筛选整个13.4万分子集的计算成本可降到大约2个CPU周,而在B3LYP水平下执行整个筛选的成本估计在15个CPU年,该种方法可以加快新材料的筛选速度。

这种修正模拟值方法的另一个应用是有机光伏的量子化学模拟[59]。在该应用下,机器学习的用途并非将理论引导到更高层次,而是使用高斯过程将模拟的输出与实验中观察到的值校准。这是通过使用扩展的连通性指纹结合平方指数核来实现的,基于先前观察到的实验-模拟组的先验,对量子化学模拟[在这种情况下是密度泛函数理论(DFT)]的输出进行回归修正。高斯过程是这个任务的理想候选者,因为,正如前面所讨论的那样,它同时返回一个预测的平均值和方差——从而防止不当使用(任何严重失调的预测必然有一个高方差)。此外,虽然模拟结果往往是精确的,但几乎总是存在一个与收集实验数据相关的噪声,因此噪声核可以内置。本章研究表明,该技术极大地提高了模拟结果相对于实验观测的可靠性[图8.11(a)]。这种方法的另一个优点是它消除了对函数选择的依赖性——这是DFT模拟中的一个关键参数——因为无论用于计算的函数是什么,计算属性的校准值都会折叠成相同的分布[图8.11(b)]。

第 8 章 认知化学-机器学习与化学结合加速发现新材料

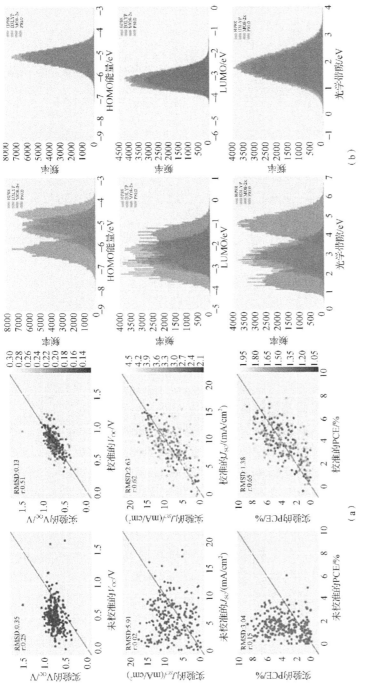

图 8.11 (a) 虽然通过量子力学模拟 (未校准) 直接计算的性质可能并不总是与实验直接相关, 但 XX 的校准程序允许对结果有更大的置信度 (请注意意较高的 Pearson r 值和较低的 RMSD)。在校准图中, 色调与校准的置信度有关 (色调越浅, 置信度越低)。(b) 校准消除函数依赖性的演示 (尽管每个函数都会产生不同的分布 (左列), 但无论使用哪个函数, 校准后的分布都会坍缩成一个奇点, 引用得到皇家化学学会的许可)。资料来源: Pyzer-Knapp 等发表于 2016 的文献[59]。彩色图片见附录。

8.4 化学库搜索

计算硬件和算法发展速度越来越快,根据研究内容作出明智的决策后,新材料的研发情况得到改善。可以通过选择执行哪些实验或选择哪些(以及什么类型)计算来定位高性能材料。

传统上,研究人员会在很大程度上根据他们已经知道的东西做出决定以获得改进。在算法层面,这被称为贪婪搜索,人们认为这些方法有陷入局部最小值的倾向。与贪婪搜索相反的是,在选择下一步时,大量学习未知的东西,被称为探索性搜索。通常情况下,在搜索最优结果的时候,在这种算法的不同元素之间平衡的情况下,会取得最好的结果。

正如本章前面提到的,为了有效地进行探索,必须有一种方法确定模型预测的不确定性。高斯过程可应用于这个任务,成为一个常用的选择,但需要注意的是,当任务规模增加时,该方法不便缩放的特性可能会导致性能问题。

Balachandran 等使用主动学习技术,整合高斯过程和 SVM 来设计具有优异弹性性能的新材料[60]。为了选择新的材料进行研究,他们采用了一种被称为预期改进的采样系统[61],该系统中,利用当前知识和探索新知识的权重由一个参数 ε 控制,该参数影响预测方差。他们在对 233 种具有理想性能的已知材料的研究中,证明将"探索"纳入搜索策略是非常有利的,特别是当预测方法存在较大误差时,纯粹的"利用"策略是站不住脚的。

Schneider 等使用随机森林方法对药物发现的问题进行了主动学习[62]。随机森林方法包括将众多的确定性决策树组合起来,并输出一个集合预测。随机森林最常见的训练算法被称为 Bootstrap 聚合——随机选择数据集的一个子集来训练每棵决策树,对回归问题的预测确定为决策树输出的平均值,预测方差为预测在树集上的分布。这可以扩展到特征空间,每棵树随机选择一个特征子集用于训练——这个过程被称为特征 Bagging。随机森林方法是为了解决决策树方法的过拟合问题而开发的,在决策树方法中,树,特别是深层树,并非以提取模式进行,而是学习模式重现数据集的噪声。这类似于理解而不是记忆。通过使用 Bootstrap 聚合和特征 Bagging,没有一个决策树是基于相同的数据甚至是相同的特征学习产生的。因此,只要决策树不相关,方差就会减少,而偏差不变。

算法 2 使用 Bootstrap 聚合和特征 Bagging 方法对随机森林进行基本训练和预测的伪代码。

```
Training:
def random_forest(X, Y, N_batches):
```

```
for batch in 1···N_batches:
subsample X, Y to get a subset of size N/N_batches {X_b, Y_b}
    for each x in X_b:
        subsample the features in x to give a reduced feature set x_red
        train decision tree T_batch on {X_b, Y_b}
        add tree to forest (forest:{T_1···T_N_batches})
    return forest

Prediction of x':
def predict(x, forest):
    For tree in forest:
        x'' = tree(x')
        add x'' to set of predictions P:{T_1(x')···T_N_batches(x')}
    predictive-mean = sum(P)/N_batches
    predictive-variance = standard-deviation(P)
    return predictive-mean, predictive-variance
```

Schnider等比较了使用纯粹的"利用"策略(使用最大预测或"贪婪"策略创建)和纯粹的"探索"策略(在随机森林预测委员会发现预测方差最大化时创建)的效果。他们发现,"探索"策略会像预期的那样,建立更多样化的候选者库,但通常效率较低。Pyzer-Knapp 等利用可扩展贝叶斯神经网络[63]的最新发展,来解决针对从前采用这些方法导致的数据集过于庞大[24]的问题。在贝叶斯神经网络中,人工神经网络中看到的点权重被高斯分布取代,这种高斯分布在网络权重上形成一种先验概论分布。虽然贝叶斯神经网络在关于机器学习的文献中已经被人们熟知,但训练这种网络总是非常昂贵。最近,概率反向传播(PBP)[63]的突破使这个问题得到了可扩展的解决方案。PBP 方法会利用新旧后验之间的矩阵匹配来更新后验的均值和方差。通过使用预设密度滤波算法[64]进行迭代,权重后置的均值和方差被调整到数据[65]中。每个权重都有一个均值和方差,这将转移到每个预测中。

在他们的研究中,Pyzer-Knapp 等使用了一种称为汤普森(Thompson)采样的贝叶斯优化方法,从库中高效地选择理想的分子,并通过在多个针对不同类型材料的库上进行测试,证明了这种方法的可移植性,如有机光伏(约 200 万个分子[44])、肿瘤抑制剂(https://wiki.nci.nih.gov/display/NCIDTPdata/NCI-60+Growth+Inhibition+Data)和抗疟药[66](均约为 2 万个分子)。作者没有在"探索"策略和"利用"策略之间进行选择,而是采用汤普森采样方法[67]与贝叶斯神经网络相结合,在搜索中动态平衡这些策略。汤普森采样是一种概念上非常简单的算法,算法3(图8.12)详细介绍了汤普森采样的算法。

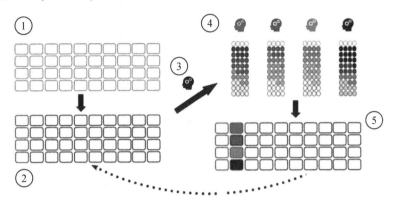

图8.12 Thompson采样算法的图形表示。①→②表示选择训练集;③表示训练贝叶斯神经网络;④表示确定性网络的集合并选择备选物;⑤表示将备选候选物添加到训练集中

算法3 对一个集合执行Thompson抽样,以平衡探索和利用,从而找到丰富的输入子集伪代码。

通过随机抽取$\{X,Y\}$的一些小的子集,创建一个训练集$\{X_{train},Y_{train}\}$,让$\{X_{pool},Y_{pool}\}$构成剩余部分。

```
def Thompson(X_train, , Y_train, X_pool, Y_pool, N_threads):
    for epoch in 1…N_epochs:
```
在X_{train},Y_{train}上训练贝叶斯神经网络
```
        for thread in 1…N_threads
```
对贝叶斯神经网络的权重后置进行采样,生成确定性神经网络N',用N'对集合Xpool的目标值进行预测,通过Ypool的预测值对集合Xpool进行排序,生成排名R_{thread}
```
        for thread in 1…N_threads
```
将R_{thread}中排名靠前的输入对应的输入X_i加入训练集,并将X_i从池集中移除。

汤普森采样中"探索"和"利用"的平衡被编码到对网络权重的先验抽样中。当一个权重具有较低的预测方差,即网络对这个权重具有较高置信度的值时,它在采样的网络上变化不大,因此通过这个权重的连接具有很高的"探索"性;相反,如果一个权重具有很高的预测方差,那么它在样本网络上的数值会有很大的不同。因此,对网络的采样在其有信心的领域具有"利用"性,但在其没有信心的领域具有"探索"性。作者在本研究中发现,与使用汤普森和纯粹的"利用"性(贪婪)方法相比,前者在所有的搜索里效率都是最高的,而且这种搜索方法相

比随机采样方法在有机光伏问题上有显著的改进(效率提升40倍),搜索时间从约4年缩短到1个月,这可以看作HTVS的成就。

其中的原因可以通过使用信息图景来证明,信息图景是同一篇论文中开发的一项技术。在这些图中,使用深度自动编码器将特征空间压缩到二维(如8.2节所述)。然后,这个二维图景划分成若干段,这些段被涂上颜色,以代表其中包含的目标的平均值。在这个空间内的数据点的分布使用核密度估计(等高线)表示,前100个数据点的位置被明确标记。图8.13所示为有机光电数据集和肿瘤抑制器数据集的信息图景。

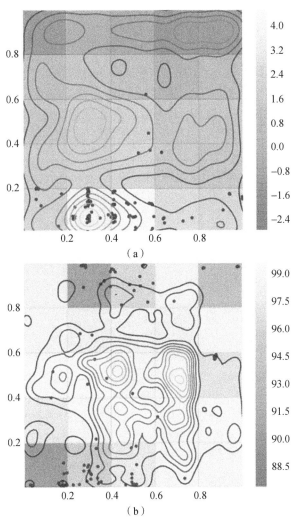

图8.13 有机光电数据集(a)(最大化问题)肿瘤抑制器数据集(b)(最小化问题)的信息图景

(资料来源:改编自Pyzer-Knapp等的成果[24]。彩色图片见附录。)

图 8.12(LHS,左侧)显示了光伏搜索,作者观察到最初"贪婪"搜索是最成功的策略。这种情况可以用以下事实来说明合理性:在一个小面积的特征空间中包围着大量的有候选前途的分子——这种情况对于纯粹的"利用"策略来说是最佳的。然而,当这种强候选者的供应耗尽时,贪婪策略的性能相对于汤普森策略来说就会下降,因为搜索获取信息不足,以至于无法正确识别其他有希望的区域来引导搜索。另一种情况如图 8.13 所示(RHS,右侧),在这种情况下,显然有两个有希望的候选区域。在这种情况下,"探索"搜索策略是最佳的,这一点作者从本章研究中材料性能得到改进这一点获得了证实。

8.5 结论

在本章,我们阅览了一系列内容,包括机器学习的过程、数据表示,采用应用表示法建立更快、更准确的模型,并使用采样技术智能搜索数据,以更有效地建立这些模型的同时做出智能决策,迅速定位理想的新材料。我们已经看到了许多不同的技术,包括来自深度学习这个先进性领域的前沿方法,是如何被利用并迅速而智能地解决复杂的化学问题。在当前的时间点上(也许是历史上从未有过的),我们处于计算能力、可获取的数据和复杂的学习技术的快速发展的"风暴"中——这些结合起来可以将化学真正带入认知时代。

参考文献

[1] Reymond, J.-L. (2015). Acc. Chem. Res. 48: 722–730.

[2] Kirkpatrick, P. and Ellis, C. (2004). Nature 432: 823–823.

[3] Maldonado, A.G., Doucet, J.P., Petitjean, M., and Fan, B.-T. (2006). Mol. Divers 10: 39–79.

[4] Nikolova, N. and Jaworska, J. (2003). QSAR Comb. Sci. 22: 1006–1026.

[5] Sheridan, R.P. and Kearsley, S.K. (2002). Drug Discov. Today 7: 903–911.

[6] Nasr, R., Hirschberg, D.S., and Baldi, P. (2010). J. Chem. Inf. Model. 50: 1358–1368.

[7] Wang, Z., Liang, L., Yin, Z., and Lin, J. (2016). J. Cheminformatics 8: 1–10.

[8] Xue, L. and Bajorath, J. (2000). Comb. Chem. High Throughput Screen 3: 363–372.

[9] Sutherland, J.J., Higgs, R.E., Watson, I., and Vieth, M. (2008). J. Med. Chem. 51: 2689–2700.

[10] Rogers, D. and Hahn, M. (2010). J. Chem. Inf. Model. 50: 742–754.

[11] Durant, J.L., Leland, B.A., Henry, D.R., and Nourse, J.G. (2002). J. Chem. Inf. Comput. Sci. 42: 1273–1280.

[12] Gutman, I. and Estrada, E. (1996). J. Chem. Inf. Comput. Sci. 36: 541–543.

[13] Vilar, S., Uriarte, E., Santana, L. et al. (2014). Nat. Protoc. 9: 2147-2163.

[14] Morgan, H. L. (1965). J. Chem. Doc. 5: 107-113.

[15] Montavon, G., Hansen, K., Fazli, S. et al. (2012). Advances in Neural Information Processing Systems, vol. 25 (eds. F. Pereira, C. J. C. Burges, L. Bottou and K. Q. Weinberger), 440-448. Curran Associates, Inc.

[16] Faber, F., Lindmaa, A., von Lilienfeld, O. A., and Armiento, R. (2015). Int. J. Quantum Chem. 115: 1094-1101.

[17] Hansen, K., Montavon, G., Biegler, F. et al. (2013). J. Chem. Theory Comput. 9: 3404-3419.

[18] Montavon, G., Rupp, M., Gobre, V. et al. (2013). New J. Phys. 15: 095003.

[19] Lopez-Bezanilla, A. and von Lilienfeld, O. A. (2014). Phys. Rev. B 89: 235411.

[20] Häse, F., Valleau, S., Pyzer-Knapp, E., and Aspuru-Guzik, A. (2016). Chem. Sci. 7: 5139-5147.

[21] Ramakrishnan, R., Dral, P. O., Rupp, M., and von Lilienfeld, O. A. (2015). J. Chem. Theory Comput. 11: 2087-2096.

[22] Jasrasaria, D., Pyzer-Knapp, E. O., Rappoport, D., and Aspuru-Guzik, A. (2016). Phys. Stat., rXiv preprint arXiv:1608.05747.

[23] Hinton, G. E. and Salakhutdinov, R. R. (2006). Science 313: 504-507.

[24] Hernández-Lobato, J. M., Requeima, J., Pyzer-Knapp, E. O. & Aspuru-Guzik, A. (2017). Parallel and Distributed Thompson Sampling for Large-scale Accelerated Exploration of Chemical Space. Proceedings of the 34th International Conference on Machine Learning, in PMLR 70: 1470-1479.

[25] Hughes, G. (1968). IEEE Trans. Inf. Theory 14: 55-63.

[26] Zaborowski, B., Jagieła, D., Czaplewski, C. et al. (2015). A maximum-likelihood approach to force-field calibration. J. Chem. Inf. Model. 55 (9): 2050-2207.

[27] Zaborowski, B., Jagieła, D., Czaplewski, C. et al. (2015). J. Chem. Inf. Model. 55: 2050-2070.

[28] Gregor, K., Danihelka, I., Graves, A. et al. (2015). Draw: a recurrent neural network for image generation. arXiv preprint arXiv:1502.04623.

[29] Ba, J., Mnih, V., and Kavukcuoglu K. (2014). ArXiv14127755 Cs.

[30] Pineda, F. J. (1987). Phys. Rev. Lett. 59: 2229-2232.

[31] Zaremba, W., Sutskever, I., and Vinyals O. (2014). Recurrent neural network regularization. arXiv preprint arXiv:1409.2329.

[32] Lusci, A., Pollastri, G., and Baldi, P. (2013). J. Chem. Inf. Model. 53: 1563-1575.

[33] Baldi, P., Brunak, S., Frasconi, P. et al. (1999). Bioinformatics 15: 937-946.

[34] Isayev, O., Fourches, D., Muratov, E. N. et al. (2015). Chem. Mater. 27: 735-743.

[35] Bultinck, P., Gironés, X., and Carbó-Dorcaz, R. (2005). Reviews in Computational Chemistry (eds. K. B. Lipkowitz, R. Larter and T. R. Cundari), 127-207. Wiley.

[36] Carhart, R. E., Smith, D. H., and Venkataraghavan, R. (1985). J. Chem. Inf. Comput. Sci. 25: 64-73.

[37] Nilakantan, R., Bauman, N., Dixon, J. S., and Venkataraghavan, R. (1987). J. Chem. Inf. Comput. Sci. 27: 82-85.

[38] Labute, P. (2000). J. Mol. Graph. Model. 18: 464-477.

[39] Todeschini, R. and Consonni, V. (2009). Molecular Descriptors for Chemoinformatics, vol. 41 (2 Volume Set). Wiley.

[40] Todeschini, R. and Consonni, V. (2000). Handbook of Molecular Descriptors. Wiley Online Library.

[41] Pyzer-Knapp, E. O., Suh, C., Gómez-Bombarelli, R. et al. (2015). Annu. Rev. Mater. Res. 45: 195-216.

[42] Wilmer, C. E., Leaf, M., Lee, C. Y. et al. (2012). Nat. Chem. 4: 83-89.

[43] Curtarolo, S., Hart, G. L. W., Nardelli, M. B. et al. (2013). Nat. Mater. 12: 191-201.

[44] Hachmann, J., Olivares-Amaya, R., Jinich, A. et al. (2014). Energy Env. Sci. 7: 698.

[45] Zupan, J. and Gasteiger, J. (1991). Anal. Chim. Acta 248: 1-30.

[46] Hornik, K., Stinchcombe, M., and White, H. (1989). Neural Netw. 2: 359-366.

[47] Prechelt, L. (1998). Neural Netw. 11: 761-767.

[48] Srivastava, N., Hinton, G., Krizhevsky, A. et al. (2014). J. Mach. Learn. Res. 15: 1929-1958.

[49] Dahl, G. E., Jaitly, N., and Salakhutdinov R. (2014). Multi-task neural networks for QSAR predictions. arXiv preprint arXiv:1406.1231.

[50] Pyzer-Knapp, E. O., Li, K., and Aspuru-Guzik, A. (2015). Adv. Funct. Mater. n/a-n/a.

[51] Tielman, T. and Hinton, G. (2012). "Lecture 6.5 - RMSProp," COURS-ERA: Neural Networks for Machine Learning.

[52] Recht, B., Re, C., Wright, S., and Niu, F. (2011). Hogwild: a lock-free approach to parallelizing stochastic gradient descent. In: Advances in Neural Information Processing Systems, 693-701.

[53] Li, H., Liang, Y., and Xu, Q. (2009). Chemom. Intell. Lab. Syst. 95: 188-198.

[54] Lu, W.-C., Ji, X.-B., Li, M.-J. et al. (2013). Adv. Manuf. 1: 151-159.

[55] Schwaighofer, A., Schroeter, T., Mika, S. et al. (2007). J. Chem. Inf. Model. 47: 407-424.

[56] Mauri, A., Consonni, V., and Pavan, M. (2006). Roberto Todeschini 56: 237-248.

[57] Huuskonen, J. (2001). Comb. Chem. High Throughput Screen. 4: 311-316.

[58] Ramakrishnan, R., Dral, P. O., Rupp, M., and von Lilienfeld, O. A. (2014). Quantum chemistry structures and properties of 134 kilo molecules. Sci. Data 1: 140022.

[59] Pyzer-Knapp, E. O., Simm, G. N., and Guzik, A. A. (2016). Mater. Horiz.

3: 226-233.
[60] Balachandran, P. V., Xue, D., Theiler, J. et al. (2016). Sci. Rep. 6: 19660.
[61] Jones, D. R., Schonlau, M., and Welch, W. J. (1998). J. Glob. Optim. 13: 455-492.
[62] Reker, D. and Schneider, G. (2015). Drug Discov. Today 20: 458-465.
[63] Hernández-Lobato, J. M. and Adams, R. P. (2015). Probabilistic backpropagation for scalable learning of bayesian neural networks. In: International Conference on Machine Learning, 1861-1869.
[64] Ito, K. and Xiong, K. (2000). IEEE Trans. Autom. Control 45: 910-927.
[65] Minka, T. P. (2001). UAI'01: Proc. of the 17th Conf, Uncertainty in Artificial Intelligence, vol. 17, 362-369.
[66] Spangenberg, T., Burrows, J., Kowalczyk, P. et al. (2013). PLoS One 8: e62906.
[67] Thompson, W. R. (1933). Biometrika 25: 285-294.

第9章 用于全局优化和分子动力学模拟的机器学习原子间势

9.1 引言

在计算化学领域,将晶体势能面(PES)的快速而准确地重建是一个核心问题,因为 PES 包含了系统和所有过渡态的基本信息。实际上,一旦确定了 PES,人们就可以找到稳定的和可转移的结构,以及这些结构之间的过渡路径。PES 的一阶导数揭示了作用力,而二阶导数提供了关于晶格振动和材料力学性质的信息。

建立 PES 的最准确的方法之一是使用第一原理计算,例如基于密度泛函理论(DFT)的计算。这种方法的主要局限在于高昂的计算成本;DFT 计算通常仅限于数百个原子以下的系统。同时寻找全局最小值是一项艰巨的任务,直到最近才被认为是无法解决的,因为局部最小值的数量极其庞大。USPEX 代码[1-3]提供了一种可能的解决方案,也是迄今为止最强大的方法之一。它采用了一种进化算法,首先生成随机结构,其次使用合适的方法(如 DFT)估算这些结构的能量,并选择能量最低的个体,最后,对上一代的最佳结构、新的随机结构,以及经过变异操作(如突变、交叉等)的结构进行相同的处理。详细信息可参见文献[4]。虽然使用 DFT 进行全局优化是可靠的,但成本较高;而使用力场替代 DFT 可以加快计算速度,但会牺牲一定的精度和可靠性。

USPEX 有效地解决了在特定条件下寻找最稳定结构的问题,而分子动力学(MD)能够模拟给定晶体结构或分子构象中的物理过程,提供系统的动态演化信息。在 MD 模拟中,原子的轨迹由牛顿方程(等效方程)决定,其中原子上的作用力和势能是通过原子间相互作用势(又称力场)计算得出的。因此,MD 模拟的一个关键局限在于其结果强烈依赖所选择的势函数。大多数力场并不适用所有元素和材料,并且某些材料可能存在多种力场,它们在不同条件(如温度、压力)下的表现各不相同。经验势能函数尤其依赖其训练时所使用的结构数据。

按照简单的组合论证[1],不同结构的数量可以评估为

$$C = \frac{1}{(V/\delta^3)} \frac{(V/\delta^3)!}{[(V/\delta^3) - N]! \, N!} \tag{9.1}$$

式中：N 为体积 V 的单位单元中的原子总数；δ 为一个相关的微分参数（例如 1Å）。对于小系统（$N \approx 10 \sim 20$），组合数 C 可以达到天文数字般的巨大值 10^N（假设使用 $\delta=1$Å 和典型的原子体积为 10Å³）。

此外，考虑能量景观的维度是很有用的，具体公式如下：

$$d = 3N+3 \tag{9.2}$$

例如，一个 20 个原子/单元的系统可以描述为一个 63 维的问题，我们可以重写式(9.2)：$d=3N+3$，其中 $3N-3$ 个自由度是原子位置，其余 6 个维度是晶格参数。我们可以将式 (9.1) 改写为 $C \sim \exp(\alpha d)$，其中 α 是一些系统特定的常数。

对于这样的高维问题，穷举显然是不可行的，如果将全局优化与局部优化（如结构松弛）结合起来，问题就可以大幅简化。这表明原子位置之间存在一定的相关性（原子间距离会调整到合理的值，从而避免不利的相互作用），导致这个仅由局部最小值组成的能量景观的内在维度（图 9.1）是可以显著降低的。

$$d^* = 3N+3-\kappa \tag{9.3}$$

式中：κ 为（非整数）相关维数；d^* 既取决于体系大小，也取决于化学性质。

如我们发现[6] Au_8Pd_4 的 $d^* = 10.9(d=39)$，$Mg_{16}O_{16}$ 的 $d^* = 11.6(d=99)$，$Mg_4N_4H_4$ 的 $d^* = 32.5(d=39)$。那么局部最小值的数量为

$$C^* \sim \exp(\beta d^*) \tag{9.4}$$

其中，$\beta < \alpha, d^* < d, C^* < C$，这意味着结构松弛可以大幅简化问题。同时，问题随着自由度数（或粒子数）的增加仍然是呈指数级增长的，这意味着晶体结构预测问题属于 NP-hard[①] 问题。对于足够大的系统，这个问题将难以解决（使用现有的方法，在 300～500 个自由度的范围内达到极限）。

如果我们能够开发出一种独特且严谨的晶体结构表征方法，那么它将具有广泛的应用价值。这样的表征方法是机器学习领域迫切需要的，而且在进化算法驱动的晶体结构预测中，它允许我们检测重复的结构，并能更有效地利用晶体结构的能量、性质和结构相似/不相似性之间的相关性。

传统的晶体结构表示方法是使用一组晶格向量和原子坐标，但这并不是唯一的表示方式。同一种晶体结构可以通过无限组这样的晶格向量和原子坐标集合来描述，这些集合之间通过晶格向量的线性变换和原点移动相互转换。

如果从定义一个指纹函数[5]开始，它就与相关函数和衍射谱有关。那么对于每对原子类型 A 和 B，该函数定义为

$$F_{AB}(R) = \sum_{A_i,\text{cell}} \sum_{B_j} \frac{\delta(R - R_{ij})}{4\pi R_{ij}^2 \frac{N_A N_B}{V_{\text{cell}}} \Delta} - 1 = g_{AB}(R) - 1 \tag{9.5}$$

---

① 非确定性多项式，指所有 NP 问题都能在多项式内时间复杂度内归纳到的问题。

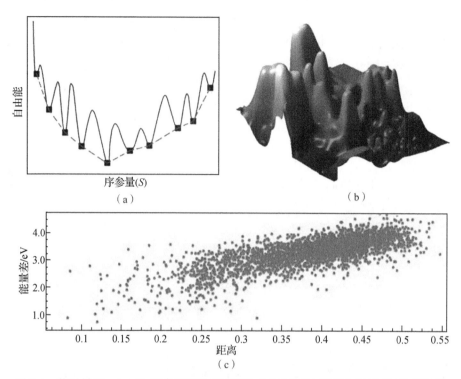

图9.1 能量景观。(a)1D示意图展示了完整的景观(实线)和简化的景观(连接局部最小值的虚线)。(b)Au_8Pd_4简化景观的2D投影,显示低能量结构在一个区域内的聚集。(c)能量-距离相关性(这里展示的是GaAs,每个单元格有8个原子)。每个点都是一个局部优化(即弛豫)的结构。相关性证明能量景观具有简单的通道拓扑结构

(资料来源:Oganov和Valle在2009发表的成果[5],经AIP出版许可重新印刷)

其中,两个Σ贯穿单位池内所有i个A型原子和距离R_{max}内所有j个B型原子。在式(9.5)中,N_A和N_B是单位单元内原子A和原子B的数目,V是单位单元体积,R_{ij}是原子i和j之间的距离,Δ是离散参数。$g_{AB}(R)$是对相关函数,从中减去1,使其成为一个短程函数,并在长距离极限中围绕零振荡:$F_{AB}(0)=-1$,$F_{AB}(\infty)=0$。

指纹函数的另一个性质:对于理想气体,其值恰好为零。所有对零的偏离都是阶次的结果。指纹函数对所有的线性变换都是不变的,并且在数值上非常稳健。尽管有这些有用的特性,但这个函数并不能完全唯一地定义结构:原则上,两个不同的结构可能具有相同的指纹。在寻找晶体结构的理想表征时,我们采用了指纹函数作为一个简单且鲁棒的实用解决方案。我们对指纹函数进行离散化处理,并将其表示为一个向量,其中第k个分量的计算方法为

第9章 用于全局优化和分子动力学模拟的机器学习原子间势

$$F(k) = \frac{1}{D} \int_{kD}^{(k+1)D} F(R) \, dR \tag{9.6}$$

那么,结构 i 和 j 之间的相似性可以定义为它们的指纹向量之间的距离,如笛卡儿距离、明可夫斯基法则或余弦距离,后者定义为

$$D_{ij} = 0.5 \left(1 - \frac{F_i F_j}{\|F_i\| \|F_j\|} \right) \tag{9.7}$$

指纹分析可以使人们直观地看到能量景观(图9.16(b)),并确定在真实的化学体系中,能量景观呈现局部漏斗状,其中低能量结构相对聚集在一起。正是这种能量景观的样式使得全局优化成为可能。这种整体结构也是许多物理性质所期望的景观特征。

余弦有一个数学特性:它们的值只能在[0,1]的范围内,这允许使用一种非常方便的类似熵的方法来测量一组结构的多样性。这种度量方法称为准熵[5]。

$$S_{\text{coll}} = - \langle (1 - D_{ij}) \ln(1 - D_{ij}) \rangle \tag{9.8}$$

式中: D_{ij} 为所有结构对之间的抽象余弦距离。按照上述同样的格式,我们可以定义[5]每个原子位点的指纹,以及一个给定晶体结构的准向性,这样就可以衡量同一种结构中不同原子位点指纹(如局部原子环境)的差异性。已有研究表明[5],结构准熵的定义可以用来分析和证明 Pauling 的第五条规则(简约规则,即在稳定的晶体中,基本结构元素的数量趋向较少)——对于 SiO_2 的修饰来说,图9.2展示了这一点。我们还可以为每个结构定义一个阶数 Π 来衡量指纹函数与零的偏差(对于理想气体而言,该偏差为严格零),并引入原子体积的立方根,使该函数无尺寸和尺度不变。阶次程度通常与能量相关,USPEX 中利用了这种相关性[3]。

$$\Pi^2 = \frac{1}{(V/N)^{1/3}} \int_0^{R_{\max}} F^2(R) \, dR = \frac{\Delta}{(V/N)^{1/3}} |F|^2 \tag{9.9}$$

基于 DFT 数据训练的机器学习原子间势能有效提升能量计算的准确性和快速性[7-8]。任何机器学习算法的构建过程都包括三个主要步骤:特征向量选择(如何描述结构)、算法选择、算法的评估和测试。这种方法假设系统的总能量可以近似为各个原子环境的能量之和。在实际计算中,这些环境被定义在一个截止半径 r_{cut} 内,通常约为 10Å(1Å=0.1nm)。每个环境的能量由相邻原子位置的函数表示,通常包含数百个或更多的参数。这个函数必须满足几个关键约束条件,其中最重要的是它与换位(化学等价单位)、旋转和平移的关系。在过去 20 年里,人们开发了许多基于不同特征向量和算法的原子间势方法。其中包括 Behler-Parinello 神经网络(NN)[9-10]、高斯近似势(GAP)[11]、谱邻分析势(SNAP)[12]、MTP[13]等。对采用这些方法进行的某些晶体结构描述符的分析可

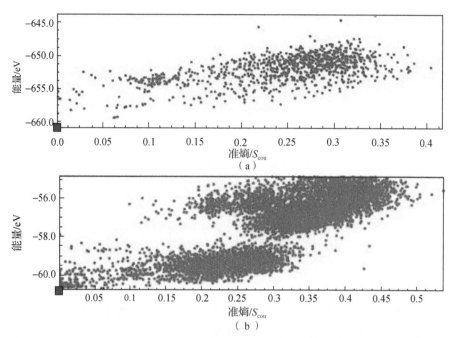

图 9.2 能量与结构准熵相关性。(a) MgO(每个单元格 32 个原子)和(b) MgNH(每个单元格 12 个原子)。注意,正如 Pauling 的第五规则所规定的那样,对于简单结构(那些具有最低准熵的结构)有明显的能量偏好①

(资料来源:Oganov 和 Valle 在 2009 发表的成果[5],经 AIP 出版许可重新印刷)

参见文献[14]。这些方法都是针对接近局部最小值的结构设计的,并且通常难以从物理角度进行解释。从上述内容可知,建立机器学习(ML)原子间势有两种策略:一种策略是它可以处理来自 PES 广泛区域的结构(适用全局优化),另一种策略是它可以处理来自 MD 运行的结构,这些结构通常非常相似。在本章中,我们将介绍适用于这两种策略的方法,以及详细介绍特征向量和训练集的选择过程,并展示所开发方法的应用。

9.2 用于全局优化的机器学习势

9.2.1 晶格求和法

在本章中,我们探讨了一种在训练时考虑高能项的方法。我们提出将总能

---

① 这里原书为 S_{str},上下文无相关内容,应改为 S_{cou}。——译者注

量自然地分解为对和多体两部分,这为我们提供了一些关于晶体中相互作用机制的见解。此外,这种二体势的可视化特性有助于我们从物理角度理解模型。我们的方法适用全局优化(例如,使用 USPEX)及分子动力学(MD)模拟。

我们采用以下方式来表达总能量(类似的想法已在文献[9]中实现):

$$E = E_0 + E_{2body} + E_{manybody} \tag{9.10}$$

即作为一些常数项、对数项和多体项的总和。在我们的算法中,二体项由线性回归拟合,第二项由人工 NN 拟合。由于线性回归给出了 E_{2body} 的简单分析形式,因此可以很容易地将其可视化。

为了描述二体项,我们采用了晶格和原子类型的组合。如果晶体中有 K 种不同类型的原子,那么二体势的数量等于 $12K(K+1)$。每个势可以用一个通用的形式来表示:

$$\varphi(r) = \sum_{k=1}^{k_{max}} \frac{A_k}{r^k} \tag{9.11}$$

那么晶胞的总二体势为

$$E_{2body} = \sum_{l=0}^{\infty} \sum_{j=0}^{N} \sum_{k=1}^{k_{max}} \frac{A_{i,j}^k}{r_{i,j}^k(l)} \tag{9.12}$$

其中,求和是在整个晶体上进行的;每个单位单元用索引 l 编号,l 等于当前单元的 0;i 是指 $l=0$ 的单元中的原子,j 是指编号为 l 的单元中的原子;$A_{i,j}^k$ 是原子 i 和原子 j 之间相互作用势的第 k 个系数,它只取决于这些原子的类型。这样的和:

$$\sum_{l=0}^{\infty} \sum_{j=0}^{N} \sum_{k=1}^{k_{max}} \frac{1}{r_{i,j}^k(l)} \tag{9.13}$$

称为网格和。

对于 $k=1,2,3$ 的项,它们对应于长程相互作用,因为积分 $\int_1^{\infty} \frac{r^2 dr}{r^k}$ 存在分歧。这些项的主要问题是必须通过整个晶体来计算,而不是在一个有限的球体内计算。对于库仑项,Ewald 方法[15-16]被开发出来,该方法在实数空间和复数空间中进行求和。我们将这种方法推广到 $k=2,3,4,5,6$ 的项。公式的推导非常烦琐,与文献[16]中描述的几乎相同。对于 $k=6$ 的项,公式取自文献[17]。$k \geqslant 7$ 的分量在一个半径足够大的球体(通常为10Å)内计算。$k=4,5,6$ 的项可以在有限半径的球体内进行求和计算,但要达到与 $k \geqslant 7$ 的项相同的精度,球体的半径需求过大,导致计算成本过高。通过在实数空间和复数空间中采用类似 Ewald 的求和方式,可以更经济、更有效地进行计算。

对于这些项,在选择实数空间和复数空间半径 R_{max} 和 G_{max} 及参数 g 时,应旨在使迭代次数最少且精度最大。库仑相互作用力的目前的表达方式借用了 GULP 代码[17-18]。具体公式如下：

$$g_{opt} = \left(\frac{n\omega\pi^3}{V^2}\right)^{\frac{1}{2}} \quad (9.14)$$

$$G_{max} = 2fg, \quad R_{max} = \frac{f}{g} \quad (9.15)$$

式中：$\omega=1$；n 为单位单元中的原子数；V 为其体积；$f=(-\ln A)^{\frac{1}{2}}=3$，$A$ 对应于所需精度。我们的分析表明，这些参数对 $k=2,3,4,5,6$ 同样有效，因此我们采用了这些参数。

从物理角度考虑（这一点从公式中也可以看出，如果没有这一项限制，和将会出现分歧），晶胞的整体电荷必须等于零。实际上，我们已经证明类似的对称性规则也适用于 $k=2$ 和 $k=3$ 的项，请参见公式 $\sum_{i,j=1}^{N} A_{i,j}^k = 0$。由此，我们得出一个重要的结论：只有单一原子类型的晶体不存在长程相互作用。这解释了为什么单一原子类型的晶体在本质上比含有多种原子类型的晶体更容易处理。我们在此假设，同种类型的所有原子具有相同的电荷。这个假设在系统中只存在成对相互作用时成立。在真实的体系中，即使只有一种原子类型，由于强烈的多体相互作用，也可能发生显著的电荷转移（如 γ-硼[19]）。通常，人们会考虑能量 E 对距离 r 的非线性依赖，但值得注意的是，能量 E 对 $A_{i,j}$ 系数的依赖性显然是线性的。因此，一旦知道了某些结构的能量，就可以利用线性回归来重建其他结构的系数。在真实的体系中，原子对相互作用会受环境的影响（这导致了多体相互作用），因此我们可以预期原子对电位对体系密度的依赖性，尤其是在金属中。对于金属，这种依赖性可以描述为电子气模型中原子对相互作用的密度依赖性的筛选。为了说明该方法，对算法进行了两次测试。在第一次测试中，使用 Lennard-Jones 势：

$$\varphi(r) = \varepsilon\left[\left(\frac{r_m}{r}\right)^{12} - 2\left(\frac{r_m}{r}\right)^6\right] \quad (9.16)$$

式中：ε 为势井深度；r_m 为其最小位置。在测试中，我们考虑了 A_xB_y Lennard-Jones 系统。使用 USPEX 代码，在单位单元中随机生成 10000 个具有任意数量的化学式和任意空间群对称的无弛豫结构，然后使用 GULP[17] 计算它们的能量。利用这些能量数据，我们重建了势能模型，结果如图 9.3 所示。结构的能量（每原子)在范围[-30,2]①内,单位为 ε。重建后的模型产生的均方根误差(RMSE)小于 $10^{-7}\varepsilon$;Pearson 系数等于 1,表明该重建是完美的。

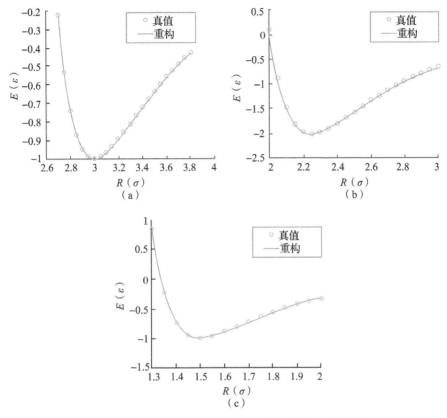

图 9.3 在 A_xB_y Lennard-Jones 系统中重构和真实的势能,分别对应(a)A-A、(b)A-B 和(c)B-B 相互作用

第二个测试系统比较复杂:我们在 Lennard-Jones 势中加入了库仑相互作用。我们采用了同样的 A-B 系统,但有固定的组成 A_nB_n;这使得我们能够在原子上施加固定电荷。在用 USPEX 生成这些结构并使用 GULP 计算它们的能量之后,我们能够重建这些势能模型。结果表明:我们还能够计算电荷,在每个 A 型原子上得到了 1e 的电荷。

因此,可以说明我们的方法能够允许人们重建原子对相互作用势能。即使在涉及多体相互作用的系统中,这样的势能也包含重要的化学信息,因为多体贡献通常要小得多。然而,为了获得定量准确的结果,必须考虑多体相互作用。

---

① 这里能量应为负值,原书应是错误的。——译者注

9.2.2节将介绍我们的主要模型,该模型结合了针对二体相互作用的网格方法和机器学习方法,以及针对多体项的机器学习方法。通过这个模型,我们可以非常准确地拟合真实系统的能量。

9.2.2 特征向量

由于晶格和仅描述了二体部分,因此必须引入描述多体部分的特征向量。一般来说,任何特征向量都必须是明确的(两个不同的结构的特征向量应该是不同的),并且对原子的排序、单元格的选择、系统的平移和旋转都应该是不变的。此外,特征向量应该是紧凑的,即包含尽可能少的成分。最后,由于机器学习在输入(特征向量)和输出(在这种情况下是能量)之间建立了相关性,因此我们希望找到与能量相关的几何特征。在只呈现一种原子的系统中,二体相关函数定义如下:

$$g(r) = \sum_{i,j} \delta(r - r_{i,j}) \qquad (9.17)$$

式中:Σ是在整个晶体上进行的;$r_{i,j}$为原子间距离;δ为狄拉克(Dirac)函数。特征向量由二体相关函数项的积分组成:

① $4 \leqslant k \leqslant 15$ 的格子和($k = 4, 5, 6$ 的格子和抓远邻);

② 对于单位格中的每个原子 i,我们可以计算出下列数值(在原子 i 周围半径较大的球体中取和):

$$f_i = \sum_{l=0}^{\infty} \sum_{j}^{N} \frac{1}{r_{i,j}(l)} \mathrm{erfc}(g \times r_{i,j}(l)) \qquad (9.18)$$

或

$$f_i = \sum_{l=0}^{\infty} \sum_{j}^{N} \frac{\exp(-r_{i,j}^2(l) \times g^2)}{r_{i,j}^2(l)} \qquad (9.19)$$

针对一些固定值 g(所使用的参数如表9.1所列),采用的NN的特征就是这些值的平均值:

$$f_i = \frac{1}{n} \sum_{i}^{n} f_i \qquad (9.20)$$

这些项作为 $k = 1, 2$ 的晶格和的一部分出现。因此,我们在一个半径为单位半径的球体中计算这些项,在这个球体中,两个项的和都是收敛的(给定参数 g 的半径等于 f/g,如9.2.1节所述)。

还包括每个原子的体积和文献[6,19]中描述的平均有序度,后者与优化结构有重要的相关性;有序度越高,结构的能量越低[6]。受文献[10]中成功经验的启发,我们还加入了三体部分,即整个晶体上对称函数的平均和。

$$\sum_{i,j,k\neq i}\left(\frac{1+\lambda\cos\theta_{ijk}}{2}\right)^{\xi}\exp(-\eta(R_{ij}^2+R_{ik}^2+R_{kj}^2))\times f_c(R_{ij})\times f_c(R_{ik})\times f_c(R_{kj})$$

$$f_c(x)=\begin{cases}0.5\times\left[\cos\left(\dfrac{\pi x}{R_c}\right)+1\right], & x\leqslant R_c \\ 0, & x>R_c\end{cases} \quad (9.21)$$

其中,第 i 个原子在单位单元内,第 j 个和第 k 个原子在半径相对较小的球体(6Å)内;$l=1$;ξ、η 为每个特征的一些固定参数。

在这里及以下各节介绍的所有例子中,都使用了以下二体项的参数:
$g=[0.17;0.18;0.19;0.20;0.21;0.22;0.23;0.24;0.25;0.26]$
表9.1中显示了用于三体项的参数。

表9.1 本节所有示例中使用的三体项参数

λ	η	ξ	λ	η	ξ
±1	0.001	1	±1	0.009	5
±1	0.003	2	±1	0.011	6
±1	0.005	3	±1	0.013	7
±1	0.007	4	±1	0.015	8

本节的特征向量的长度等于50,但这只是初始值,需要利用特征分析进行优化。

9.2.3 特征向量分析

在所有的机器学习应用中,特征向量都是经过启发式选择的。特征选择通常基于对原子间相互作用的直观理解,然而,从一开始很难确定哪些特征是必要的,哪些是最重要的。在这里,我们提出了一种方法,用于分析哪些晶体结构描述符与晶体的能量(或其他任何非线性属性)最为相关。这对于机器学习技术在计算化学中的应用至关重要,它不仅可以帮助识别真正重要的描述符,还可以通过减少特征数量来加快算法运行速度,因为这些描述符的计算通常需要消耗大量时间。首先,分析下几个关于特征选择存在的主要问题。

(1)是否有可能找到基于晶体的几何形状,并且与基于物理现实而非直觉的能量(其他属性)高度相关的特征?

(2)有没有可能通过添加新的特征来系统地提高模型的精度?

(3)是否有办法建立化学体系普遍并明确的描述符?

解决这些问题将有助于理解晶体中的相互作用,并创建一个极其强大的算法。实际上,许多研究小组做了大量工作[14,20-21],但在这里我们提出了一种对该领域而言新颖的方法。在文献[21]中,作者使用长度为3的特征向量就足以很好地描述铝(Al)晶体,而在文献[9]中,作者使用了长度为40的特征向量,研究的系统却复杂得多。

只要我们使用的是NN,就可以直接通过扩展最优脑损伤(OBD)算法来进行特征分析。这种方法最早是在计算机视觉领域提出的[22]。此外,我们想要指出的是,利用我们的算法,可以进行非常合理的分析,但是特征的选择取决于用于训练的数据。这意味着最终选择的特征可能不是通用的;也就是说,对一个问题重要的特征可能对其他问题不适用。

现在,我们将通过展示两个具有相同特征向量的无边界结构来证明:仅基于晶体中原子间距离的特征描述符是不充分的(图9.4)。一般来说,任何仅基于二体相关函数的特征都可以用以下方式呈现:

$$f = \sum_{i,j} F(R_{ij}) \tag{9.22}$$

式中:$\sum$是在整个晶体上进行的;F为某个固定(平稳)的变量函数;R_{ij}为原子间距离。这意味着如果两个晶体结构的原子间距离R_{ij}分布相同,它们的特征向量将是相同的。

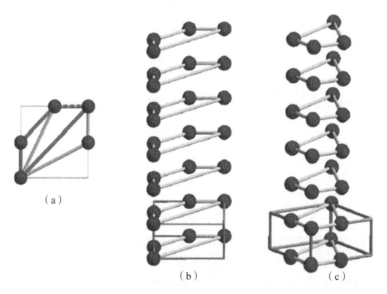

图9.4 两个准一维结构(b)和(c),它们具有相同的二体相关函数(a)

最后一步是证明图9.4中的两个准一维结构具有相同的对距离分布。起初,这两个结构是由图9.4(a)上呈现的两个不同的四边形(一个是梯形,另一个是非梯形)建立的。由于几何结构的简单性,我们可以轻松地检查一个四边形中的6个距离列表是否与另一个四边形中的6个距离列表一致(这是我们期望的无边界结构的属性)。接下来,我们可以将每个四边形在正交方向上进行平移(间距相同),从而在单元格中形成两个具有8条边的不同结构。同样,我们可以很容易地证明一个结构的(8/2)距离列表与另一个结构的距离列表是一致的。由此可见,在正交方向上以相同的间距重复这些四边形,将导致两个准一维结构的对边距离分布相同。

对于给定的特征向量(机器学习算法的输入),我们希望分析哪些特征以非线性的方式与能量(机器学习算法的输出)最为相关。特别地,我们在这里借鉴了计算机视觉科学领域的思想。实际上,他们使用的是具有众多连接的深度前馈神经网络(NN)。对他们来说,建立一个良好的架构,只使用相关的连接,就能得到一个快速的算法。所以,在文献[22]中,作者提出了OBD算法,即删除他们NN架构中不相关连接。假设我们可以通过某种方式计算NN内部每个连接的权重(低于某个阈值的连接称为沉默),然后删除沉默度最低的连接。在例子中,我们验证了这个想法,提出计算输入节点的重要性。实际上,我们可以通过把从这个特征中暴露连接的沉默度相加来计算一个特征的沉默度。

NN函数表示为$F(\boldsymbol{w}, \boldsymbol{x}_i)$,其中$\boldsymbol{w}$对应架构的连接,$\boldsymbol{x}_i$是第$i$个样本的特征向量。NN训练是指相对于权重$\boldsymbol{w}$的误差函数最小化的过程,我们使用以下的代价函数说明:

$$J = \frac{1}{2} \sum_{i=1}^{m} (E_i - F(\boldsymbol{w}, \boldsymbol{x}_i))^2 \quad (9.23)$$

式中:m为训练结构的总数;E_i为第i个样本的能量。NN训练完成后,可以计算每个权重w_{ij}的沉默度,定义为

$$s_{ij} = \frac{\delta^2 J}{\delta w_{ij}^2} \frac{w_{ij}^2}{2} \quad (9.24)$$

现在,我们来总结特征分析的算法:

(1)首先固定一个神经网络(NN)的架构(例如,Al的初始架构为50-35-50-1)和特征向量的长度(例如,Al的初始长度为50,C的初始长度为59),并在训练数据上训练NN。训练过程包括两个步骤:①随机初始化NN的权重;②通过梯度下降法最小化目标函数。通常情况下,得到的NN处于目标函数的局部最小值,而不是全局最小值。为了防止这种情况发生,我们实际上是同时从几个相同的NN(5个)开始训练,因此每个NN的初始权重选择不同。训练之后,我们只保留表现最佳精度的NN。

(2)对于表现最佳的NN,我们按照之前描述的方法计算每个特征的沉默度,并对特征进行排序。然后,删除排名最低的特征。这意味着我们从NN中移

除了每个连接,这些连接源自表现最差的特征的节点(在 Al 中第一次删除后,我们将拥有架构 49-35-50-1)。之后,我们以前面描述的方式重新训练 NN。如果新的最佳 NN 的性能是可以接受的,则从头开始循环这个过程;否则,这个过程就结束了。

我们为所有层选择了相同的激活函数:$\tanh(x)+\gamma x$。这样的激活函数可以防止 NN 瘫痪;线性项在输出层也很重要,因为能量值可能是任意的。我们使用了 $\gamma=0.1$,这个特定参数的选择是通过在下面的例子上进行几次测试来确定的。

权重和偏置是通过标准的反向传播算法来训练的。我们使用的是共轭梯度的批量梯度下降法,但修改了目标函数,这里要最小化以下函数:

$$J = \frac{1}{2m}\sum_{i=1}^{m}(E_i - F(w, x_i))^2 \times \exp(-\beta(E_i - E_{\min})) \qquad (9.25)$$

式中:m 为训练样本的总数;x_i、E_i 分别为第 i 个特征向量及其能量;F 为 NN 函数(输出);w 为正在优化的权重。这样的成本函数选择导致 NN 对低能量结构更加敏感。实际上,随着 β 的增加,我们预测的 PES 低能部分越准确,但代价是对高能部分的描述略有下降。由于我们使用梯度下降法对权重进行优化,如果对特征向量进行归一化处理,收敛速度会快很多。具体来说,每个特征 x 用 $x' = x-x\sigma$ 代替,其中 x 表示训练数据上的平均值;σ 为标准差。在我们的方案中,二体项的减法可以看作物理动机的能量归一化(NN 输出的归一化)。

9.2.4 原子间势的机器学习实例

1. 铝

我们收集了 30000 个 Al 训练结构(12000 个对应随机生成的结构,其余的是在许多结构松弛过程中收集的中间结构),其中 8000 个结构用于测试,结果见表 9.2。能量值在[-3.8;0] eV/原子的范围内。

在表 9.2 中可以注意到,在低能量区域的结果并不太依赖 β 值。这是由于二体部分对总能量的贡献非常大(大约占 90%)。这与碳(C)的情况大不相同,Al 的相互作用更为复杂。图 9.5 绘制了重建的势能模型。由于数据包括了不同密度的结构,这意味着这个势能模型是不同密度结构的平均值。

表 9.2 为我们的方案在 Al 上的结果:r_{low} 和 RMSE_{low} 分别表示与最小能量不超过 0.5eV/原子的测试结构上的皮尔逊相关系数和 RMSE;r 和 RMSE 对应所有测试结构。

表 9-2　Al 上的结果

β	r/%	RMSE/(eV/原子)	r_{low}/%	$RMSE_{low}$/(eV/原子)
0	99.9	0.049	98.7	0.020
0.4	99.9	0.052	98.6	0.021
0.8	99.8	0.055	98.5	0.021
1.2	99.8	0.058	98.5	0.021
1.6	99.8	0.064	98.5	0.022
2	99.8	0.069	98.6	0.021

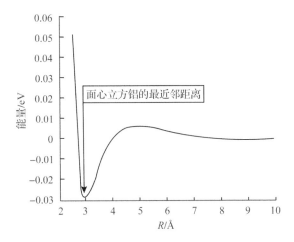

图 9.5　重构的 Al-Al 相互作用的双体势能($\beta=1$)

由于相互作用势通常取决于密度,我们进行了以下计算:生成了大约 20000 个具有固定密度的随机结构,之后对于每个密度,使用我们的方案和架构(50-50-1)重建了电位(固定 b=0,见图 9.6)。这些势能具有类似的形状:显示出明显的摆动,对应弗里德尔振荡,这反映了电子气模型的原子对相互作用的筛选效应,并且它们在相同的 Al-Al 距离上具有最小值(这也证实了弗里德尔理论)。这个距离非常接近 2.86Å,这是 Al 的 fcc 结构中 Al 原子之间的邻接距离。在进一步讨论之前,我们需要注意的是,在高能量的结构中(远离局部能量最小值的结构),二体贡献的比例更高。这意味着给定的非最佳结构只能通过使用二体势重构方法在第一步中放宽。

研究表明密度越高,势能越高(图 9.6),起初展现出的现象可能是预期密度越高,多体项对总能量的相对贡献越大。但是对于 Al,计算结果显示出相反的情况。我们认为,这是因为多体相互作用能量的很大一部分被归入了二体势中。

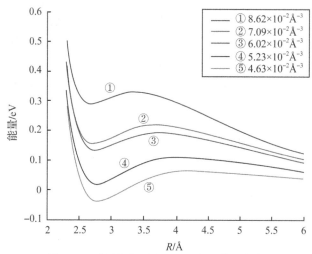

图 9.6 不同密度下的 Al-Al 相互作用势能

（注：彩色图片见附录。）

特征分析的结果如图 9.7 所示。显然，在不损失性能的情况下，我们可以使用长度等于 20 的特征向量（我们从 50 个特征开始）。重要的是，剩余的所有特征都属于特征向量中的二体部分；而且，其中一个特征是对 $k=5$ 的格子和的贡献。这些结果与我们之前的工作结果相一致，我们指出在金属铝中，二体相互作用对总能量的贡献超过了 90%。

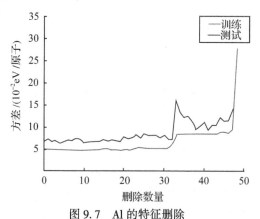

图 9.7 Al 的特征删除

2. 碳

我们将同样的方案应用于碳的测试，收集了 37000 个训练结构（12000 个是随机生成的结构，其余的是大量结构松弛过程中收集的中间结构），其中 9000 个结构用于测试。表 9.3 中总结了我们的结果。结构的能量覆盖了一个很宽的范围[-9.3,0] eV/原子。我们计算了二体相互作用的平均贡献，结果出乎意料的小——大约只有50%。这意味着这个系统非常复杂,不能用任何2体模型来处理,多体相互作用是必不可少的。

表9.3为我们的方案在碳上的结果:r_{low}和$RMSE_{low}$分别表示与最小能量不超过1 eV/原子的测试结构上的皮尔逊相关系数和RMSE;r和RMSE对应所有测试结构。

表9.3 碳上的结果

β	r/%	RMSE/(eV/原子)	r_{low}/%	$RMSE_{low}$(eV/原子)
0.4	96	0.49	78	0.29
0.8	95	0.56	84	0.22
1.2	94	0.62	88	0.19
1.6	92	0.73	88	0.18
2.0	87	0.88	91	0.16

为了测试我们的模型的准确性,我们决定将我们的模型与著名的ReaxFF模型[23]进行比较,比较的对象是那些未用于训练我们模型的结构。这就引发了一个重要的问题:如何比较不同的模型?我们想要强调的是,尽管希望拟合PES的高能部分,但更重要的是要非常准确地描述低能部分。我们建议绘制RMSE作为能量的函数。$RMSE(E)$给出了能量低于E的结构的RMSE,实际上,这样的图可以更好地反映模型的性能。我们在图9.8中绘制了ReaxFF模型和我们的模型的$RMSE(E)$曲线。显然,随着β的增加,PES的低能部分描述得越好,高能部分则越差。通过分析这些曲线,我们可以很自然地将不同β值的模型区分开,并在不同的能量范围内使用它们,以获得低能区域和高能区域都非常好的拟合。我们在图9.8和图9.9中将我们的最佳模型与ReaxFF模型的性能进行了比较,可以看到我们的方案具有明显的优势。由于碳的体系更加复杂,多体相互作用是必不可少的。除了初始的50个特征外,我们还增加了以下内容。

(1)这里引入了键价不平衡的特征,它的定义是

$$f = \frac{1}{N}\sum_i f_i, \quad f_i = \sum_j \left(e^{\frac{r_0 - r_{ij}}{\rho}} - V_i\right)^2 \tag{9.26}$$

这个特征是化学激刺:这里$V_i = 4$对应碳的价态;r_0、r为描述键的强度的参数,对应r_{ij}。我们选择r_0和ρ分别等于1.5和0.35 Å。实际上,我们选取了100个松弛的碳结构,并选择参数r_0和r以使这些结构中的总键价不平衡且最小。

(2)为了更深入地描述多体相互作用,我们扩展了文献[10]中提出的对称函数:

$$f = \frac{1}{N}\sum_i f_i$$

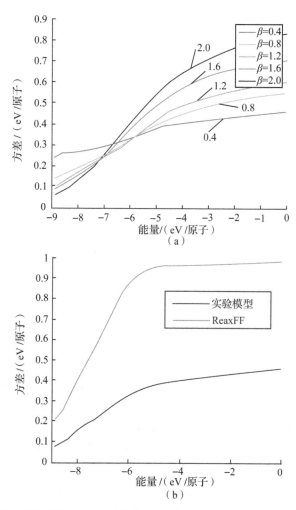

图9.8 不同β碳模型的RMSE(E)曲线(a)和最佳混合模型与已知ReaxFF方法的性能比较(b)

$$f_i = \sum_{j,k,l} \left(\frac{1+\lambda\cos\theta_{jkl}}{2} \frac{1+\lambda\cos\theta_{jil}}{2} \frac{1+\lambda\cos\theta_{lik}}{2} \right)^{\xi} \times \\ e^{-\eta(r_{ij}^2 + r_{ij}^2 + \cdots)} f_c(r_{ij}) f_c(r_{ik}) \qquad (9.27)$$

在这里,f_i是在第i个球体周围计算的值;然后,我们将这个值在原子上进行平均(N对应单位单元中的原子总数)。我们指出,这种特征是基于四体相关函数的。

最终特征向量的长度为59,神经网络(NN)的初始架构为59-35-50-1。特征分析的结果如图9.10所示。与铝的情况相似,该图中显示我们可以合理地只

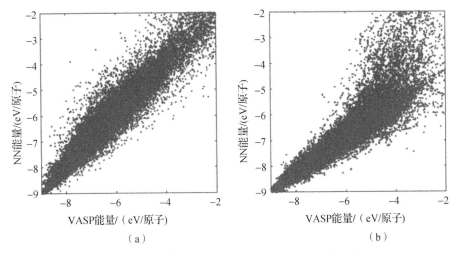

图 9.9 最佳混合模型(a)与已知 ReaxFF 方法(b)的性能比较

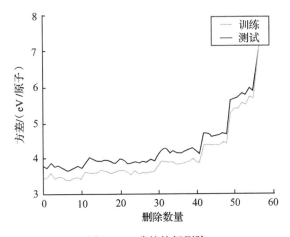

图 9.10 碳的特征删除

保留 20 个特征,其中 13 个来自二体特征向量,7 个来自多体部分(其中 2 个特征对应式(9.7)中的四体相关函数,另外 5 个特征则与 Behler-Parinello 对称函数[10]相关,与三体相关函数有关)。确实预计多体项是非常重要的,但一个有趣的结果是,$k=4,5,6$ 的长期晶格和项幸存下来,这表明碳中的长程相互作用同样重要。此外,从图 9.10 可以看出,在删除特征直到只剩下一个特征时,这些晶格和项仍然非常重要,即使特征向量的长度减少到 5,它们也全部存在。

3. 氦(He)和氙(Xe)

众所周知,惰性气体中的相互作用可以用一个简单的 Lennard-Jones 势描述。我们的方案在不做任何假设的情况下再现了这种势能形状(图 9.11)。

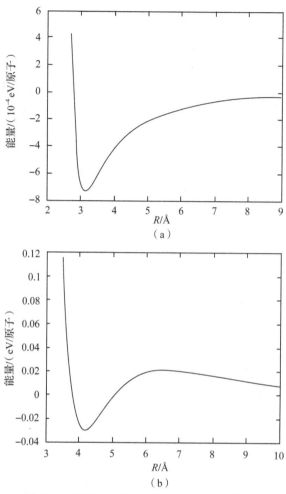

图9.11 重构He-He(a)和Xe-Xe(b)二体势

这里使用了一个简单的架构50-50-1(固定$\beta=0$),并在未松弛的结构上进行训练(每个系统有20000个结构,能量是用范德瓦耳斯函数计算的)。这些势能的最小值非常接近范德瓦耳斯半径之和。He-He的势能有一个非常浅的最小值,正如预期的那样。此外,在He中,二体相互作用对总能量的贡献率高达97%;在训练过程中,训练的均方根误差(RMSE)仅为0.003eV/原子,而能量范围为[0.015;0.87] eV/原子。在Xe中,二体贡献率下降到92%,多体项的重要性变得相当明显。Xe中的多体效应在文献[24]中得到详细的讨论。图9.11是He和Xe的特征分析图。由于训练数据简单以及这些系统的性质简单,每种情况下两个特征就足以描述它们。对于这两种情况,这些特征都是指二体相关函数。在He中,这些特征是$k=4$和$k=6$的格子和项;在Xe中,则是$k=5$和$k=7$

的格子和项(图9.12)。

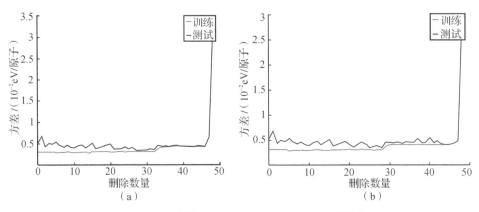

图9.12 重构的He-He(a)和Xe-Xe(b)二体势能

9.2.5 讨论

在本节中,我们讨论了一种新方法[25],该方法结合了网格方法、人工神经网络以及多体相互作用,用于重建不同类别材料的PES。我们的方法在预测高能和PES可视化方面都表现出色。我们重构的Al-Al二体势(对势)显示,正如预期的金属性质,具有强烈的密度依赖性和源自Friedel振荡的振荡形式。格子项$k=4,5,6$对金属至关重要。这表明,与金属不同,共价晶体(如碳)不能用任何二体势来充分描述,多体相互作用是绝对必要的。我们的方案,包括多体相互作用,显示出比常用的ReaxFF多体力场更好的性能。在惰性气体(He-He和Xe-Xe)中重建的二体势显示出Lennard-Jones型的形状,其最小值对应于范德瓦耳斯半径之和。此外,我们还采用了OBD算法进行特征分析,它允许我们只保留物理上重要的特征。铝的结果相当简单:对于这里分析的数据,我们已经表明,在包含50个特征(包括二体和多体分布函数)的特征向量中,只有基于二体相关函数的特征会影响能量。我们相信这种行为对于简单金属结构来说是很常见的。在我们的铝分析中,只有$k=5$的项存活下来,而预计所有3个晶格和项($k=4,5,6$)都会产生重大影响,这是因为金属中的电子可以远离初始原子。相比之下,碳的结构要复杂得多。我们的分析显示,我们系统地引入了对应于2体、3体甚至4体分布函数的特征。直觉上,我们预计多体项的影响会很大,而事实也确实如此:在最终保留的20个特征中,有7个特征对应于多体部分。一个出乎意料的结果是,$k=4,5,6$的晶格和项幸存下来,这表明相应的相互作用比预期的作用距离要长。

对于惰性气体,人们通常期望$k=6$和$k=12$的项是最重要的。我们在这里观察到,在保留下来的特征中,神经网络仍然能够感知到 $k=12$ 的晶格和项。这表明我们的数据主要包含 $k=6$ 占主导地位的结构,这可能是短程 $k=12$ 项可以被神经网络重建的一个重要原因。

9.3 分子动力学的原子间势

9.3.1 势函数的一般形式

9.2 节中描述的方法适用对晶体中原子间相互作用的全面优化和化学解释。该方法具有高精确度,能够在广阔的能量范围内开展有效工作,并能解析多体相互作用。然而,格子方法和法向计算的成本较高,NN 训练复杂且耗时。鉴于此,我们测试了一种简便、快捷且相当准确的方法来描述原子间相互作用,这种方法非常适用于 MD 模拟。

该方法的核心理念是相同:在量子分子动力学(QMD)模拟过程中,生成了大量具有精确能量和力计算的结构。这些结构随后被用作机器学习模型的训练集。这里我们采用了简单的线性回归技术方法。结构描述符的概念源自文献[26],其中开发了一个不涉及能量计算、仅预测原子间作用力的力场。这里我们试验了一种简化的方法来预测原子的能量。

原子的能量和力可以通过线性回归模型表征。换言之,能量可以被视为特征向量系数的线性组合,该向量唯一地定义了结构的特性。而力被视为能量相对于原子坐标的负梯度。我们采用的作为特征向量的表达式如下:

$$X_E = \sum_{i=1}^{N_{at}} \sum_{j=1}^{N_{neigh,i}} \exp\left[-\left(\frac{|\boldsymbol{r}_{ij}|}{r_{cut}(k)}\right)^{p(k)}\right] \qquad (9.28)$$

式中:N_{at} 为单位单元内的原子数;$N_{neigh,i}$ 为在半径 R_{neigh}(通常为 5Å)范围内原子 i 相邻的原子数;$|\boldsymbol{r}_{ij}|$ 为原子 i 与原子 j 之间的距离;$r_{cut}(k)$、$p(k)$ 为势能函数的参数。特征向量的维度由常数($k=1,2,\cdots,N$)定义决定。在线性回归的框架下,结构的能量公式为

$$E = \Theta X_E + \Theta_0 \qquad (9.29)$$

式中,Θ 为线性回归系数。相应地,作用在原子 i 上的 x 方向的力(y 方向和 z 方向的计算方式相同)可以通过式(9.30)得出:

$$F_{x,i} = -\frac{\delta E}{\delta x_i} = -\Theta \frac{\delta X_E}{\delta x_i} = \Theta X_F \qquad (9.30)$$

由于 X_E 和 X_F 是结构的特征向量,机器学习算法的主要任务目标就是建立从 X_E 到 E 以及从 X_F 到 F 的有效映射。

为了找到确定线性回归系数的值,需要求解以下方程组:$E = \Theta X_E + \Theta_0$,$F = \Theta X_F$。通过矩阵运算,我们可以得到系数 Θ 的解:

$$\Theta = (X_E^T X_E)^{-1} E, \Theta = (X_F^T X_F)^{-1} F \tag{9.31}$$

由式(9.31)可知,能量和作用力的预测在算法中是不可区分的,但这意味着该算法能够同时训练并预测能量以及作用力。

9.3.2 参数选择

我们已经在 LAMMPS[27] 模拟代码中实现了这个势能模型。该势能的实现是采用了 LAMMPS 中的域分解并行化的。我们针对铝和铀开发了几个参数化的 ML 势能模型。这些模型训练集的轨迹来自使用 VASP 软件在不同密度和温度条件下进行的基于第一原理的 MD 计算。每个轨迹计算的时间步长为 2fs,总时长约为 5ps。

正如前面提到的,系统的动力学性质主要取决于作用在原子上的力和初始条件。因此,在整个过程中力与预测力之间的微小差异(RMSE)被认为是构建势能函数的主要质量标准。在参数化任何势能函数时,特定的参数对 (r_{cut}, p) 需要手动选择。首先,确定 $p = 1$,并绘制 RMSE 对 r_{cut} 值的变化图。据此,参数的起始对由该图上 RMSE 值的最小值确定,常数值增长以 0.3 为步长。例如,在零压力和 300K 条件下,铝的 r_{cut} 最佳值是 0.22Å,在 $p = 1$ 时,RMSE = 0.043eV/Å(图 9.13(a))。对于铀来说,最优的 r_{cut} 值范围较广,在这种情况下,选取 r_{cut} = 0.22Å,RMSE = 0.043eV/Å。我们注意到,r_{cut} = 0.22Å 与莫尔斯势中 b = 0.25Å 的指数部分相似(这仅是两个指数值的总和)。这里使用的模型可以视为一种考虑了多体效应的广义莫尔斯势。

对于 ML 势能函数,需要优化的主要参数不仅是 r_{cut} 和 p 参数对的精确值,还包括这些参数对的数量以及训练数据集的大小。尽管使用一对精心选择的参数已经能够相当准确地描述铝的特性(图 9.13(a)),但 ML 势能函数的所有关键特性仍将基于铀的 α 相进行考量,特别是在 0 压和 1000K 的条件下。

我们首先确定了最优的 (r_{cut}, p) 对数量(图 9.13(b))。为此,训练集被设定为 5ps 条件下 QMD 模拟的 20% 数据。该图显示,使用 15 对参数可以达到最小误差。然而,在 MD 模拟中,特征向量的计算时间(随着参数数量的增加而线性增长)是一个关键因素,因此在后续的计算中,(r_{cut}, p) 对的数量是在计算时间和 RMSE 之间做出的折中选择。图 9.13(b) 表明,最佳的对数为 11,这对大多数考虑的 ML 势能模型都是通用的。

接下来,在确定了最优的 (r_{cut}, p) 对数量后,我们探讨了 RMSE 与训练集大小之间的关系。我们从 QMD 轨迹的前 50% 时间步中随机抽取结构,并将这些

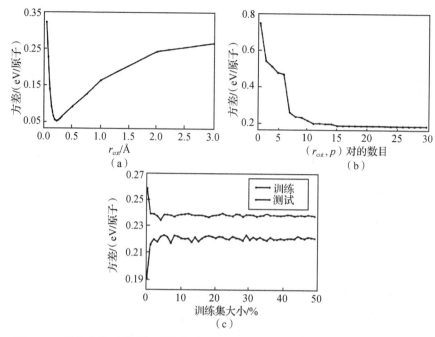

图9.13 最佳参数对数量和训练集大小的选择。(a) RMSE 对给定 $p=1$ 时 r_{cut} 值的依赖性,(b) α-U 测试集上 RMSE 与参数对数量的关系,以及(c) 随机选择的构型在训练集中的学习曲线

结构纳入训练集(对于测试集,我们始终保留轨迹的最后50%),如图9.13(c)所示。当然存在更高级的策略,如主动学习[28]和评估结构之间的距离决定是否将其作为训练集的新增点[26]。我们的方法即使在训练集中仅包含10%的结构,也能实现误差的收敛。为了确保结果的高置信度,我们通常选择20%的结构进行训练。鉴于整个数据集来源于仅有 5ps 的 QMD 运行,我们无法完全排除构建的势能模型出现过拟合的风险。因此,我们总是采用 L2 正则化方法防止过度拟合。

我们对铝和铀开发的机器学习原子间势(MLIP)与多种已发表的嵌入原子法(EAM)势能模型进行了精度比较。此外,我们还比较了机器学习原子间势(MLIP)与基于相同训练集通过受力匹配技术构建的 EAM 势函数。后者被纳入比较中,以便进行更为公正的评估。对于铝,我们研究了温度为 300K 下的 fcc 固相和温度为 2000K 下的液相(图9.14)。在温度为 300K 时,11 对参数的机器学习原子间势(MLIP)与通过力匹配得到的 EAM 势能模型具有相似的精度。这些误差低于文献[29-30]中报道的值。即便仅使用一对参数进行训练,机器学习原子间势(MLIP)也展现出了比文献[29-30]更高的准确性。此外,温度为

2000K 时参数化的机器学习原子间势（MLIP）也能准确地预测温度为 300K 结构的作用力。对于铀，我们在压力为 0GPa 和温度为 1000K 下的 α 相（稳定的固相）以及压力为 300GPa 和温度为 5000K 下的液相进行了机器学习原子间势（MLIP）的测试（图 9.15）。在这两种相态下，11 对参数训练的机器学习原子间势（MLIP）模型在所有机器学习原子间势（MLIP）中提供了最高的精度。基于上述结果，我们认为机器学习原子间势（MLIP）可以用来建立铀的相图。

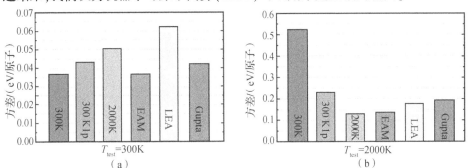

图 9.14 在 300K(a) 和 2000K(b) 下不同势能的比较，其中"300K"为在 300K 下训练的势能，有 11 对参数，"300K1p"为在 300K 下训练的势能，有 1 对参数，"EAM"为在同一训练集上训练的 EAM 势能，"2000K"为在 2000K 下训练的势能，有 11 对参数，"LEA"来自文献 [29]，以及"Gupta"来自文献 [30]

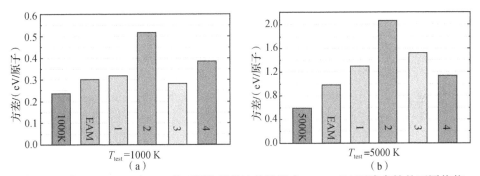

图 9.15 在 1000K(a) 下 α-U 的不同势能的比较以及在 5000K(b) 下液态铀的不同势能的比较，其中"1000K"和"5000K"分别是在 1000K 和 5000K 下训练的势能，各有 11 对参数，"EAM"是在同一训练集上训练的 EAM 势能，1 来自文献 [31]，2 来自文献 [32]，3 来自文献 [4,33]，4 来自文献 [34]

9.3.3 状态函数和相变

在 20×20×20 的超晶胞中进行了 MD 模拟，该模拟在所有方向上应用了周期性边界条件。原子间的相互作用通过我们开发的 ML 势能模型来描述。系统首先在 NVT 系综下进行了 4ps 的 MD 平衡。随后在 NVE 系综下进行了额外的 4ps 的速度自相关函数(VACF)计算。在研究的系统中,VACF 特征衰减时间约为 1ps。

声子态的密度(PDOS)通过以下公式计算得出:

$$g(\nu) = 4 \times \int_0^\infty \cos(2\pi\nu t) \frac{\langle \nu(0)\nu(t) \rangle}{\langle \nu(0)^2 \rangle} \tag{9.32}$$

式中:ν 为振动频率(所有原子的平均值)。为了获得精确的 $g(\nu)$,系统需要足够大(例如,我们计算中包含 32000 个原子),因此 QMD 方法不适用,尽管所需的物理计算时间相对较短。图 9.16 展示了两个 PDOS 计算示例。峰的位置、宽度和高度与非弹性中子散射的实验数据非常吻合[35]。这些结果与使用冷冻声子法得到的结果显著不同。冷冻声子法得到的 PDOS 仅考虑了纯谐波,而忽略了声子的非谐波性和有限寿命。有限位移可以通过文献[36]中提出的自守恒声子法进行核算,而有限寿命引起的拓宽可以从声子-声子相互作用中计算得出(源自扰动理论)[37]。在我们采用的方法中,这两种效应自然地从有限温度下原子的运动和相互作用中显现。

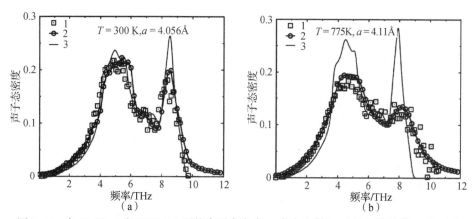

图 9.16 在 300K(a)和 775K(b)下的声子态密度:1 来自文献[35]的实验数据,2 通过我们的机器学习势能进行 MD 计算,3 为通过冻结声子方法(使用 DFT)进行计算

(资料来源:Kresch 等在 2008 发表[35]的数据)

熵是用谐波公式计算的:

$$S = 3k_B \int_0^\infty g[(n+1)\ln(n+1) - n\ln n] d\nu \tag{9.33}$$

式中:k_B 为玻耳兹曼常数;$g=g(n)$ 为 PDOS;$n=n(\nu)=1/[\exp(h\nu/k_B T)-1]$ 是玻色子的平均密度。然而,$g(n)$ 包括了所有的非谐波效应。众所周知[38],这个方程与重整化后的 $g(n)$ 结合使用,可以得到扰动理论下主导阶的正确熵值,计算

出的熵值如图 9.17 和表 9.4 所示,与实验数据相符。每个原子的熵值差异在 0.1kB 以内,这表明这种方法可以用于分析相稳定性。使用建立在同一数据库上的几个 ML 势能模型进行了类似的计算。室温下熵的偏差在 0.03kB/原子以内。

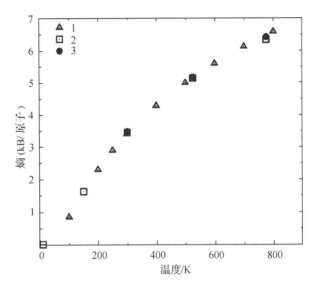

图 9.17 熵作为温度的函数;1 来自 NIST-JANAF 数据库的热力学数据,2 从实验 PDOS[35] 计算得出,3 通过机器学习势能进行 MD 计算得出

(资料来源:Kresch 等在 2008 发表的成果[35])

表 9.4 不同温度下晶体铝的实验和计算熵

T/K	300	525	775
a/Å	4.056	4.079	4.11
S_{calc}/(kB/原子)	3.49	5.17	6.42
S_{exp}/(kB/原子)	3.462	5.146	6.332

我们的测试证实,构建的 ML 势能模型能够准确地重现液态原子间的相互作用力。对于液态系统,虽然无法定义 PDOS,但我们可以通过径向分布函数 (RDF) 来验证势能模型的准确性。RDF 是在平衡后的 10ps 时间内计算得到的平均值[图 9.18(a)]。在此,我们考虑了一个包含 4000 个原子的铝超晶胞(V_{at} = 19.1Å^3),在温度 T = 1023 K 的条件下。开发的势能模型成功重现了 QMD 在此条件下得到的结果,并与实验数据高度吻合。值得注意的是,即使使用不同的参数化集(r_{cut},p),得到的结果也几乎一致。我们还注意到,在液体构型上参数化

的势能同样能够很好地描述固态构型中的力,尽管这种势能没有经过明确的能量计算,但它可以用于建立两相体系的模型,并且可以直接确定熔化温度。尽管没有明确的能量计算,但这种势能模型对力的描述足够准确,使其能够应用于两相体系的建模,并准确预测熔化温度。为了验证这一点,我们采用了修改后的 Z 方法[39]来计算熔化温度。在这个方法中,系统在 NVE 系综中以固定密度进行模拟。它包含($4\times4\times4$)个 fcc 单元细胞,晶格参数 $a=4.16$Å。初始温度设定为 $T=2000$K,MD 运行后不久,系统温度很快下降到平均温度 $T=1000$K。在自发熔化的过程中,观察到温度进一步下降到平均值 925K[图 9.18(b)]。通过密度曲线计算出液体的密度,对应于原子体积 $V_{liq}=(18.6\pm0.1)$Å^3。获得的固态部分的原子体积 V_{cryst} 为(17.3 ± 0.2) Å^3。这些数值与实验测得的熔化温度 933K 和液体的平衡原子体积 18.9Å^3[40]非常吻合。我们的结果 $T=925$K 和 $\Delta V=V_{liq}-V_{cryst}=1.3$Å^3 也接近基于 DFT 的热力学计算[41]的结果:熔化温度 $T=912$ K、体积差 $\Delta V=1.35$Å^3。

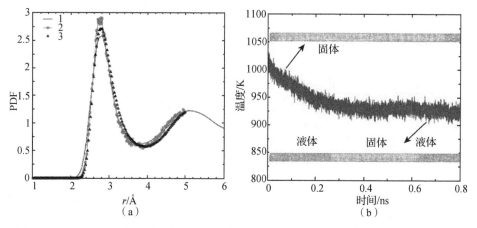

图 9.18 铝的径向分布函数和熔点。(a)在 $T=1023$K 和 $V_{at}=19.1$ Å^3 时的径向分布函数:1 为实验数据,2 为 QMD 结果,3 为通过我们的机器学习势能进行 MD 计算。(b)使用修改后的 Z 方法计算熔点时温度随时间的变化。还展示了模拟开始和结束时的原子配置

值得注意的是,在我们的 QMD 运行中计算出的压力值为(2 ± 0.5)GPa。众所周知,使用 GGA 泛函的 DFT 方法往往会高估压力,在文献[41]中,对正常条件下熔化曲线的压力修正估计为 1.6GPa。因此,我们计算的压力值与修正后的压力值接近,符合正常条件。

9.3.4 两种(或更多)原子类型系统的原子间势

在本节中,我们探讨了利用指数特征向量来描述由两种不同原子类型组成的系统中原子间相互作用的思路:在这种系统中,不同原子类型之间的相互作用需要被划分为独立的组。因此,对于系统中的 A 型和 B 型原子,我们为每个原子 i 定义了两组 N 个特征向量。

$$E_{ij}^{(A)} = \sum_{k=1}^{N_A^{neigh}} e^{-\left(\frac{r_{kj}}{r_{cut,i}}\right)^{p_i}}, E_{ij}^{(B)} = \sum_{k=1}^{N_B^{neigh}} e^{-\left(\frac{r_{kj}}{r_{cut,i}}\right)^{p_i}}, \quad (9.34)$$
$$i = 1, 2, \cdots, N, j = 1, 2, \cdots, N_{atoms}$$

式中:N_A^{neigh}、N_B^{neigh} 分别为在全局半径 r_{cut} 范围内与 A 型和 B 型原子相邻的原子数;r_{cut}、p 为该方法的外部参数;N 为 $(r_{cut,i}, p_i)$ 参数对的数量。通过对所有特定类型的原子求和,我们构建了一组基向量 $E_i^{(A-B)}$,用于描述 A 型和 B 型原子之间的相互作用,系统的实际能量 E 可以通过构造特征和偏置特征 E_0 的线性组合来评估:

$$E = \theta_0 E_0 + (\theta_1 \cdot E^{(A-A)}) + (\theta_2 \cdot E^{(A-B)}) + (\theta_3 \cdot E^{(B-B)}) \quad (9.35)$$

$\Theta = (\theta_0, \theta_1, \theta_2, \theta_3)^T$ 为该方法的自由参数向量。

所选函数形式的数学简单性使得我们可以按照定义 $F = -\nabla E$ 对能量特征进行微分后,用类似的原理构造力特征向量。

$$F_{ij}^{(A)} = \sum_{k=1}^{N_A^{neigh}} p_i \frac{n_{kj}}{r_{cut,i}} \left(\frac{r_{kj}}{r_{cut,i}}\right)^{p_i - 1} e^{-\left(\frac{r_{kj}}{r_{cut,i}}\right)^{p_i}} \quad (9.36)$$

因此,作用在原子 j 上的力是力特征向量与相同系数向量 Θ 的线性组合。

$$F_{A,j} = \theta_1 F^{(A)} + \theta_2 F^{(B)}, \quad F_{B,j} = \theta_2 F^{(A)} + \theta_3 F^{(B)} \quad (9.37)$$

式中:$n_{kj} = r_{kj} \mid r_{kj} \mid$;$F^{(A)} \equiv (F_{ij}^{(A)})$ 为 A 型原子上的力。

提出的方法使我们可以利用线性回归作为优化参数 Θ 的有效工具。由于作用在原子上的力是势能的精确导数(带有负号),因此可以同时使用能量和力的特征来训练模型。

作为例子,我们研究了 Ti_4H_7 系统。我们选取了 p 和 r_{cut} 的范围分别为 0.5~4.75,从 0.5 到全局 r_{cut},并在最低 RMSE 的条件下寻找最佳的参数对。我们发现,当 $r_{cut} = 1.0$ 且 $p = 2$ 时,RMSE 达到最小值[图 9.19(a)]。考虑到这些参数对可能包含极其丰富的信息,我们建立了一个包含多个 (r_{cut}, p) 对的模型,其中 p 的值从 1.25 变化到 2.5[图 9.19(b)]。我们发现在训练集和测试集上,使用 4 个参数对就能够达到 RMSE 的最小值。

我们还探讨了 RMSE 对训练集大小的影响,以防模型过拟合。为此,我们选

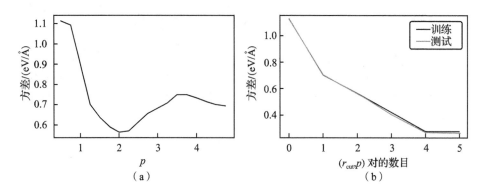

图 9.19 确定最佳 (r_{cut}, p) 集。(a) RMSE 对常数 $r_{cut}=1.0$ 时 p 值的依赖性;
(b) RMSE 与 (r_{cut}, p) 对数量的关系

取数据库中的前 90% 结构作为训练集,将剩余的 10% 用于测试。图 9.20 显示,使用 QMD 运行的 20% 以上的结构可以训练出一个性能可接受的能量和力的模型。

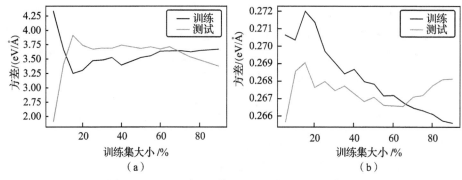

图 9.20 Ti_4H_7 在(a)能量和(b)力上的学习曲线

我们比较了原子间力的预测值与通过 abinitio 计算获得的结果(图 9.21)。在连续 70% 的结构上使用 5 对 (r_{cut}, p) 进行训练,该模型展示出可接受的结果:力的 RMSE 约为 0.27 eV/Å,能量的 RMSE 约为 3 meV/原子。与使用 9.3.1 节中描述的方法(该方法考虑到 Ti 和 H 的原子类型相同)相比,力的 RMSE 值降低了约 1/2。这种方法可以轻易地扩展到许多不同类型的原子系统,包括对高熵合金等系统的探究。

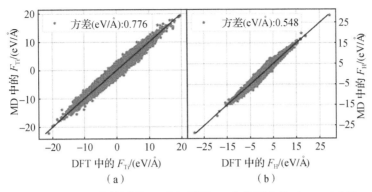

图 9.21 Ti₄H₇ 中钛原子(a)和氢原子(b)上作用力的 abinitio(x)和模型(y)投影的比较

9.4 构建机器学习势的统计方法

9.4.1 二体势

系统的总能量可以表示为 $E = \sum_{k=1}^{N_{tot}} V(Dx_k)$,其中 Dx_k 代表原子的局部环境,通常被视为一个元组 $(x_i - x_k)_{1 \leq i \leq N_{tot}, 0 < |x_i - x_k| \leq r_{cut}}$。在这种观点下,系统的能量表达式自然具有了平移不变性。有多种方法可以构建合适的势函数 $V(Dx_k)$。最简单的方法是二体势,其中 $V(Dx_k) = \sum_{i=1}^{N_{tot}} \varphi(x_i - x_k)$。尽管这种方法通常不够精确,但通过适当选择 φ 函数可以得到合理的结果。其他有潜力的方法包括高斯近似势,它采用高斯过程回归和一组描述符,可以看作对三维晶体结构信号的二倍频的推广,并且通过将原子密度函数扩展到超球面谐波基进行评估。另一种显著的方法是矩张量势,它可以被解释为基于原子环境惯性张量的基函数。

在我们的方法中,我们利用了能量可以按相互作用单元的数量进行分解这一事实。具体来说,系统的总能量可以表示为

$$E = \sum_i E_i(r_i) + \sum_{<i,j>} E_2(r_i, r_j) + \sum_{<i,j,k>} E_3(r_i, r_j, r_k) + \cdots \tag{9.38}$$

大多数现有方法都没有充分利用能量作为多体相互作用的一般多项式这一重要特性。然而,为了提高计算效率,我们通常只保留能量函数中的一部分项。为了简化,我们可以先忽略场相互作用的部分,即 $\sum_i E_i(r_i) = 0$。接下来,我们考虑二体相互作用。

在这种情况下,系统的能量可以用以下形式来表示:

$$E = \sum_{\langle i,j \rangle} \varphi(x_i - x_j) \tag{9.39}$$

在这里,选择合适的函数是关键挑战。重要的是,参数化的方法无法系统地改进,因此我们的目标是找到一种提高精度的方法。一个有效的方法是使用统计方法。我们可以使用一些分段常数函数来近似"真实"势能函数 $\varphi(r)$。

具体来说,$\varphi(r) = C\left[\frac{r}{h}\right]$,其中 [ ] 表示平均,$C_q$ 是函数第 q 个区间上的原子间势。那么,能量将以如下形式表示:

$$E = \sum_{\langle i,j \rangle} C_{\left[\frac{|x_i - x_j|}{h}\right]} \tag{9.40}$$

式(9.40)可以改写为

$$E = \sum_q C_q N_q \tag{9.41}$$

式中:N_q 为距离在 qh 和 $(q+1)h$ 之间的原子对数。

为了说明该方法,我们考虑一个由 3 个原子组成且 $h=1$ 的系统。原子间的距离如下设定:

$$r_{12} \quad 10.3 \text{ Å}$$
$$r_{13} \quad 10.5 \text{ Å}$$
$$r_{23} \quad 15.1 \text{ Å}$$

那么 $N_{10} = 2, N_{15} = 1$,因为有两对原子的距离在 10~11 Å,还有一对原子的距离在 15~16 Å。

$$E = C_{10}N_{10} + C_{15}N_{15} = 2C_{10} + C_{15} \tag{9.42}$$

本质上,我们将能量表示为一组描述符 N_i 的总和,这些描述符乘未知系数 C_i。在计算了几个结构的所有描述符 N_i 之后,我们得到一个典型的线性回归问题。

这种方法确实存在一些缺点。首先,我们不能对一个片状常数函数进行微分,因此无法得到力或其他能量的导数。其次,精度可能并不完美。如果我们让二体势在每个距离区间上都等于某个多项式,就可以消除这些缺点。这样,就有

$$E = \sum_{m=0}^{k} C_{\left[\frac{r}{h}\right]}^{m} \left(r - \left[\frac{r}{h}\right]h\right)^m \tag{9.43}$$

式中:k 为多项式阶。

我们可以得到所有的系数 $C_{\left[\frac{r}{h}\right]}^{m}$。这个问题也可以作为一个线性回归问题来处理。现在我们使得在训练中使用这些受力为可能。但是,仍有一些问题需要解决。并不是所有系数集 $C_{\left[\frac{r}{h}\right]}^{m}$ 都能导致一个可靠的原子间势能函数。具体

而言,如果使用任意系数,我们可能会得到间隔边界不一致的结果,这意味着原子间势函数可能是不连续的。为了确保势函数至少连续且可连续微分,我们需要选择一组合适的系数。直接考虑这些约束条件可能会产生一个条件不良的线性回归问题,这在实际应用中并不实用。然而,有一种更好的方法可以满足这些拼接条件,即使用相对于给定度具有最小支持的 B 样条函数,即 B-splines。这种方法与前述方法相似,但它能保证满足所有连续性要求。

因此,我们通过使用预先计算的训练集解决了推导二体势的问题,并可以利用它来预测新结构的能量和力。

9.4.2 三体势

最初的原子二体势能总和与近似仅适用于简单系统。对于更复杂的系统,为了提高精度我们需引入三体相互作用。能量可以表示为

$$E = \sum_{<i,j>} E_2(r_i, r_j) + \sum_{<i,j,k>} E_3(r_i, r_j, r_k) + \cdots \tag{9.44}$$

在这个表达式中,三体部分的能量是所有三体原子的总和。这意味着,尽管二体势可以用一个参数——原子间的距离——来明确表示,但三体势需要 3 个参数来确定。这 3 个参数可以描述一个三角形,三角形可以用很多方法描述,例如,用两条边和它们之间的角度描述。我们选择用三角形边描述,其中每个参数都是相同的维度。

$$E = \sum_{<i,j>} \varphi_2(|x_i - x_j|) + \sum_{<i,j,k>} \varphi_3(|x_i - x_j|, |x_i - x_k|, |x_j - x_j|) \tag{9.45}$$

这样,问题就归结为选择合适的三体势能参数 φ_2 和 φ_3。显然,我们可以采用与之前对势能相同的方法来处理这个问题。唯一的区别在于,对于三维势能 φ_3,我们应该使用三维 Bspline,它可以通过一维分量来表示。和以前一样,这个问题也可以通过线性回归方法来解决。由于考虑到三维部分,与只考虑二体势能相比,这种方法显著提高了精度。

在处理计算上的复杂问题时,考虑更高级的项是一个挑战,因为这通常涉及对高维函数的近似。我们可以选择不直接处理这些高阶能量项,而是将我们的方法与现有的技术相结合。鉴于我们的问题本质上是一个线性回归问题,因此增加新的线性项是相对容易的。显然,这样做通常会改善结果,而不会使其恶化。因此,我们选择了 SNAP 方法,它是对晶体双谱的线性回归分析,能够涵盖能量展开的所有相关项。这种方法的具体细节和结果将在其他文献中进行阐述。

致 谢

感谢俄罗斯科学基金会(项目号:19-72-30043)和俄罗斯基础研究基金会(项目号:18-32-00622)的资金支持。

参考文献

[1] Oganov, A. R. and Glass, C. W. (2006). J. Chem. Phys. 124: 244704.

[2] Glass, C. W., Oganov, A. R., and Hansen, N. (2006). Comput. Phys. Commun. 175: 713-720.

[3] Lyakhov, A. O., Oganov, A. R., Stokes, H. T., and Zhu, Q. (2013). Comput. Phys. Commun. 184: 1172-1182.

[4] Oganov, A. R. (2011). Modern Methods of Crystal Structure Prediction. Wiley.

[5] Oganov, A. R. and Valle, M. (2009). J. Chem. Phys. 130: 104504.

[6] Valle, M. and Oganov, A. R. (2010). Acta Crystallogr. A66: 507-517.

[7] Lorenz, S., Groß, A., and Scheffler, M. (2004). Chem. Phys. Lett. 395: 210-215.

[8] Blank, T. B., Brown, S. D., Calhoun, A. W., and Doren, D. J. (1995). J. Chem. Phys. 103: 4129-4137.

[9] Behler, J. (2011). Phys. Rev. B 13: 17930-17955.

[10] Behler, J. and Parrinello, M. (2007). Phys. Rev. Lett. 98: 146401.

[11] Bartok, A. P., Payne, M. C., Kondor, R., and Csanyi, G. (2010). Phys. Rev. Lett. 104: 136403.

[12] Thompson, A. P., Swiler, L. P., Trott, C. R. et al. (2015). J. Comput. Phys. 285: 316-330.

[13] Shapeev, A. V. (2015). Moment tensor potentials: a class of systematically improvable interatomic potentials. Multiscale Model. Simul. 14: 1153-1173.

[14] Bartok, A. P., Kondor, R., and Csanyi, G. (2013). Phys. Rev. B 87: 184115.

[15] Ewald, P. (1921). Ann. Phys. 369: 253-287.

[16] Dove, M. T. (1993). Introduction to Lattice Dynamics, vol. 4. Cambridge University Press.

[17] Gale, J. D. and Rohl, A. L. (2003). Mol. Simul. 29: 291-341.

[18] Gale, J. D. (1997). J. Chem. Soc., Faraday Trans. 93: 629-637.

[19] Oganov, A. R., Chen, J., Gatti, C. et al. (2009). Nature 457: 863-867.

[20] Zhu, L., Amsler, M., Fuhrer, T. et al. (2016). J. Chem. Phys. 144: 034203.

[21] Botu, V. and Ramprasad, R. (2015). Adaptive machine learning framework to accelerate ab initio molecular dynamics. Int. J. Quantum Chem. 115 (16): 1074-1083.

[22] LeCun, Y., Denker, J. S., and Solla, S. A. Optimal brain damage. In: Advances in Neural Information Processing Systems, 598–605. Holmdel, NJ: AT&T Bell Laboratories.

[23] Van Duin, A. C., Dasgupta, S., Lorant, F., and Goddard, W. A. (2001). J. Phys. Chem. A 105: 9396–9409.

[24] Barker, J., Watts, R., Lee, J. K. et al. (1974). J. Chem. Phys. 61: 3081–3089.

[25] Dolgirev, P. E., Kruglov, I. A., and Oganov, A. R. (2016). Machine learning scheme for fast extraction of chemically interpretable interatomic potentials. AIP Adv. 6 (8): 085318.

[26] Li, Z., Kermode, J. R., and De Vita, A. (2015). Phys. Rev. Lett. 114: 096405.

[27] Plimpton, S. (1995). J. Comput. Phys. 117: 1–19.

[28] Podryabinkin, E. V. and Shapeev, A. V. (2016). Active learning of linearly parametrized interatomic potentials. Comput. Mater. Sci. 140: 171–180.

[29] Liu, X.-Y., Ercolessi, F., and Adams, J. B. (2004). Modell. Simul. Mater. Sci. Eng. 12: 665.

[30] Winey, J. M., Kubota, A., and Gupta, Y. M. (2009). Modell. Simul. Mater. Sci. Eng. 17: 055004.

[31] Smirnova, D., Starikov, S., and Stegailov, V. (2011). J. Phys. Condens. Matter 24: 015702.

[32] Smirnova, D., Kuksin, A. Y., and Starikov, S. (2015). J. Nucl. Mater. 458: 304–311.

[33] Smirnova, D., Kuksin, A. Y., Starikov, S. V. et al. (2013). Modell. Simul. Mater. Sci. Eng. 21: 035011.

[34] Migdal, K. P., Pokatashkin, P. A., and Yanilkin, A. V. (2017). QMD and Classical MD Modeling. In: AIP Conference Proceedings, vol. 1793, 070016.

[35] Kresch, M., Lucas, M., Delaire, O. et al. (2008). Phys. Rev. B 77: 024301.

[36] Souvatzis, P., Eriksson, O., Katsnelson, M. I., and Rudin, S. P. (2008). Phys. Rev. Lett. 100: 095901.

[37] Tang, X., Li, C. W., and Fultz, B. (2010). Phys. Rev. B 82: 184301.

[38] Wallace D. C., Thermodynamics of Crystals, 1972. New York: Wiley.

[39] Wang, S., Zhang, G., Liu, H., and Song, H. (2013). J. Chem. Phys. 138: 134101.

[40] Arsent'ev, P. P. and Koledov, L. A. (1976). Metallicheskie rasplavy i ikh svoistva (Metallic Melts and Their Properties). Moscow: Metallurgia.

[41] Vocadlo, L. and Alfe, D. (2002). Phys. Rev. B 65: 214105.

内 容 简 介

本书是涵盖材料信息学领域前沿技术和方法的经典著作。书中详细介绍了晶体学开放数据库(COD)、无机晶体结构数据库(ICSD)、Pauling 文件数据库的构建过程，以及拓扑描述符、机器学习、自动化计算材料属性等关键技术。本书每章都提供了丰富的实例和应用案例，对材料信息学领域的研究和应用具有重要参考价值，为材料科学、计算机科学、化学等相关领域的科研人员、工程师和研究生等提供了有益的借鉴。

附 录

彩色插图

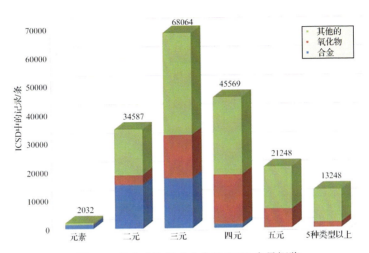

图 2.1 按化合物组成分类的 ICSD 含量概览

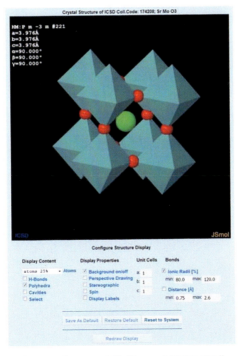

图 2.2 在 ICSD 中使用 JSMol 进行可视化

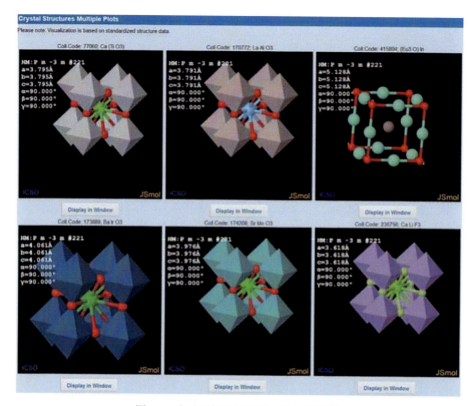

图 2.3 有助于揭示结构相似性的概要图

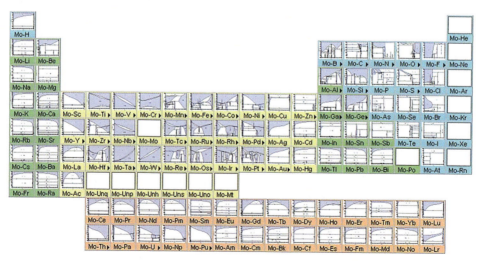

图 3.11 Pauling File 数据库在 Binaries Edition[7]中的构型浏览器示例，显示了含有 Mo 的二进制系统的相图

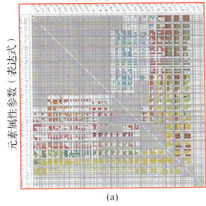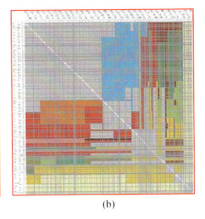

图3.12 广义原子环境类型(AET)矩阵 PN_A 和 PN_B 与无机材料中化学元素的化学计量和数量无关。占据 AET 中心的元素在 y 轴上给出,坐标元素在 x 轴上给出。不同的颜色代表不同的 AET,灰色区域对应于非旧系统。实验测定数据的结果给出(a),模拟或外推数据(b)[44]

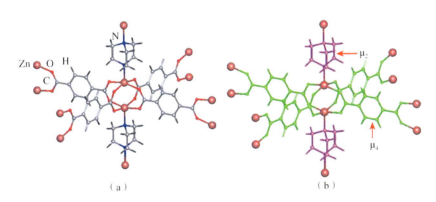

图4.2 标准表示法中基本网络构造和分类的步骤:(a)[Zn_2(μ_4-bdc)2(μ_2-dabco)](bdc:1,4-苯二甲酸阴离子;dabco:1,4-二氮杂二环(2.2.2)辛烷)原子间键合(资料来源:Kim 等在2009年发表的成果[117],经 John Wiley and Sons 许可复制);(b)配体被选为结构单元(以绿色和洋红色突出显示);(c)选定的结构单元(配体)被简化到它们的中心(绿色和洋红色的球);(d)2个坐标节点替换为边;(e)生成的基层网属于拓扑类型 xah(请参阅根据计算的拓扑指数得出的三个字母的命名法:TS 为总点符号,CS 为坐标序列,ES 为扩展点符号,VS 为顶点符号,sqc320 为 EPINET 数据库中网络的第二个名称,ID 为数据库中的标识键。资料来源:O'Kee Offe 等在2008年发表的成果[32],经美国化学学会许可复制)

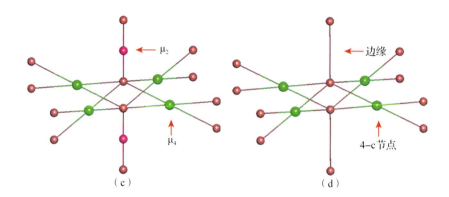

(c)　　　　　　　　　　　　(d)

```
TopitsPro
http://www.topospro.com    xah

xah;sqc320
ID:1049
TS:{4^2.6^2.8^2} {4^6.6^4}
 节点1
CS: 5  13 26  49 73 98 145  185 218 293
ES: [4.4.4.4. 4.4.6. 6.6.6]
VS: [4.4.4.4. 4.4.6. 6.6.6]
 节点2
CS: 4 10 26  44  68 110 132  172 250 268
ES: [4(3).4.(3).6.6.8(14).8(14)]
VS: [4(3).4(3). 6.6.8(8).8(8)]
```

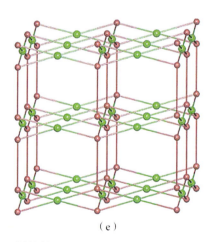

(e)

图 4.2（续图）

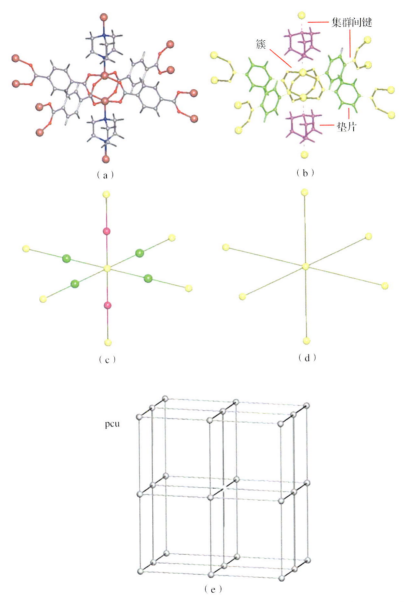

图4.3 集群表示中底层网络构建和分类的步骤：(a) [Zn$_2$ (μ_4-bdc) 2 (μ_2-dabco)] 原子间键合（资料来源：Kim 等在 2009 年发表的成果[117]，经 John Wiley and Sons 许可复制）；(b) dabco、苯环和 paddle-wheels 被选为结构单元（分别以洋红色、绿色和黄色突出显示）；(c) 选定的结构单元（簇）被简化到它们的中心（洋红色、绿色和黄色球）；(d) 2 个坐标节点替换为边；(e) 由此产生的底层网络属于拓扑，输入 pcu

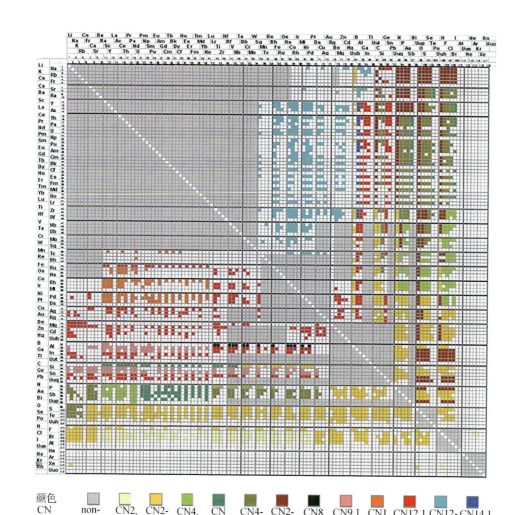

图 5.1 广义原子环境类型（配位多面体，AET）矩阵 PN_A 和 PN_B（PN，周期数）与无机材料中化学元素的化学计量和数量无关。占据 AET 中心的元素 A 在 y 轴上给出，坐标元素在 x 轴上给出。CN 代表配位数[1]。

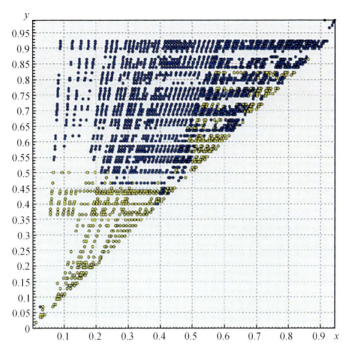

图 5.4 在一个化合物形成图中,将 2330 个二元系分为化合物形成物(蓝色)和非形成物(黄色),图中显示了 $\max[PN_A/PN_{max}, PN_B/PN_{max}]$($y$ 轴)与 $[PN_A/PN_{max} \times PN_B/PN_{max}]$($x$ 轴),式中 PN 是周期数(根据元素在门捷列夫周期系统中的位置分配的整数)

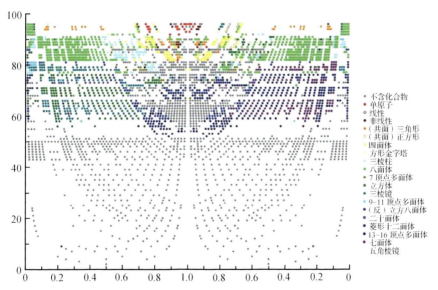

图 5.5 原子环境类型(AET)稳定性图,显示等原子 AB 无机材料的周期数 PN_{max}(y 轴)与 PN_{min}/PN_{max}(x 轴)。周期数最高的元素的 AET 在 $x=1$ 的左侧给出。同一行中同一种无机材料中周期数最低的元素的 AET 在右侧给出

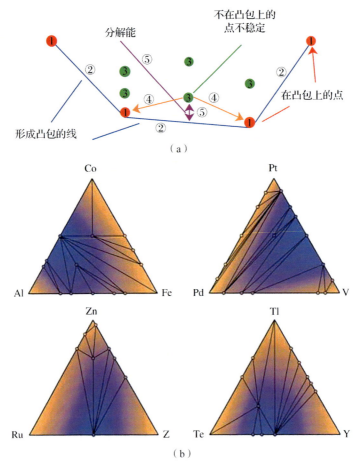

图 7.2 多组分合金系统的凸包相图

（a）图解说明一般二元合金系统 A_xB_{1-x} 的凸包结构，基态结构用红点①表示，最小能量面为蓝色勾勒线②，最小能量面是通过连接最低能量结构和形成凸包的系线形成的，不稳定结构以绿色③显示，分解反应用橙色箭头④表示，分解能用紫色⑤表示；（b）由 AFLOW 生成的三元凸包示例。

```
             0    1    2    3
             00   01   10   11

    0 00   0000 0001 0100 0101

    1 01   0010 0011 0110 0111

    2 10   1000 1001 1100 1101

    3 11   1010 1011 1110 1111
```

图 8.3 通过使用 Morton 空间填充曲线对 3D 笛卡儿空间进行展平的图形表示。为了构造曲线，将每个单元格的二进制表示进行交错，结果表示拥有保留原始输入局部性的特性

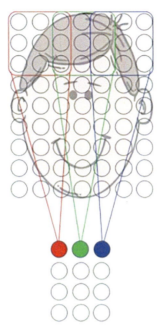

图 8.4 演示了卷积网络中神经元的局部性概念。在这里,隐藏层中的每个神经元只与输入的一个小子集相连。每个接受域重叠的大小和数量是用超参数设定的,这些超参数本身是可以优化的

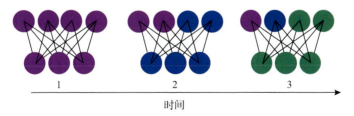

图 8.6 如何在循环神经网络中存储顺序信息的示例。可以看出,隐藏层包含来自每个先前时间步的信息。由于隐藏层中只有 4 个神经元,因此当到达第五步时,神经记忆将充满,必须决定忘记什么

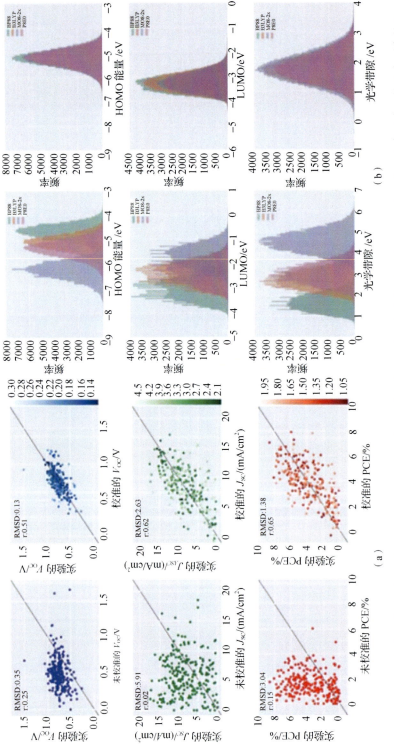

图 8.11 (a) 虽然通过量子力学模拟(未校准)直接计算的性质可能并不总是与实验直接相关,但 XX 的校准程序允许对结果有更大的置信度(请注意校稿高的 Pearson r 值和校低的 RMSD)。在校准图中,色调与校准的置信度有关(色调越浅,置信度越低)。(b) 校准消除函数依赖性的演示(尽管每个函数都会产生不同的分布(左列),但无论使用哪个函数,校准后的分布都会明显缩成一个奇点,引用得到皇家化学学会的许可)。
(资料来源:Pyzer-Knapp 等发表于 2016 的文献[59]。)

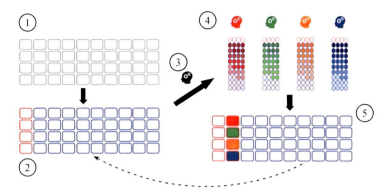

图 8.12　Thompson 采样算法的图形表示。①→②表示选择训练集；③表示训练贝叶斯神经网络；④表示确定性网络的集合并选择备选物；⑤表示将备选候选物添加到训练集中

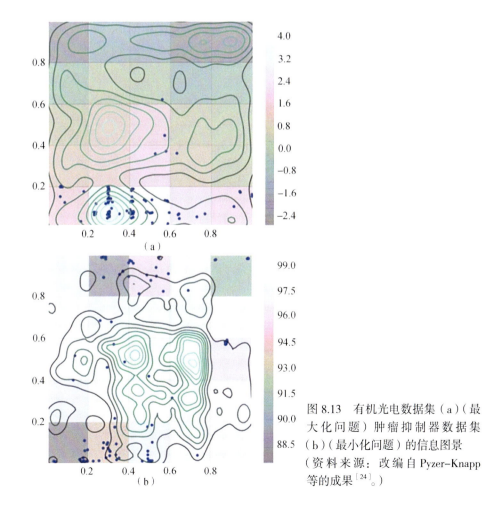

图 8.13　有机光电数据集（a）（最大化问题）肿瘤抑制器数据集（b）（最小化问题）的信息图景（资料来源：改编自 Pyzer-Knapp 等的成果[24]。）